本书出版受到东北财经大学统计学院、国家自然科学基金项目“贸易产品消耗的全口径水资源：区域评估、影响因素及流动特征”（71573034）的资助。

完全消耗口径的中国水资源核算问题研究

王勇 著

The Research on China's Water Resource Accounting Based on Complete Consumption Aperture

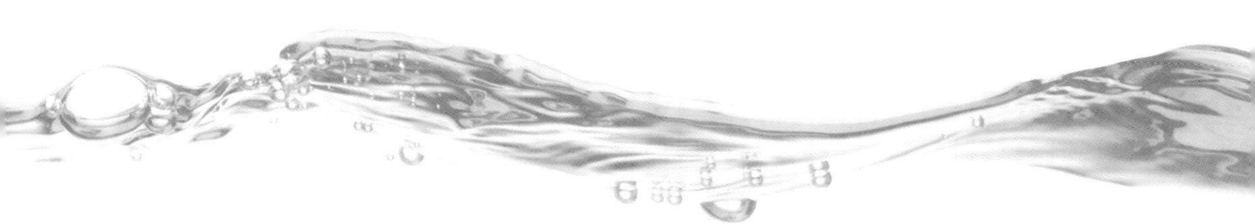

中国社会科学出版社

图书在版编目（CIP）数据

完全消耗口径的中国水资源核算问题研究/王勇著．—北京：中国社会科学出版社，2016.6

ISBN 978－7－5161－7512－5

Ⅰ.①完…　Ⅱ.①王…　Ⅲ.①水资源—资源核算—研究—中国　Ⅳ.①TV211

中国版本图书馆CIP数据核字(2016)第018010号

出 版 人　赵剑英
责任编辑　侯苗苗
特约编辑　明　秀
责任校对　张爱妮
责任印制　王　超

出　　版　中国社会科学出版社
社　　址　北京鼓楼西大街甲158号
邮　　编　100720
网　　址　http：//www.csspw.cn
发 行 部　010－84083685
门 市 部　010－84029450
经　　销　新华书店及其他书店

印刷装订　北京君升印刷有限公司
版　　次　2016年6月第1版
印　　次　2016年6月第1次印刷

开　　本　710×1000　1/16
印　　张　17
插　　页　2
字　　数　253千字
定　　价　65.00元

凡购买中国社会科学出版社图书，如有质量问题请与本社营销中心联系调换
电话：010－84083683

前　言

中国是一个水资源短缺、水旱灾害频发的国家，我国的基本国情和水情表现为人多水少、水资源时空分布不均，水资源已经成为制约中国经济社会发展的重大问题。为了缓解我国的用水紧张状况，中国政府颁布和实施了众多水资源管理制度和法规，以确保水资源的科学开发利用和节约保护。

目前，考察生产和消费活动对水资源的使用主要基于直接消耗口径，即生产和消费过程中对水资源的直接使用量或消耗量。本书提出完全消耗口径水资源的理念，将水资源测度由直接消耗口径扩展到完全消耗口径。完全消耗口径水资源考察和测度最终消费产品在整个生产过程中所有环节的用水总量，为缓解水资源短缺、科学制定水资源管理政策提供了新的思路和启示，也是对直接消耗用水的有力补充。

本书基于投入产出分析技术，从完全消耗口径的角度看，以水足迹和虚拟水贸易为重点，对中国及各省（自治区、直辖市）水资源进行全面分析。本书的理论意义体现在两个方面，首先，完善水资源核算标准和完全消耗口径水资源投入产出表，为进行完全消耗口径水资源分析打下了基础；其次，建立系统的完全消耗口径水资源投入产出分析框架，为投入产出分析在其他领域的应用提供借鉴。本书的实践意义体现在，基于完全消耗口径对中国各地区水足迹和虚拟水贸易现状的全景展现和深度分析，为地区水资源管理提供前瞻性的信息和数理技术支持。

全书包括九章，各章的主要内容如下：

第一章，引论。对本书的研究背景与研究意义、研究思路与方法、本书所做的主要工作、创新与特色之处、本书的不足之处及未来进一步研究的方向进行了阐述。

第二章，完全消耗口径水资源理念及方法。首先对完全消耗口径水资源理念的提出与意义进行阐述，介绍了完全消耗口径水资源理念的两个概念，即虚拟水和水足迹，并对两者间的联系和区别进行了介绍；其次，介绍了本书使用的主要方法，即投入产出分析法。

第三章，完全消耗口径水资源问题研究现状。本章对基于投入产出分析的虚拟水及水足迹研究现状进行了总结和回顾，并对当前研究进行述评及对未来研究进行展望。

第四章，完全消耗口径水资源之水足迹分析。在基于投入产出分析的水足迹测算方法进行详细介绍的基础上，分别对中国行业用水、行业水足迹、区域水足迹等内容进行分析。

第五章，完全消耗口径水资源之虚拟水贸易测算与分析。本章由五个部分组成：第一部分对基于投入产出的虚拟水贸易测算方法进行介绍，第二部分对中国虚拟水贸易的行业差异和行业变动进行分析，第三部分对各省（自治区、直辖市）的虚拟水贸易进行对比分析和动态变化分析，第四部分对各省（自治区、直辖市）虚拟水贸易对水资源总量和用水总量的影响进行分析，第五部分为本章小结。

第六章，完全消耗口径水资源之结构分解分析。本章利用中国2002年、2005年、2007年和2010年不变价投入产出表以及30个省（自治区、直辖市）2002年和2007年不变价投入产出表，基于结构分解分析对影响中国及30个省（自治区、直辖市）水足迹和虚拟水贸易的因素进行定量测算，包括用水强度效应、技术效应、最终需求效应等因素，探讨水足迹和虚拟水变动的内在机制。

第七章，完全消耗口径水资源之行业间虚拟水转移分析。本章基于投入产出分析的虚拟水转移矩阵测度方法计算中国2002年、2005年、2007年和2010年各年度经济系统内部的虚拟水转移情况，同时对不同省（自治区、直辖市）2007年的虚拟水转移情况进行了分析。

第八章，完全消耗口径水资源之区域间虚拟水转移分析。本章基于水资源扩展型MRIO模型，利用2002年、2007年中国八大区域投入产出表，对中国八大区域水足迹进行计算，然后对区域间虚拟水转移及变动进行分析。

第九章，结论及政策建议。本章对前文的实证分析的结论进行全面总结，基于相关结论，提出了基于中国虚拟水和水足迹角度的水资源管理政策。

目　录

图 目 录

表目录

第一章　引　论

水是生命之源、生产之要、生态之基，是人类赖以生存和发展、不可缺少的、最重要的物质资源之一。但是，水资源问题也是一直困扰当今全球经济和社会发展的重大问题，水环境污染、水资源短缺、水生态退化、水旱灾害已经严重威胁到全球经济发展、人群健康、人类生存的环境和国家的安全。考虑到水资源对人类发展的重要性，水资源问题一直是学术界关注的重要课题，包括水资源的节约保护、水资源的污染治理、水资源的经济社会作用等方面。

关于水资源的测度，目前，无论是学术研究还是实际生活中，考察人类活动对于水资源的需求和使用大都集中于直接消耗用水的理念，测度指标有取水量、生产用水量、水资源消耗量等。直接消耗用水概念的优点在于可以直观测量人类活动对于水资源的直接影响和使用，便于水资源管理政策的制定和实施。尽管如此，直接消耗用水概念对于准确认识人类活动对水资源的影响存在一定局限：无法全面反映人类行为对水资源消耗潜在的真实影响。比如，当我们在喝一杯咖啡时，可能只是用掉100毫升水来冲泡咖啡，我们会直观地认为消费咖啡的活动对水资源的需求只有100毫升，而事实上，生产咖啡的各个生产环节共消耗掉了140升水资源量，即人类对一杯咖啡的真实水资源需求量是140升。为了避免直接消耗水资源的不足，更全面地反映人类活动对水资源的影响，本书提出了完全消耗口径水资源理念。完全消耗口径水资源是对直接消耗口径水资源理念的扩展和补充，它是从产品完整生产链角度来考察生产和消费活动对水资源的真实影响。完全消耗口径水资源的理念为水资源研究提供了新的视角和启示。

本书以完全消耗口径水资源理念为核心，以水足迹和虚拟水为切入点，利用投入产出分析方法，首先完善了水资源核算数据和完全消耗口径水资源投入产出分析框架，然后基于SDA、MRIO等模型分别对中国水足迹和虚拟水贸易的测算、影响因素、行业间和区域间虚拟水转移等重点问题进行了全面分析和深入探讨。

本书的研究从理论上拓展了传统水资源的研究内容，丰富了投入产出分析的应用领域，为深入了解和全面认识中国的水资源利用现状提供了独特视角，研究结论能够为中国水资源管理提供前瞻性信息支持。

第一节　研究背景与研究意义

一　研究背景

其一，水资源短缺是制约中国经济社会发展的重大问题。近年来，随着水资源危机的加剧，水资源短缺已演变为全世界备受关注的资源环境问题之一。作为水资源短缺、水旱灾害频发的国家，中国的基本国情和水情表现为人多水少和水资源时空分布不均。

人均水资源占有量低、地区分布不平衡以及城市严重缺水是我国水资源短缺的三个主要特点。目前，我国人均水资源量只有2100m^3，这一数据仅为世界人均水平的28%，中国在世界人均水资源占有量的排位居世界第121位；我国水资源在地区分布上极不平衡，从东南沿海到西北地区的水资源量呈逐渐递减趋势，西部地区的水资源短缺问题十分突出；此外，我国城市缺水问题十分突出，全国有近80%的城市存在不同程度的缺水问题，其中136座城市属于严重缺水，且主要集中在北方。与我国水资源短缺相伴随的则是经济社会发展对水资源的严重依赖。数据显示，当前中国农业、工业、服务业用水总量为5398亿m^3，占全部用水量的88%（居民生活用水和生态用水占用水总量的12%），国民经济每万元总产出的直接用水需求量为65m^3，水资源对中国经济社会发展的影响显而易见。随着我国人口规模的进一步增加以及工业化、城镇化的深入发展，水资源需求将在今后较长一段时期内持续增长，我国水资源将面临更为严峻的形势。

其二，水资源问题是中国政府关注的政策重点。为了缓解我国的用水紧张状况，中国政府颁布、实施了众多水资源管理制度和法规，以确保水资源的科学开发利用和节约保护。仅 2011 年 1 月至今，先后有《中央一号文件》、《关于实行最严格水资源管理制度的意见》、《关于进一步做好水利改革发展金融服务的意见》、《全国农村饮水安全工程“十二五”规划》等多部国家级和省部级水利政策发布、实施。各政策法规针对当前水资源过度开发、粗放利用、水污染严重三个方面的突出问题，确立了水资源管理“三条红线”，严格控制用水总量增长过快、着力提高用水效率、严格控制入河湖排污总量。

2014 年 2 月 13 日，水利部、发展改革委、工业和信息化部、财政部、环境保护部、国土资源部、农业部、住房城乡建设部、审计署和统计局等十部门联合印发了《实行最严格水资源管理制度考核工作实施方案》，对考核组织、程序、内容、评分和结果使用做出明确规定，相关考核结果将作为对各省级行政区人民政府主要负责人和领导班子进行综合考核评价的重要依据，标志着最严格水资源管理制度考核工作全面启动。

相关政策的实施对于解决我国复杂的水环境、水资源问题，进而实现经济社会的可持续发展具有深远意义和重要影响。

其三，完全消耗口径水资源研究为缓解水资源短缺、科学制定水资源管理政策提供新的思路和启示。完全消耗口径水资源是对直接消耗水资源概念的拓展和补充，打破了以往只关注直接消耗用水的思维框架，不仅为解决地区水资源短缺、保障缺水地区的食品安全和水安全提供新的思路，而且对优化资源配置，调整区域经济结构，增加地区以及全球的水资源利用效率，为水资源迁移和储存提供新的途径，为国家和地方相关政策的制定提供参考，同时也为其他社会目标和社会福利的完成奠定了基础。

二　研究意义

本书的理论意义体现在以下两点：

其一，完善水资源核算标准和水资源投入产出表，为进行完全消耗口径水资源分析打下基础。

水资源核算是资源环境核算的重要组成部分，翔实、准确的水资源核算数据是水资源分析和管理的基础。目前，我国的水资源核算存在行业分类过粗、核算标准不一致、部分数据相互矛盾等问题，不利于水资源研究及水资源管理政策的制定；而基于投入产出分析的水资源研究也存在行业用水基础数据缺失的问题，使得基于投入产出分析的水资源研究局限于少数地区。本书将完善、一致的水资源核算标准作为重要研究内容，综合当前我国官方公布的不同水核算数据资料，协调不同数据来源的差异；同时，基于公开数据对各地区细分的行业用水数据进行估算，建立全国及30个省（自治区、直辖市）（西藏除外）不同年份的水资源投入产出表和区域间水资源投入产出表数据库，为水资源的研究由单一或部分地区扩展到所有地区奠定基础，也为其他学者的研究提供数据基础。

其二，建立系统的完全消耗口径水资源投入产出分析框架，为投入产出分析在其他领域的应用提供借鉴。

完全消耗口径水资源投入产出分析由水资源投入产出表和完全消耗口径水资源投入产出模型组成。结合虚拟水贸易的特点和研究内容，本书将在水资源投入产出模型的开发与拓展方面进行重点研究，如将结构分解分析（SDA，Structural Decomposition Analysis）、区域间投入产出模型（MRIO，Multiregional Input - Output Model）、经济系统内部转移模型（Transition Model）等投入产出模型与完全消耗口径水资源相结合。在此基础上，建立系统的完全消耗口径水资源投入产出分析框架，为相关研究提供更为准确的数理方法和模型。此外，本书建立的完全消耗口径水资源投入产出分析框架也可为投入产出分析在温室气体排放、能源消耗等其他资源环境问题上的应用提供借鉴。

本书的实践意义体现在，通过对中国各地区水足迹和虚拟水贸易现状的全景展现和深度分析，为地区水资源管理提供前瞻性的信息和数理技术支持。

借助拓展的完全消耗口径水资源投入产出模型，对全国及30个省（自治区、直辖市）水足迹和虚拟水贸易现状进行全面、系统的分析，实证分析包括五大核心部分：行业及区域水足迹分析、区域虚拟水贸易的估算及水资源承载力评估、水足迹及虚拟水贸易变动的结构分解分析、中国经济系统内部各行业间的虚拟水流动、中国区域间虚拟水流动。本书实证分析将为中国地区水资源管理提供前瞻性的信息和数理技术支持，特别是使地区虚拟水战略的制定更具科学性和可操作性。

第二节　研究思路与方法

一　研究思路

本书的研究思路如下：第一，对完全消耗口径水资源的相关概念进行阐述，并系统归纳和总结当前基于投入产出分析进行完全消耗口径水资源问题研究的现状，提炼当前研究的不足之处；第二，对水资源投入产出表和水资源投入产出模型进行明晰和拓展，为下一步的实证分析打好基础；第三，以水足迹和虚拟水贸易为承载概念，从水足迹和虚拟水贸易的区域评估、水足迹和虚拟水贸易驱动机理以及虚拟水流动格局三个方面对水足迹和虚拟水贸易进行分析，体现了本书实证分析的多角度、立体性和全面性，研究结论对于认识当前中国地区虚拟水贸易和水足迹现状具有重要意义。

基于以上分析，本书的技术路线可以如图 1－1 所示。

二　研究方法

科学的研究方法是进行学术研究的前提和保障。研究方法的使用不仅要体现出问题与方法连接的精确性和客观性，还要体现出对方法应用的深刻理解和适度把握。本研究围绕完全消耗口径水资源，以“虚拟水”及“水足迹”为中心，这一主题的研究体现出的主要特点是没有形成统一、一致的研究框架，相关的研究方法也并不完善。因此，本书将注重研究方法的使用，综合定性分析方法和定量分析方法，提高研究的水平。

1. 总结归纳法

本书系统总结了水足迹和虚拟水贸易的国内外研究现状，梳理不同研究存在的局限，总结出今后研究需要重点关注的方面。

2. 比较分析法

比较分析法也是本书研究的基本方法之一。本书的比较分析应用体现在时间和空间两个角度：时间角度上，本书对同一地区不同时间的水足迹和虚拟水贸易状况进行对比分析；空间角度上，对不同地区水足迹和虚拟水贸易进行对比分析。

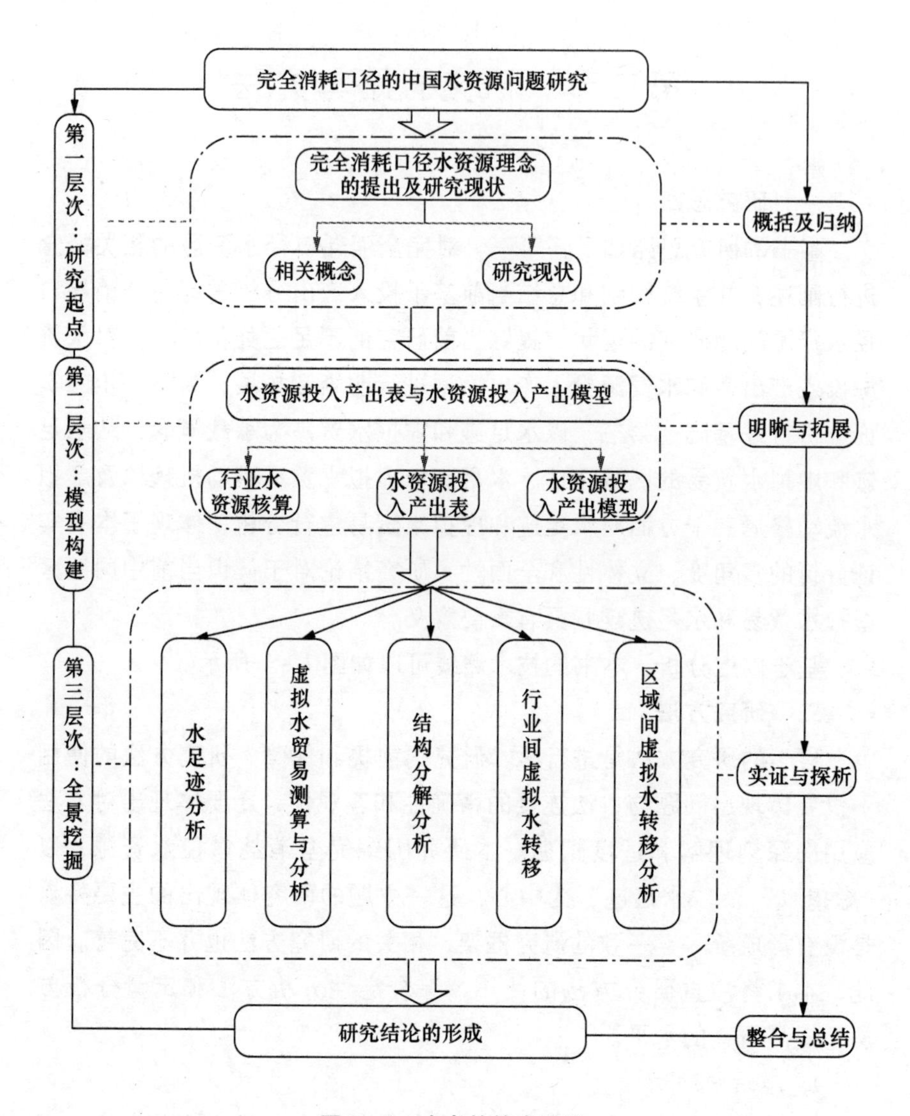

图1-1　本书的技术路线

3. 水资源扩展型SDA模型

SDA模型是投入产出分析中较为成熟的方法，它能够较为准确地找出导致某一变量在不同时间点变化的影响因素。结合水资源核算数据，本书将基于传统的SDA模型推导得到水资源扩展型的SDA模型，对导致全国和不同省（自治区、直辖市）虚拟水贸易及水足迹变化的不同影响因素进行分析，包括用水强度、技术变动、人口规模、人均消费水平以及进出口结构等。

4. 行业水资源转移模型

建立在列昂惕夫逆矩阵、最终需求向量及行业水资源数据基础上，行业水资源转移模型能够反映虚拟水在经济体内部不同行业间的转移情况，该模型在西班牙等国家已得到充分验证。本书应用行业水资源转移模型，对中国及不同省（自治区、直辖市）各行业间的虚拟水转移状况进行实证分析，分析包括各行业的净转移量及各行业间的具体转移状况。

5. 水资源扩展型MRIO模型

在传统投入产出分析MRIO模型基础上，结合不同地区各行业的直接用水指标，推导得到水资源扩展型MRIO模型。应用水资源扩展型MRIO模型来研究中国2002年、2007年八大区域的虚拟水贸易流动状况，研究结论对进一步认识中国虚拟水贸易现状具有重要意义。

第三节 本书所做的主要工作、创新与特色之处

一 本书的主要工作

1. 研究数据：完善与统一

研究数据方面，本书拟解决的关键问题是行业水资源核算数据库的搭建及地区水资源投入产出表的完善。结合不同的行业用水数据来源，统一数据标准，建立科学的行业用水数据库，在此基础上构建全国及各地区水资源投入产出表，为本书后面的实证分析奠定数据基础，也为其他学者进行相关研究奠定基础。

2. 研究方法：明晰与拓展

研究方法方面，本书拟解决的关键问题是水资源投入产出模型的

明晰与拓展。目前，大部分基于投入产出分析的水资源研究仅限于水足迹和虚拟水贸易的测算，相关研究有待深入。本书进一步明晰了水资源投入产出模型的内涵，特别是中国投入产出表中间流量矩阵的标准化处理；此外，本书还将拓展水资源投入产出模型，将目前较为前沿的投入产出模型拓展到水资源分析中。

3. 实证检验：挖掘与解读

实证检验是本书的核心，本书将深入挖掘中国各地区水足迹和虚拟水贸易状况：第一，对虚拟水贸易进行准确测度，并评估各地区的水资源承载力；第二，探析影响虚拟水贸易变动的影响因素，找到影响虚拟水贸易变动的“看不见的手”；第三，全景展现国内各地区间的虚拟水流动格局及中国不同行业间的虚拟水转移状况。同时，本书还将对实证分析结果进行重点分析，对研究结果给予全角度解读。

二 本书的主要创新与特色之处

本书的特色与创新之处体现在四个方面，即研究视角、研究方法、研究内容以及逻辑框架。

1. 研究视角上：将完全消耗口径引入到水资源研究中

本书的研究立足于中国水资源现状，从完全消耗口径的视角出发，对中国水资源问题进行系统分析。完全消耗口径的水资源问题研究在研究视角上对以往研究主要侧重直接消耗用水是一个较大突破和补充，能够为全面认识中国的水资源问题，从而为水资源问题的解决提供新的启示。以往研究并未明确提出完全消耗口径水资源，研究视角的独特性是本书的一大特色。

2. 研究方法上：将投入产出分析应用于水资源研究中

投入产出分析是经济研究的重要方法。尽管本书并非第一个使用投入产出分析来研究水资源问题的，但是本书将以往大多仅利用投入产出分析进行简单的水资源核算研究扩展到将投入产出分析中的多种模型［如结构分解分析（SDA，Structural Decomposition Analysis）、区域间投入产出模型（MRIO，Multiregional Input - Output Model）、经济系统内部转移模型（Transition Model）］等应用于完全消耗口径水资源研究中。投入产出模型除了自身具有严格的数理推理外，也在经济、能源等领域得到广泛验证和认可，因此，本书构建的相关模型适用于完全消耗口径的水资源研究，显示了本书使用的方法具有较好的科学性。

3. 研究内容上：深入分析水足迹及虚拟水贸易变动的影响因素

目前，国内外对水足迹和虚拟水贸易的大部分研究仅仅局限于核算与比较，对于导致其变化的影响因素较少涉及。本书将影响水足迹和虚拟水贸易变化的影响因素分解为用水强度效应、技术变动效应、人口规模效应、人均消费水平效应、最终需求结构效应等因素，相关研究对丰富完全消耗口径水资源研究内容具有重要意义。

4. 逻辑框架上：投入产出分析结合完全消耗口径水资源的研究框架具有较好的借鉴性

本书的逻辑框架是清晰的：建立在投入产出分析工具基础上，第一，对地区水资源细分数据库进行完善；第二，将投入产出模型拓展到水资源领域并明晰模型的具体含义；第三，对各地区进行全角度实证分析，从而更为准确地认识不同地区虚拟水贸易及水足迹状况。本书的研究框架对投入产出分析应用到其他领域（如温室气体排放、能源消耗等）具有重要的启示意义和借鉴价值，逻辑思路具有较好的启示性和借鉴价值。

第四节 本书的不足之处

由于水平所限，本书的研究也存在一些不足之处，主要体现在以下三个方面。

1. 农业部门分类有待细化

由于数据所限，本书将农业部门作为一个完整部分进行分析，没有进行更为细化的区分。事实上，由于农业部门的直接消耗用水在国民经济用水量中占比非常大，进一步细分农业部门有利于政策制定的具体性和针对性。

2. 水足迹计算仅考虑“蓝水”

本书在计算各地区水足迹时仅考虑了“蓝水”（关于水足迹分

类——“蓝水”、“绿水”和“灰水”的定义参见第二章第二节)，计算结果并不是完整意义上的水足迹。除了无法拿到准确的水资源数据外，本书未将“绿水”纳入研究范围的原因是为了保持各经济部门用水含义的一致性。除农业部门以及以农产品为原料的工业部门外，所有其他部门的用水仅限于“蓝水”。相比“绿水”，“蓝水”具有更强的选择替代水源的可能性，从而机会成本更高。农业用水中通常有60%—80%为“绿水”。如果“绿水”没有为作物生长所使用，可能蒸发并最终为本地使用。如果在计算中将“绿水”纳入考虑范围，本书将会高估农业用水在总用水量中的比例，从而可能在进行跨区域跨部门的水资源评估时得出误导性的结论[1]。

3. 政策效应分析有待深入

本书虽然对中国虚拟水贸易和水足迹进行了较为系统的实证分析，但是并没有结合当前的水资源管理政策进行政策效应分析，这主要是相关的模型方法仍在探索中，从而限制了本书的相关研究。

第五节 未来进一步研究的方向

结合本书的研究内容和当前学术界的研究现状，本书下一步的研究方向是明确的，除了将上述几点本书的不足之处作为重要研究方向外，本书下一步的研究方向还体现在以下几点：

1. 虚拟水贸易测算的改进

在进行虚拟水贸易测算时，结合我国细分的对外贸易数据，得到针对不同国家和地区的虚拟水流动结果；同时，地区虚拟水贸易的计算应该考虑地区水资源贫乏状况，即水资源在贫水地区的价值要大于在富水地区的价值，目前研究中直接进行虚拟水贸易计算并没有反映出地区水资源短缺状况。

2. 传统数量方法的补充

在对水足迹和虚拟水贸易影响因素进行研究时，除应用投入产出分析中的SDA方法，还应该结合传统计量方法，如LMDI等分解方法，使研究结论的丰富性有所提高。

3. 其他研究内容的深入

在研究数据允许的情况下，虚拟水贸易影响因素的细化研究、国民经济用水关键部门的识别研究、区域间虚拟水转移影响因素研究、水足迹及虚拟水贸易结构路径分析（SPA）等方面也将是本书后续关注的重要内容。

第二章　完全消耗口径水资源理念及方法

完全消耗口径水资源是本书研究的核心内容。准确理解完全消耗口径水资源的概念和内涵，并选择合适的研究方法对本书的研究至关重要。本章重点对完全消耗口径水资源理念的提出、相关概念和方法选择进行详细阐述，为后面的实证分析奠定理论和方法基础。

第一节　完全消耗口径水资源理念的提出与意义

完全消耗口径水资源指的是：最终消费产品在生产过程中所消耗的全部水资源量，它由直接消耗水资源和间接消耗水资源构成。其中，最终消费产品可以是地域范围（如国家、地区、流域等），也可以是对个人，还可以是对某个产品或某类最终消费产品（如最终消费、固定资本形成总额、出口等）。完全消耗口径水资源强调两点：一是对产品在整个生产过程各个环节用水量的综合考察；二是强调对最终消费产品的考察。本章对完全消耗口径水资源理念的提出背景和意义进行阐述。

一　完全消耗口径水资源理念的提出

目前，从研究口径、研究角度和研究重点三个方面看，水资源研究值得进一步深入：

第一，研究口径。传统观念中，人类的生产和消费活动对水资源的消耗主要从直接消耗口径考量，如取水量、生产用水量、水资源消耗量等指标均为生产活动中对水资源的直接消耗。直接消耗水资源便于直接测度人类活动对水资源的使用和压力，有利于水资源政策的制定和规划。

事实上，产品的生产过程由不同的生产环节组成，每个生产环节都会消耗一定的水资源，如汽车的最后一个生产过程（假设为零部件组装）会消耗一定的水资源，生产汽车会使用一定数量的钢材，钢材在生产过程中也要消耗水资源，钢材生产又会用到电力，电力的生产同样要用到一定的水资源，如此继续，汽车生产的多个环节都会用到水资源。因此，对汽车生产来说，汽车对水资源的使用和消耗体现在各个生产环节。

显然，在考察最终产品对水资源的需求和消耗时仅仅考察水资源的直接使用量是远远不够的。

第二，研究角度。目前，大多数观念认为，对水资源的消耗以生产活动为主，因此，节约用水和水资源保护等行为应该从生产者角度出发。这种观念有失偏颇，生产者生产的产品最终是由消费者完成消费，从经济学供给需求角度看，消费者行为是生产者行为的原始驱动力。因此，水资源问题的研究应该扩展到消费者角度，考察消费者行为对水资源的影响。

第三，研究重点。以往在解决某一地区水资源短缺问题时会将其他地区水资源的调入作为重要措施，这样做的出发点是对实体水流动性特点的考虑。实际上，水资源还有虚拟流动性的特点，水资源的虚拟流动是以区域间贸易为载体，在区域间贸易过程中，产品生产过程中消耗的水资源也在虚拟流动。一个国家出口产品的同时也在输出水资源，进口产品的同时也在节约水资源。因此，产品贸易背后的水资源流动值得深入探讨。

基于以上分析，本书提出了完全消耗口径水资源的理念，一方面强调从完整的产品生产链角度综合考虑用水情况，即研究口径应该由直接消耗扩大到完全消耗，以便能全面地体现产品生产过程中对水资源的占用；另一方面强调从最终产品消费角度考察产品生产中的用水量；此外，还将水资源研究与对外贸易结合，由实体水研究向外扩展，丰富水资源研究的内容。

二　完全消耗口径水资源理念的意义

其一，完全消耗口径水资源理念是对直接消耗口径水资源概念的重要改进，丰富了水资源研究的内容。

完全消耗口径水资源包括产品各个生产环节的用水量，是对传统观念直接消耗口径水资源的拓展，丰富了水资源的理论研究内容，对重新认识水资源使用具有重要的启示意义。

其二，完全消耗口径水资源理念有利于从消费者角度制定水资源管理政策。

关于水资源的生产和消耗涉及两个行为主体：水资源的生产者（如自来水厂）和水资源的使用者。其中，水资源的使用又可以进一步分为直接消费使用（做饭、饮用等）、直接生产使用（产品生产过程中直接消耗的用水量）。对水资源管理政策的制定，以往政策的重点基本侧重于从直接生产者角度进行，即对用水较多的生产活动制定相应的用水限定，从而达到降低水资源使用量的目的。事实上，从最终消费角度考察产品用水更容易理解国民经济生产活动的真实用水情况。

最终消费活动是生产者行为的驱动力，改变最终产品消费者行为将会对生产者行为产生重要影响。值得一提的是，在全球碳排放责任认定中，最终产品消费者行为与生产者行为被明确界定，即二氧化碳排放的责任不应当由排放者全部承担，最终产品的消费者应该也被赋予重要责任，这一点与水资源管理的内涵是一致的：水资源使用量的限制应当从最终使用的消费者角度考察，如何考虑改变最终产品消费者行为（如鼓励消费用水较少的产品，提倡减少消费用水较多的产品），从而进一步降低生产者的用水量。

其三，完全消耗口径水资源理念有利于从产品进出口角度制定地区水资源管理政策。

在全球化的今天，一国生产的产品很大部分要用于区域间贸易。对于水资源而言，利用本国水资源生产的产品会用于出口，使本国的水资源“流出”到外部地区；同样，一个地区也可以进口产品，使外部地区用于生产产品的水资源“流入”本地区，从而节约本地区水资源的使用。

完全消耗口径水资源对于产品进出口背后的生产用水有较好的反映和体现，对于缺水地区和国家对外贸易政策的制定具有重要的启示意义。

第二节　几个相关概念

完全消耗口径水资源从产品完整生产链角度考察产品对水资源的占用和影响，体现了产品生产和消费对水资源的全面作用。具体来讲，虚拟水和水足迹能够反映完全消耗口径水资源的理念，是具有可操作性的具体概念。

一　虚拟水概念

1. 虚拟水概念的发展

虚拟水是指生产产品和服务所需要的水资源，由伦敦大学亚非研究学院教授 Tony Allan[2] 于 1993 年提出，随后对虚拟水做了一系列阐述[3-5]。虚拟水并非真正意义上的水资源，而是以“虚拟”的形式包含在产品中，是看不见的水，因此，虚拟水又被称为“嵌入水”、“外生水”，虚拟水概念在产生之初仅限于农产品范围；之后，国外关于虚拟水理论得到迅速发展，“虚拟水贸易”、“虚拟水战略”等理论先后出现；21 世纪以来，虚拟水理论引起了学术界的广泛关注，国外多次召开以虚拟水为主题的国际会议：2002 年 12 月，荷兰举办了一次国际虚拟水贸易专家会议；2003 年 3 月，第三届世界水论坛在日本举行，学者们对虚拟水贸易问题展开了特别讨论，两次国际会议肯定了虚拟水贸易在解决全球水安全方面的作用，标志着虚拟水贸易研究的成熟。此后召开的多次虚拟水学术会议有力地扩大了虚拟水的受关注程度，虚拟水理论得到不断发展与完善。

2003 年，程国栋院士[6] 首先将虚拟水理论引入中国，对虚拟水理论进行了阐述，同时指出了中国西北地区实行虚拟水战略的必要性；方卫华[7] 在叙述虚拟水概念、特点基础上，拓展了其内涵，总结了虚拟水的有关应用，同时对基于虚拟水的若干问题进行了探讨；刘宝勤[8] 系统介绍了虚拟水研究的基本概念及量化方法，并从资源替代、资源流动、比较优势三个方面对虚拟水研究的理论基础进行了具体阐述；田贵良[9]运用比较优势理论分析两地区的生产和消费选择，从而论证了虚拟水战略的实施环境。

虚拟水具有非真实性、社会交易性、便捷性以及价值隐含性等特点。虚拟水概念的提出，改变了水资源研究围绕“实体水”展开的现状，拓展了水资源研究的领域。

2. 与虚拟水相关的几个概念

与虚拟水相关的几个概念也是本书研究的基础。在此有必要对以下几个关键概念进行说明[8]：

①虚拟水贸易（Virtual Water Trade）。水资源短缺的国家和地区通过实物贸易形式从水资源丰富的国家和地区进口水资源密集型产品来缓解水资源短缺问题，从而使水资源以虚拟水的形式在区域间流动。

②虚拟水含量（Virtual Water Content）。生产某产品或某服务所需要的水资源数量。根据不同的研究需要，虚拟水含量既可以从产品实际生产地生产该产品所需要的水资源数量来计算，也可以假设为如果在产品消费地生产该产品所需要的水资源数量。

③虚拟水出口量、进口量（Virtual Water Export and Import）。一个国家或地区的虚拟水出口量是其出口产品或者服务中所含的虚拟水资源量，也就是生产用于出口的产品所需要的水资源量；一个国家或地区的虚拟水进口量是其进口产品或者服务中所含的虚拟水资源量，也就是出口国家或地区生产这些产品所需要的水资源量。对于进口国家或地区来说，这部分水资源是一种“外来”资源。

④虚拟水流（Virtual Water Flow）。虚拟水流是指不同国家或地区间由于贸易而导致的相互间的虚拟水流动，它既有大小也有方向，从出口国家或地区流向进口国家或地区。

⑤虚拟水平衡（Virtual Water Balance）。一个国家或地区在一定时间段上的虚拟水平衡可定义为该时间段上的虚拟水净进口量，即总的虚拟水进口量减去总的虚拟水出口量，虚拟水平衡为正意味着从其他国家或地区有虚拟水流入，虚拟水平衡为负则说明存在虚拟水流出。

⑥虚拟水战略（Virtual Water Tragedy）。富水国家或地区通过实物贸易向贫水国家或地区输出水资源密集型产品，即向贫水的国家以虚拟水的形式输出水资源。虚拟水贸易能够提高全球水资源利用效率，被认为是保障缺水地区水安全的有效手段。

二　水足迹概念

1. 水足迹基本概念

Hoekstra[10]于2002年首次提出了“水足迹”概念，将水资源与人类消费联系到一起。水足迹指的是一个国家、一个地区或一个人，在一定时间内消费的所有产品和服务所需要的水资源数量，形象地说，就是水在生产和消费过程中踏过的脚印。

水足迹包括三种分类，即“蓝水”足迹、“绿水”足迹和“灰水”足迹。“蓝水”足迹指在产品生产过程中消耗的地表与地下水的总量。“绿水”足迹指产品（主要指农作物）生产过程中蒸腾的雨水资源量，对农作物而言是指存在于土壤中的雨水被蒸腾的量。“灰水”足迹是生产某产品产生的污染数量，或者稀释生产或消费过程中的污染物至某一标准需要的淡水量。

水足迹的概念一经提出就受到了学术界、国际机构、商界以及公众的广泛关注，这种蓬勃发展的势头不仅得益于水足迹概念的直观性，而且还得益于它弥补了以往水资源核算方法的不足[11]：传统水资源核算只重视“蓝水”。水足迹概念的提出引发了科学界对水资源评价的重新思考，并已经影响到人类对水资源管理模式的思考方式，它包含了两种独特的思维方式，即“人类对淡水生态系统的影响最终与人类消费方式密切相关”和“从供应链整体出发能够更加全面理解水资源短缺和水污染”[11]。Hoekstra与Chapagain等出版的“The Water Footprint Assessment Manual”[12]标志着水足迹理论的进一步规范和成熟。

作为从消费角度入手的用水指标，水足迹把虚拟水和人类的消费联系在一起，拓展了虚拟水研究的领域，因此，水足迹也是虚拟水研究的一个重要组成部分。[13]

对一个区域（地理区域可以是流域、国家、省市或者任何水文和行政空间单元）来说，区域水足迹由两部分组成，即区域内水足迹和区域外水足迹。区域内水足迹指的是该地区消费的最终产品中，在本地区生产，消耗了本地区水资源的数量；区域外水足迹指的是该地区消费的最终产品中，来自外部地区的进口，生产过程中消耗的外部地区的水资源。区域内水足迹和区域外水足迹同时体现了本地区最终消费对水资源的影响，这种影响不仅限于本区域内。

2. 水足迹与足迹家族

水足迹是“足迹家族”的重要一员。足迹家族主要包括生态足迹、碳足迹和水足迹。生态足迹指的是能够持续地提供资源或消纳废物的、具有生物生产力的地域空间，其含义就是要维持一个人、地区、国家的生存所需要的或者指能够容纳人类所排放的废物的、具有生物生产力的地域面积，它是由加拿大学者 William E. Rees[14] 于 20 世纪 90 年代初提出的。碳足迹的概念源自生态足迹，并随着温室气体排放的增多以及全球气候的变化而得到广泛的关注[15-18]，准确地说，碳足迹是指企业机构、活动、产品或个人通过交通运输、食品生产和消费以及各类生产过程等引起的温室气体排放的集合，一般用 CO_2 排放量表示。水足迹概念同样类比生态足迹得到。

需要说明的是，尽管水足迹、碳足迹、生态足迹都反映了人类消费行为对自然资源的影响，但它们之间还是有所区别的，水足迹和生态足迹类似，人类对于水资源和土地资源的占用和影响不具有替代性，而碳足迹所反映的人类行为对于温室气体排放的结果却是可以通过将生化燃料替代为其他可再生能源进行纠正。

足迹家族的不同概念从各个方面反映了人类消费活动对于环境的影响和造成的压力，是分析消费者行为对环境影响的重要指标。由于每个指标都提供了不同的信息，因此这些指标之间不具有替代性。将各种足迹的概念和相关方法在统一的概念体系和分析框架下进行整合是未来研究的一大挑战，相关研究对于环境政策的制定具有显著的现实意义[19]。

三 水足迹与虚拟水的联系及区别

水足迹和虚拟水的概念类似，它们都是水资源研究的重要方向，水足迹与虚拟水紧密相关，两者既有联系又有区别。明确两个概念的异同是正确使用两个指标进行分析的前提。

1. 基本内容的联系与区别

水足迹和虚拟水的联系体现在水足迹和虚拟水均从完全消耗口径考察水资源问题，水足迹是建立在虚拟水的基础上对水资源的研究范围进行了扩展，两者都从社会经济角度度量人类活动对于水资源系统的影响，将水资源研究从环境领域拓展至社会经济领域；它们能够运用经济学与管理学工具从战略角度探讨水资源利用对于应对水资源危机具有的现实意义。[20]而对于某种特定产品而言，产品虚拟水可以认为是产品水足迹。

尽管存在显著的联系，两者的区别也是明显的，体现在研究范围、研究对象、研究角度、指标维度、应用重点和研究意义等方面。

从研究范围来看，尽管虚拟水目前的研究范围已经扩展到国民经济各个行业及大部分产品，但其研究的侧重点仍然是农业产品；而水足迹的研究范围在产品选择上并没有偏好。

从研究对象来看，虚拟水主要考察“蓝水”和“绿水”，而水足迹则将“灰水”考虑在内，是更加完善的用水指标。

从研究角度来看，虚拟水从生产者角度考察产品在生产的整个过程中所消耗的用水总量，水足迹的研究角度则是考察消费者，侧重不同个体或消费群体消费的最终产品在生产过程中的耗水量，揭示了不同地区消费理念与消费方式的差异也是影响水足迹的重要原因。

从指标维度来看，虚拟水仅指产品本身包含的水量，而水足迹不仅包含各种用水类型（“蓝水”、“绿水”和“灰水”），还包括用水的时间和地点，因此，水足迹是一个多层面指标。

从应用重点来看，除了某种特定产品的虚拟水含量的计算使用产品虚拟水外，一般在国际或地区间的贸易中用到虚拟水流量、虚拟水贸易和虚拟水战略等概念，而水足迹一般常见于地区水足迹概念，侧重对一个地区的考察分析。

从研究意义来看，虚拟水的研究意义体现在改变生产者行为，缓解水资源短缺，实现供水和粮食安全，促进产业结构调整，水足迹的研究意义则是改变生产者行为或者改变消费者行为，提高用水效率。

表 2-1　　虚拟水与水足迹的联系及区别

		虚拟水	水足迹
联系		1. 水足迹建立在虚拟水概念基础上，对水资源研究范围进行了扩展 2. 两者都从社会经济角度度量人类活动对于水资源系统的影响 3. 背后都反映了经济学原理 4. 对于特定产品而言，产品虚拟水可以称为产品水足迹	
区别	研究范围	侧重农业产品	没有明显偏重
	研究对象	“蓝水”与“绿水”	“蓝水”、“绿水”、“灰水”
	研究角度	生产者角度	消费者角度
	指标维度	一维（水量）	多维、多层面
	应用重点	虚拟水贸易、虚拟水战略等	地区水足迹
	研究意义	改变生产者行为，缓解水资源短缺	改变消费者行为，提高用水效率

简单地说，虚拟水和水足迹各自的侧重点不同：虚拟水是从生产角度考察产品生产过程中的用水量，主要侧重农产品虚拟水测算，虚拟水概念诞生之初就是为了解决贫水国家的水资源使用问题。因此，目前虚拟水概念应用最为广泛的就是虚拟水贸易问题；而水足迹则是从消费角度考察消费的商品在生产过程中的用水，受到生态足迹概念启发而产生，水足迹概念与个人、地区、国家水足迹等紧密联系。

2. 数量关系的联系

正如前文所述，区域水足迹是由内部水足迹和外部水足迹组成，外部水足迹反映了一个地区对其他地区水资源的占用和影响。单纯从数量关系上看，外部水足迹是通过虚拟水贸易实现的。

我们用两个有贸易关联的国家举例说明，假设 A 国与 B 国之间除了对方外没有第三方贸易往来国家，则 A 国与 B 国的水足迹和虚拟水贸易可以用图 2-1 表示。

图 2-1 显示，A 国家的水足迹由两部分组成：内部水足迹和外部水足迹，内部水足迹是用于 A 国最终消费的 A 国生产最终产品使用的水资源消耗数量，外部水足迹来自 B 国家的虚拟水进口，它是 A 国家最终消费的进口自 B 国家生产的最终产品的水资源消耗量；同时，

A 国生产最终产品的水资源消耗量，一部分作为 A 国的内部水足迹，另一部分通过贸易的形式作为虚拟水出口到 B 国；A 国的虚拟水进口一部分作为外部水足迹，另一部分再次通过贸易形式作为虚拟水出口到 B 国。

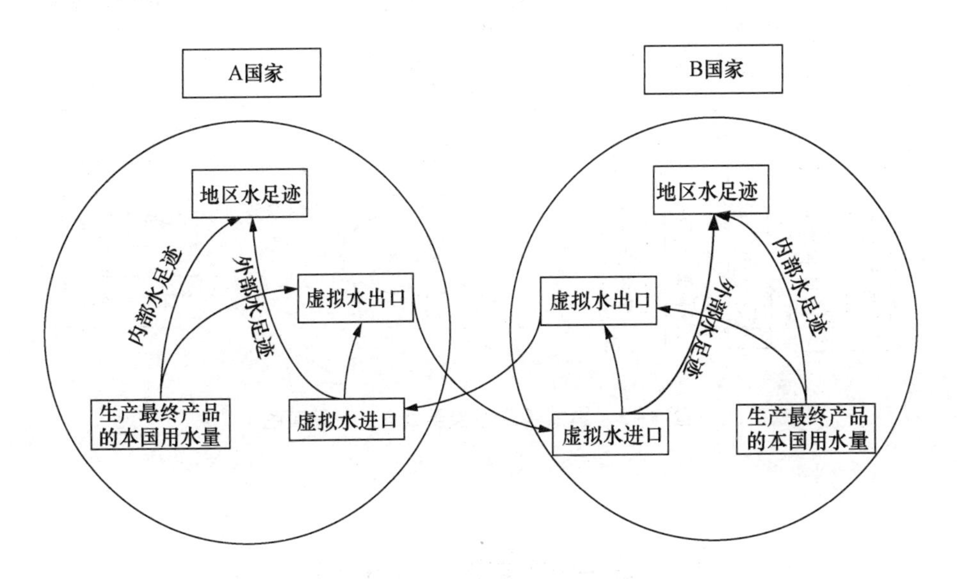

图 2-1　两个贸易国家的水足迹与虚拟水关系示意图[11]

四　本书相关概念之间的逻辑关系

综合以上分析，本书所涉及概念的内部关系在于水足迹和虚拟水都是完全消耗口径水资源理念的具体概念。其中，虚拟水贸易由虚拟水引申得到，虚拟水流、虚拟水含量、虚拟水平衡、虚拟水进出口量、虚拟水战略等概念则是虚拟水贸易的拓展内涵，而水足迹和虚拟水是与水资源相关的并列概念，同时，水足迹与碳足迹的概念类似，均从消费者角度考察一个地区或一个人的消费行为对于环境的影响。

同时，水足迹的概念可以从组成和类别两个方面分析：按组成看，水足迹由内部水足迹和外部水足迹构成；按类别看，水足迹又包括“蓝水”足迹、“绿水”足迹和“灰水”足迹。

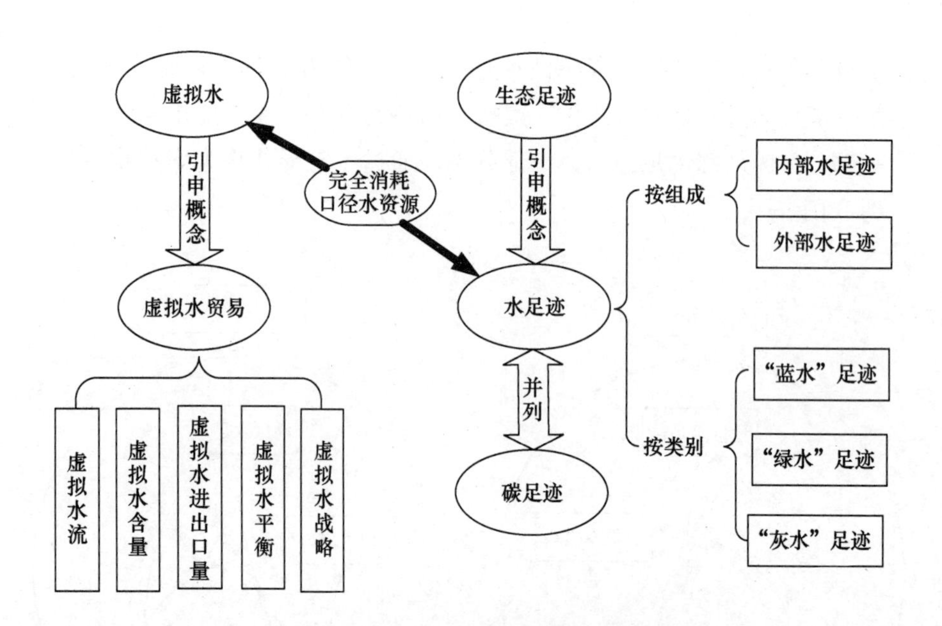

图 2－2　本书的几个重要概念关系示意图

第三节　完全消耗口径水资源研究的方法选择

方法选择是本书研究的重要内容。目前，关于完全消耗口径水资源（水足迹和虚拟水）问题的研究，相关方法并不成熟，还没有普遍通用的研究方法。本书使用的方法为投入产出分析，这主要是基于投入产出分析的科学基础、表现形式、模型设计等方面对完全消耗口径水资源的研究具有很好的适用性。

一　已有研究方法介绍

目前，对水足迹和虚拟水研究的重点主要集中在对两者的计算方面，这也是对水足迹和虚拟水进行深入研究的基础和前提，然而，当前研究的计算方法并不一致。

1. 水足迹核算的计算方法

目前，对水足迹的计算大部分从区域角度出发，计算某个具体区域的水足迹。总体来看，对水足迹的计算方法有自上而下法和自下而上法。

自上而下法的水足迹等于内部水足迹加上外部水足迹，内部水足迹等于国内水资源利用总量减去通过贸易出口到国外的虚拟水量，外部水足迹等于本国居民消耗的在其他国家生产的产品和服务所消耗的水资源量，等于进口虚拟水量减去向其他国家输出的进口产品再出口的虚拟水。

自下而上法是基于消费者群体的计算方法，一国的水足迹即将国家所有消费者的水足迹相加，由该地区居民消费的最终产品和服务的数量与单位产品的虚拟水含量乘积的加总得到。

理论上，两种方法的计算结果应该相同。实际上，由于计算采用的数据类型不同，两种方法得到的结果也可能不同。自上而下法采用贸易量数据，自下而上法采用消费量数据。不同数据库包含的内容不统一，导致计算结果不同。甚至，一个相对很小的数据输入错误都会导致计算结果的巨大偏差。

2. 虚拟水的计算方法

虚拟水计算侧重从产品角度进行。目前，从产品角度计算虚拟水包括农作物虚拟水计算、动物产品（也称畜产品）虚拟水计算、工业产品的虚拟水计算等。

农作物虚拟水的计算是从农作物生长过程中的需水量出发。农作物用水是衡量农作物需水量的重要指标，它是指农作物在生长发育期间蒸发所消耗的全部水资源量，一般采用联合国粮农组织（FAO）推荐的 CROPWAT 模型计算。CROPWAT 模型采用标准彭曼公式（Standard Penman - Monteith Method），以一定的参考作物需水量为基准，通过不同的作物系数对其数值进行修正，然后得到具体作物的需水量。

动物产品属于转化产品，其虚拟水含量主要依赖动物的类型、动物的饲养结构和动物成长的自然地理环境，计算过程较为复杂。因此，对动物产品的虚拟水计算一般分为两步进行，首先确定动物对水资源的消耗，然后再在不同的动物加工产品之间进行重新分配。

工业品的虚拟水含量为工业品在生产和加工过程中所耗费的水资

源量。相对于农产品和动物产品，工业产品的加工流程更多，工艺更为复杂。由于生产方法不同以及工业产品种类不计其数，很难找到与工业产品生产和消费相关的详细且标准的统计数字。

在计算虚拟水贸易量或虚拟水进出口量时，根据产品虚拟水含量和贸易量就可以计算得到全部的虚拟水贸易量。

以上针对具体产品的虚拟水计算方法存在很大的局限：研究方法均针对具体产品（主要是农作物产品和动物产品），特别是难以对工业产品和服务业产品进行有效计算，更难以从整个国民经济系统角度衡量和反映各种产品间的虚拟水流动关系。

近年来，国内外许多学者尝试利用投入产出分析计算虚拟水，主要借助投入产出表和投入产出模型计算虚拟水贸易，同时也可以对具体产品的虚拟水含量进行测算（相关研究成果参见第三章第二节）。

二　投入产出分析

投入产出分析由 1973 年诺贝尔经济学奖获得者列昂惕夫（W. Leontief）于 1936 年提出。他于 1936 年 8 月发表的“Quantitative input and output relations in the economic systems of the United States”[21]被公认为是投入产出产生的标志。在不同的国家和地区，投入产出的叫法有所不同：苏联习惯将其称为“部门联系平衡法”，日本则将其称为“产业联关（关联）法”，欧洲和美国一般将其称为“投入产出技术”、“投入产出方法”或者“投入产出分析”，我国习惯采用欧美的叫法，目前大多称为“投入产出分析”。

顾名思义，投入产出分析就是将投入和产出放在一起进行分析的数量经济分析方法。正确使用投入产出分析方法的前提是科学认识投入产出分析中的“投入”和“产出”的概念。所谓投入，指的是社会生产过程中对各种生产要素的消耗和使用；产出则是指社会生产的成果被分配使用的去向，这些成果包括物质产品和各种服务。一言以蔽之，“投入”是对物质产品、劳动力、各种生产资源的消耗和使用，“产出”则体现了物质产品实物运动的方向，即产品和服务被谁消耗和使用。

投入产出分析是一种行之有效的数量经济分析方法。与其他数量经济分析方法相同，投入产出分析也是经济学原理和数学方法的有机融合体。二者相辅相成、密切配合。投入产出分析在经济分析中引入矩阵运算，极大地增强了模型的表现力，为全面考察大型经济系统提供了可能性。同时，现代电子计算机大容量、超高速运算的特征使投入产出分析在国民经济各领域的应用成为现实。

需要指出的是，投入产出分析并不仅仅是传统意义上的经济效益的分析，这只是投入产出分析的一个功能，而且还不是其主要的功能。目前，投入产出分析已经广泛地应用于经济系统分析、政策模拟、价格计算、经济优化分析等方面，在应用领域上也并不局限于经济方面，它的应用范围已经扩展到能源、环境、人口、教育、科技、可持续发展等社会发展的各个层面，可以说，投入产出分析在当今数量经济分析领域占据了相当重要的地位。

三 投入产出分析对本书研究的适用性

本书选择投入产出分析作为完全消耗口径水资源研究的主要方法，这主要是基于以下三点：一是投入产出分析与完全消耗口径水资源有共同的科学基础；二是投入产出表为完全消耗口径水资源的测度奠定了基础；三是投入产出模型为完全消耗口径水资源的研究提供了准确的方法支撑。

1. 投入产出分析与完全消耗口径水资源有共同的科学基础

投入产出分析之所以广泛地应用于社会经济的各个发展层面，为不同社会制度的国家所接受，这主要得益于其科学方法论基础，即系统论的思想。

系统论是将研究对象作为一个系统进行研究的思想方法，系统中的各个元素相互联系、相互作用。投入产出借用了系统论中许多重要的思想：第一，整体性。将国民经济视为一个完整的经济系统。第二，结构性。投入产出表和投入产出数学模型可以非常科学地研究产品、部门、消费、投资等重要的经济结构问题。第三，相互依存性。投入产出分析一方面通过矩阵表记录产品或部门之间的作用和联系，另一方面通过数学模型计算它们之间的具体联系。第四，多级可分性。投入产出分析可以建立不同层次的模型，具体有全国模型、地区模型、区域模型、部门模型、企业模型等。

完全消耗口径水资源也是基于系统论的思想。从整体性上看，产品在生产过程中由众多的生产环节组成，每个生产环节都会消耗一定的水资源，所有生产环节的用水构成了一个完整的生产用水链；从结构性上看，不同产品或产业的生产用水加总可得到整个国民经济的用水总量，不同部门的用水有较大的差异性；从相互依存性上看，一个产业的产品生产与其他产业存在必然联系，使不同产业的生产用水也存在相互联系。

因此，投入产出分析与完全消耗口径水资源有共同的科学基础，这为利用投入产出研究完全消耗口径水资源提供了可能。

2. 投入产出表为完全消耗口径水资源的测度奠定了基础

完全消耗口径水资源是测度产品所有生产环节用水总量的概念和指标，容易想到：如果能够计算出每个生产环节的用水量，然后全部加总即可得到产品生产的完全消耗口径水资源。投入产出表为完全消耗口径水资源的测度奠定了基础。

投入产出表是记录各产品或部门具体数据资料的表，是进行投入产出分析的前提和必备工具。投入产出表按照计量单位的不同分为实物型投入产出表、价值型投入产出表、实物—价值型投入产出表，每种表都有相对应的投入产出数学模型。目前较为常见的是价值型投入产出表，具体形式见表 2－2。

表 2－2　价值型投入产出表的一般形式

<table>
<tr><th colspan="2" rowspan="2">产出
投入</th><th colspan="6">中间产品</th><th colspan="3">最终产品</th><th rowspan="2">总产品</th></tr>
<tr><th>部门 1</th><th>部门 2</th><th>…</th><th>…</th><th>…</th><th>部门 n</th><th>消费</th><th>投资</th><th>净出口</th></tr>
<tr><td rowspan="4">中间投入</td><td>部门 1</td><td colspan="6" rowspan="4">Ⅰ</td><td colspan="3" rowspan="4">Ⅱ</td><td rowspan="4"></td></tr>
<tr><td>部门 2</td></tr>
<tr><td>…</td></tr>
<tr><td>部门 n</td></tr>
<tr><td rowspan="3">初始投入</td><td>折　旧</td><td colspan="6" rowspan="3">Ⅲ</td><td colspan="3" rowspan="3"></td><td rowspan="3"></td></tr>
<tr><td>劳　酬</td></tr>
<tr><td>纯收入</td></tr>
<tr><td colspan="2">总投入</td><td colspan="6"></td><td colspan="3"></td><td></td></tr>
</table>

表2－2是投入产出表的一般形式，它反映了经济系统中各部门产品的投入来源和产品去向。表的行向反映产品生产出来后的分配去向，表的列向反映了产品生产过程中对各种生产要素的使用和消耗。

投入产出表的数据部分主要由三部分组成，即第Ⅰ象限、第Ⅱ象限和第Ⅲ象限。

由中间投入和中间产品组成的第Ⅰ象限是投入产出的核心部分，由于其构成特点类似于棋盘，故也称为棋盘式表。表的主宾栏名称相同、数目相同、单位相同、排列次序相同。每个产品部门既是生产者又是消耗者，因此，表中的每个数据都具有投入和产出的双重含义。从行的方向看，产品部门作为生产者，本部门生产的产品供给自己和其他部门作为生产消耗；从列的方向看，产品部门作为消耗者，本部门的产品生产要消耗其他部门提供的产品。因此，第Ⅰ象限反映了产品部门相互提供产品和相互消耗的关系，一般来说，这种关系是由国民经济的产品结构和技术水平所决定的。正确获得第Ⅰ象限的资料是构建投入产出表的基础。

第Ⅱ象限是第Ⅰ象限在水平方向的延伸，第Ⅱ象限反映了本期全社会最终需求结构，最终需求结构主要由消费、投资、净出口组成，同时，它还具体反映了最终使用的来源、比例等。第Ⅱ象限反映的是国民经济中生产部门和最终使用各项之间的经济技术联系。从行的方向看，投入产出表的第Ⅰ象限和第Ⅱ象限可以总称为产品分配流量表，反映了产品部门生产的产品和服务的分配流向，用表达式可以表现为：

中间使用＋最终使用＝总产出

第Ⅲ象限是第Ⅰ象限在垂直方向的延伸，主要反映了增加值（最初投入）部分。最初投入由固定资产折旧、劳动者报酬、纯收入组成。第Ⅲ象限反映的是增加值的形成过程与国民收入的初次收入分配。从列的方向看，投入产出表的第Ⅰ象限和第Ⅲ象限可以总称为产品价值形成表，揭示了各产品部门产品和服务的价值形成过程，用表达式可以表现为：

中间投入＋增加值＝总投入

显然，投入产出表既是准确刻画和记录国民经济生产活动的表格，也是计算各个行业的生产活动投入与产出情况的基础。借助于投入产出表计算各个生产活动的产出过程，计算得到各环节的用水情况，可以最终得到完全消耗口径的水资源。

3. 投入产出模型为完全消耗口径水资源的研究提供准确的方法支撑

投入产出数学模型是投入产出分析的重要组成。根据投入产出表的不同表现形式，投入产出数学模型可以分为实物型投入产出数学模型和价值型投入产出数学模型；根据反映时间的长短，投入产出数学模型可以分为静态投入产出数学模型和动态投入产出数学模型；根据投入产出反映的规模和层次，投入产出数学模型可以分为全国模型、地区模型、区域模型、部门模型、企业模型等。上述不同的分类是基于不同研究目的的需要，但它们的基本原理是相同的。基于本书研究的需要，本部分中我们对价值型投入产出数学模型进行相关介绍。

为了叙述方便，我们将表 2－2 进行相应的调整，得到表 2－3。

表 2－3　简化的价值型投入产出表

产出 投入		中间产品				最终产品	总产品
		部门 1	部门 2	…	部门 n		
中间投入	部门 1	x_{11}	x_{12}	…	x_{1n}	y_1	X_1
	部门 2	x_{21}	x_{22}	…	x_{2n}	y_2	X_2
	⋮	⋮	⋮	⋮	⋮	⋮	⋮
	部门 n	x_{n1}	x_{n2}	…	x_{nn}	y_n	X_n
初始投入	固定资产折旧	d_1	d_2	…	d_n		
	劳动者报酬	v_1	v_2	…	v_n		
	生产税净额和营业盈余	m_1	m_2	…	m_n		
总投入		X_1	X_2	…	X_n		

在表 2－3 中，x_{ij}表示第 j 部门生产时供应第 i 部门产品的价值，y_i 代表第 i 部门的最终产品，x_i 代表第 i 部门的总产品，d_i、v_i、m_i 分别为 i 部门产品中固定资产折旧、劳动者报酬、生产税净额和营业盈

余的价值。

首先，我们按行建立价值型投入产出数学模型，第Ⅰ、Ⅱ象限组成一个长方形的表，表中的每一个行可以写成一个数学关系式：中间使用+最终使用=总产出，由此等式可得：

$$\sum_{j=1}^{n} x_{ij} + y_i = X_i (i = 1,2,\cdots,n) \tag{2-1}$$

将 a_{ij} 代入式（2-1）得：

$$\sum_{j=1}^{n} a_{ij}X_j + y_i = X_i (i = 1,2,\cdots,n) \tag{2-2}$$

用矩阵表示为：

$$AX + Y = X \tag{2-3}$$

由此可得：

$$Y = (I - A)X \tag{2-4}$$

$$X = (I - A)^{-1}Y \tag{2-5}$$

式（2-5）的模型称为按行建立的价值型数学模型，$(I-A)^{-1}$ 反映了最终产品 Y 和总产品 X 之间的依存关系，也被称为列昂惕夫逆矩阵。依据泰勒公式可以将列昂惕夫逆矩阵进一步写成：

$$(I - A)^{-1} = I + A + A^2 + A^3 + \cdots \tag{2-6}$$

式（2-6）反映了为了获得各单位最终产品对各部门总产出的需求量，需要直接消耗量 A，间接消耗量 $A^2 + A^3 + \cdots$ 以及最终需求量 I，其中，A^2、A^3 分别为一次间接消耗、二次间接消耗等。可见，式(2-6)反映的投入产出模型能够计算出为了得到单位最终产品从而对各部门产品的完全消耗量。

建立在投入产出模型基础上，将产品生产过程中的直接消耗和间接消耗分别转化为直接用水量和间接用水量，则可以最终计算得到完全消耗口径的水资源量，因此，投入产出模型能够为完全消耗口径的水资源的研究提供准确的方法支撑（具体模型参见本书各章节的介绍）。

四　投入产出分析研究完全消耗口径水资源的优势

对水足迹来说，基于投入产出的计算为自上而下法，采用一国的贸易数据计算。与其他方法相比，由于一国贸易数据通常为国民经济核算的基本数据，数据质量较好，使用投入产出分析核算水足迹结果也更为准确，在计算时也更为方便。

对虚拟水来说，当前大部分研究局限在对农产品的虚拟水计算，但是对于工业服务业虚拟水的计算却忽略了，尽管与农业相比，工业和服务业产品的虚拟水含量较少，但是随着工业和服务业的快速增加，忽略这部分虚拟水的计算并不合适。投入产出分析可以有效避免产品虚拟水测算上的不足，能够对所有行业的虚拟水进行核算。

此外，与其他统计分析和计量方法相比，投入产出分析在以下几个方面具有显著优势：投入产出分析反映了国民经济行业间投入和产出的关系，能够建立准确的国民经济行平衡模型与列平衡模型，可以有效避免传统计量方法由于模型、变量选择的不确定性和估计方法所带来的结果误差。此外，投入产出分析可以从整个国民经济角度出发，系统地把握各种产品虚拟水之间的流动关系，同时，在水资源的区域间影响评估、驱动因素分解、情景分析等方面也能够进行全面分析，能够为现实问题的解决提供理论支持。

第三章　完全消耗口径水资源问题研究现状

本书的研究是以投入产出分析为工具，从完全消耗口径分析中国水资源问题，研究紧密围绕“虚拟水”、“水足迹”进行。既往的研究为本书的研究奠定了基础，本书的研究是对前人研究的继承和发展，为了更好地进行本书的研究，有必要对以往研究进行系统总结。本章包括三个方面的主要内容：基于投入产出分析的水足迹研究现状、基于投入产出分析的虚拟水研究现状、当前研究述评总结及未来研究展望。

第一节　基于投入产出分析的水足迹研究现状

基于投入产出分析的水足迹研究主要侧重于水足迹核算方面，核算内容包括不同层面，如全球层面、国家层面、省（自治区、直辖市）层面。①

一　全球层面水足迹核算研究

国外研究方面，AK Chapagain 和 AY Hoekstra[22-23]计算了全球所有国家 1997—2001 年的水足迹值，结果显示，全球每年人均水足迹

① 需要指出的是，为了保持研究内容的完整性，本部分的总结并不全是基于投入产出分析进行，将这些研究成果也进行了总结。此外，尽管产品水足迹的计算也是当前的研究重点，由于在计算过程中并没有使用投入产出分析，因此相关研究没有作为本部分的总结内容。

为 1240m^3，印度是世界上水足迹总量最大的国家，而美国是世界上人均水足迹最大的国家，人均水足迹为 2480m^3，而中国是世界上人均水足迹相对较小的国家，人均水足迹仅为 700m^3；A. K. Chapagain 和 A. Y. Hoekstra[24]计算了全球不同国家的棉花的水足迹，研究发现，全球每年需要 256Gm^3 的水足迹来生产棉花，其中，42% 为“蓝水”、39% 为“绿水”、19% 为“灰水”；liu 等[25]对全球主要的农作物的“蓝水”和“绿水”足迹进行了计算，研究发现，全球每年的农作物水足迹为 3823m^3，其中，超过 80% 为“绿水”足迹；Arto、Iñaki、V. Andreoni 和 J. M. Rueda - Cantuche[26]利用 WIOD 数据库对全球 30 个国家 1995—2008 年的水足迹进行了计算，分析发现，除了日本和比利时，其余国家的水足迹均呈现显著增长趋势，而美国和俄罗斯是人均水足迹最大的国家。

国内研究方面，目前国内还没有学者对全球层面的水足迹进行核算研究。

总体来看，当前对于全球层面水足迹核算的研究还有所欠缺，相关研究的时间点有待更新，这主要是受各国水资源核算数据所限。此外，中国学者对全球层面水足迹核算研究有待突破。对全球范围的水足迹进行核算有利于我们全面了解全球水资源使用状况，今后研究应该在此方面有所加强。

二　国家层面水足迹核算研究

国家层面的水足迹核算主要针对不同国家的水足迹进行具体核算，目前研究涉及众多国家，如美国、荷兰、英国、中国等。

国外研究方面，Sadataka Horie 等[27]基于投入产出分析对中国、日本、美国的工业产品的水足迹进行了对比分析，研究发现，三个国家在生产客车的过程中，间接用水要远远大于直接用水，中国粗钢水足迹为 0. 99m^3/t，而日本粗钢水足迹则为 0. 85m^3/t；A. Y. HOEKSTRA 与 A. K. CHAPAGAIN[28]对摩洛哥和荷兰的水足迹进行了计算，结果显示，摩洛哥和荷兰的水足迹中，外部水足迹均占有相当比重，其中，来自国外的外部水足迹占摩洛哥全部水足迹的 14%，而荷兰则高达 95%；Kjartan STEEN - OLSEN、Jan WEINZETTEL、Gemma CRANSTON 等[29]对欧盟的水足迹进行了计算，结果显示，由于物理环境和消费类型的不同，欧盟国家间水足迹差异较大，西班牙的人均水足迹为438m^3，而波兰的人均水足迹仅为39m^3，大部分欧洲国家的人均水足迹要低于全球平均水平。

国内研究方面，关于国家层面水足迹的研究主要集中于对中国水足迹的核算研究。杨顺顺、黄凯和乐小芳[30]对中国2009年“蓝水”足迹和“灰水”足迹进行了测算，结果显示，中国“灰水”足迹总量远高于“蓝水”足迹，工农业水耗占到中国“蓝水”足迹的85%，而“灰水”足迹的88%由农业部门产生；王艳阳、王会肖、张昕[31]基于投入产出表的水足迹分析方法，分析了我国1997—2007年的水足迹状况，结果表明，1997—2007年我国年均水足迹总量为2.83万亿m^3，总体呈现下降趋势，其中“蓝水”足迹为2183亿m^3，“灰水”足迹为2.62万亿m^3；Xu ZHAO、Bo CHEN、Z. F. YANG基于投入产出分析对中国2002年的水足迹进行了计算，结果显示，中国2002年的人均水足迹为381m^3。

总体来看，当前对不同国家水足迹核算的研究较多，但是针对同一国家的不同研究的结果存在一些差异，这主要是由于数据来源和处理不同导致的。

三　省（自治区、直辖市）及以下层面的水足迹核算研究

国外研究方面，Yang YU、Klaus HUBACEK、Kuishuang FENG等[32]对英国各地区的水足迹进行了计算，分析发现，仅考虑地区内部水足迹的话，英国东南地区的水足迹要比东北地区的水足迹高22%，对于全部水足迹，东南地区人均为1257m^3，而东北地区人均为597m^3；Zhuoying ZHANG、Hong YANG、Minjun SHI基于投入产出分析对北京市水足迹进行了计算，结果显示，北京市每年的水足迹为46.9亿m^3，其中有51%为外部水足迹；Huijuan DONG、Yong GENG、Joseph SARKIS等[33]对中国辽宁省2007年的水足迹进行了测算，分析发现，辽宁省2007年的水足迹为73亿m^3，其中，84.6%为内部水足迹，15.4%为外部水足迹；D. A. KAMPMAN、A. Y. HOEKSTRA、M. S. KROL[34]对印度各州1997—2001年的水足迹进行了详细测算，结果发现，印度不同州的水足迹差别较大，各州人均水足迹范围介于451m^3到1357m^3，平均为777m^3，其中的658m^3来自本地区，119m^3

来自外部区域。

国内研究方面，王新华、徐中民、龙爱华[35]分析了中国各省2000年人均水足迹，结果表明，西北部省份水足迹较大，南部和中东部省份水足迹较小；Xu ZHAO、Hong YANG、Zhifeng YANG等基于投入产出分析对中国海河流域1997年、2000年和2002年水足迹进行了计算，结果显示，海河流域三年的水足迹分别为465.7亿m^3、445.2亿m^3和427.1亿m^3；徐洪文、崔延松、卢妍对江苏省2009年水足迹进行了计算和评价，结果表明，2009年江苏省水足迹为866.75亿m^3，人均水足迹为1829m^3，水匮乏度为217%，水资源消费自给率为86.33%；刘光龙、王芳、张建明[36]估算了银川市2007年水足迹情况，结果表明，银川市2007年总的水足迹为16.403亿m^3，人均水足迹为1102m^3；雷玉桃、高帅、卢丽华[37]等计算了广州市2007年的水足迹为989.32亿m^3，其中工业产品的水资源需求最大，其次是农产品和畜产品。

总体来看，省（自治区、直辖市）及以下层面的水足迹核算是目前水足迹核算的重点内容，研究成果明显多于全球层面和国家层面的研究。尽管如此，不同区域间水足迹的横向对比分析仍然是目前研究较为欠缺的地方。

第二节　基于投入产出分析的虚拟水研究现状

一　产品虚拟水量化研究

虚拟水贸易研究的前提和基础是实现产品和服务中虚拟水的量化。近年来，学术界对产品虚拟水贸易的相关研究较多。

国外研究方面，对产品虚拟水贸易的研究有的从全球范围进行，有的对具体国家或地区进行研究。Chapagain和Hoekstra[22]对全球不同国家间牲畜贸易导致的虚拟水进行了测算，结果显示，1995—1999年，全球总共有1031亿m^3牲畜虚拟水贸易，牲畜虚拟水贸易净出口较大的国家有美国、澳大利亚、加拿大、阿根廷和泰国；A. Y. Hoekstra 和 P. Q. Hung[38]研究发现，全球国家间农作物虚拟水贸易每年大约为 695 亿 m^3，占全部农作物用水总量的 13%；H. Yang[39]等分析发现，全球范围的食物虚拟水贸易主要由食物生产用水量较大的国家向食物生产用水量较小的国家转移；Naota Hanasaki[40]等研究发现，全球主要的农作物和牲畜产品虚拟水贸易出口为每年 545 亿 m^3；Zeitoun M、Allan J A、Mohieldeen Y[41]对尼罗河流域 1998—2004 年的农产品和畜牧品虚拟水贸易进行了测算，结果显示，尼罗河流域国家每年进口的虚拟水要远远大于出口的虚拟水，这对缓解地区水资源紧张状况起到了重要作用。

国内研究方面，对产品虚拟水贸易的研究主要基于中国对外贸易的角度出发。雷玉桃[42]等研究发现，1992 年至 2008 年我国粮食的虚拟水一直是净进口；杨阿强[43]使用彭曼公式对中国与东盟农产品贸易中虚拟水含量进行测算，结果表明，2005 年中国与东盟的农产品贸易中出口虚拟水 36 亿 m^3，进口 43.3 亿 m^3，净进口 7.3 亿 m^3；马超等[44]研究发现，2005—2009 年间，由于农产品对外贸易，我国平均每年约有 900 亿 m^3 虚拟水净输入；陈丽新、孙才志[45]从国际和区际两个层面上对我国农产品贸易导致的虚拟水流动量进行计算，结果显示我国国际农产品虚拟水净进口量由 2000 年的 117.1 亿 m^3 扩大到 2008 年的 798.5 亿 m^3，我国北方地区通过农产品贸易向南方地区净调出的虚拟水由 2000 年的 163 亿 m^3 增加到 2008 年的 313.5 亿 m^3。

总体来说，当前对产品虚拟水测算及贸易研究过分侧重于农作物和畜牧品。尽管农业是主要的用水产业，但是随着工业和服务业的快速发展，工业和服务业用水占国民经济用水比重不断上升，对水资源管理提出了重大挑战。对工业和服务业的虚拟水贸易进行测算是全面反映地区虚拟水贸易的客观要求，也是当前虚拟水贸易研究的重要课题，这为本书研究提供了前沿方向。

二　投入产出与虚拟水贸易测算

基于投入产出分析对虚拟水贸易进行测算是近年来学术界的研究热点。与具体产品的虚拟水贸易相比较，应用投入产出分析的虚拟水贸易研究在研究内容的全面性和研究结果的准确性上都有很大提升。

国外研究方面，M. Antonelli、R. Roson、M. Sartori[46]对 11 个地中

海国家的虚拟水贸易进行了详细测算；Ignacio Cazcarro 等[47]研究发现，西班牙是虚拟水净进口国家；I. Arto、V. Andreoni 和 J. M. Rueda - Cantuche[26]使用 WIOD 数据库对全球 1995—2008 年的虚拟水贸易进行了研究，分析发现，欧洲几乎所有国家均为虚拟水净进口国家，而巴西、中国、印度为世界上最大的三个虚拟水出口国家；Stanley Mubako、Sajal Lahiri、Christopher Lant[48]对美国加利福尼亚和伊利诺伊两个州的虚拟水贸易进行研究，结果显示，两个州均为虚拟水净出口地区；Z. Y. Zhang 等[49]的研究显示，中国每年虚拟水净出口为 47 亿 m^3；Zhuoying Zhang 等[50]研究发现，中国虚拟水出口由 2002 年的 39 亿 m^3 增加到 2007 年的 68.2 亿 m^3；M. Lenzen 和 B. Foran[51]研究发现，澳大利亚 30% 的用水需求用于虚拟水出口。

国内研究方面，国内学者基于投入产出分析进行虚拟水贸易测算的研究较多，研究区域包括全国、西北地区、北京市、重庆市、张掖市、辽西地区等。马忠、张继良[52]对张掖市虚拟水贸易进行了分析，结果显示，种植业及其他农业是张掖市虚拟水贸易最大的净转移和输出部门；王艳阳[53]对北京市 2002 年 36 个行业虚拟水贸易进行分析发现，北京市 36 个行业中，有 26 个为虚拟水净流入行业；Hongrui Wang 和 Yan Wang[54]对北京市虚拟水进行测算显示，北京市 2004 年和 2007 年虚拟水进口分别为 1790 百万 m^3 和 1840 百万 m^3；和夏冰[55]对中国 2002 年、2005 年和 2007 年虚拟水贸易进行分析，研究发现，中国是虚拟水净出口国，且始终处于增长状态，主要出口到美洲、欧洲和亚洲；朱启荣、高敬峰[56]测算了 2002—2007 年中国虚拟水贸易，研究表明，中国虚拟水表现为净出口，且近年来增长迅速；蔡振华等[57]对甘肃省虚拟水贸易进行研究发现，甘肃省以虚拟水净出口为主，尤其是第一产业，每年虚拟水净出口占全省水资源总量的 10%；雷玉桃、蒋璐[58]的研究表明，纺织、缝纫及皮革产品制造业，其他制造业，食品制造业是中国虚拟水净出口最大的三个行业。

总体来说，尽管国内外利用投入产出分析对虚拟水贸易测算已取得了一些进展，目前对中国虚拟水贸易的研究还存在一些欠缺。数据方面，行业分类过粗、行业用水数据不统一等问题使得不同研究对于虚拟水贸易的估算结果存在较大差别；方法方面，不同学者对中国投入产出表中间流量矩阵的进口产品的处理方式并不一致，导致了研究结果的可比性不足。以上问题限制了投入产出分析在中国虚拟水贸易测算上的应用。

三　虚拟水贸易与水资源承载力

尽管虚拟水是隐含在产品中看不见的水，但是它却会给一个国家或地区的水资源状况带来影响：虚拟水进口可以减轻进口国家或地区的水资源压力，而对于出口国家或地区而言，虚拟水出口是一种水资源的流失，会加剧出口国家或地区的水资源压力。因此，准确评估虚拟水贸易与本地区水资源的关系可以为制定水资源相关政策提供科学依据。

国外研究方面，Pfister 等[59]使用水资源压力指数（WSI，Water Stress Index）来评估水资源消耗对地区水资源的影响；Ridoutt 和 Pfister[59]则将本地水资源压力与全球平均水资源压力结合起来考察水资源消耗对地区水资源的影响；Manfred Lenzen[60-61]在计算全球虚拟水贸易时将不同地区的水资源短缺状况考虑在内，用水资源利用指数（WEI，water exploitation index）作为地区水资源的权重对原始水资源进行调整，然后再求解虚拟水贸易，研究发现，考虑水资源短缺状况的虚拟水量发生了显著变化，这样做的目的是为了显示以下含义：水资源在贫水地区的价值要大于在富水地区的价值。

国内研究方面，张卓颖等[62]研究发现，中国虚拟水净出口量占当年用水总量的比例由 2002 年的 7.1% 上升至 2007 年的 11.8%，表明中国在使用越来越多的水资源生产用于出口的产品和服务，而不是用来满足国内需求。Hongrui Wang 和 Yan Wang[54]研究了北京市虚拟水与实际用水的关系，研究发现，北京市 1990—2007 年虚拟水占实际用水的比例显著上升；Z. Y. Zhang[49]计算后发现，中国黄淮海地区的虚拟水出口占本地水资源总量的比例为 2.1%，占全部用水量的比重则为 7.9%；王海兰、牛晓耕[63]结合虚拟水贸易的现状，对东北三省以及全国的水资源承载力进行了比较，分析发现，水资源短缺的东北三省却是虚拟水出口大户，虚拟水净流出 20.89 亿 m^3/年，对当地水资源造成了巨大压力；王喆、王红瑞等[64]从更为广泛的角度探讨了虚拟水战略的环境影响，对北京市虚拟水战略进行了分析研究，提出了开展虚拟水战略环境影响评价的内涵、原则、内容及步骤。

总体来看，国内外目前关于虚拟水贸易与地区水资源结合的研究偏少，大部分研究仅是虚拟水贸易的测度，没有考虑对本地水资源的影响。此外，基于投入产出的虚拟水贸易对水资源影响的评价方法较为简单和单一，这也是今后研究需要改进的重要方面。

四　投入产出与区域间虚拟水流动

区域间虚拟水流动是虚拟水贸易的具体体现，借助区域间投入产出技术（MRIO，Multi - Regional Input - Output model），能够更为深入地认清不同地区间虚拟水贸易状况，为虚拟水战略的制定提供依据。

国外研究方面，Kuishuang Feng 等[65]利用 MRIO 技术对中国黄河流域上游、中游和下游间的虚拟水流动状况进行了分析，研究发现，黄河三个流域均为虚拟水净出口地区，即外部地区对黄河三个地区水资源均产生了较大的水资源压力；Cazcarro，Ignacio[47]基于 MRIO 对西班牙 19 个地区间的虚拟水流动进行研究，分析发现，西班牙区域间虚拟水流动对南部地区、地中海地区和部分中央地区产生了较大的水资源压力，主要的虚拟水出口地区有安达卢西亚、卡斯蒂利亚 - 拉曼恰、卡斯蒂利亚 - 莱昂、阿拉贡和埃斯特雷马杜拉，主要的虚拟水进口地区则为马德里、巴斯克地区和地中海沿岸地区；Manfred Lenzen[61]构建了全球 204 个国家 2000 年的 MRIO 模型，分析全球国家间的虚拟水流动状况，结果显示，日本、德国、美国和英国是主要的虚拟水出口国家，而巴基斯坦、中国、叙利亚、埃及等国为主要的虚拟水进口国家；Dabo Guan 和 Klaus Hubacek[66]选择中国 8 个地区为代表，对中国南北方的虚拟水流动状况进行分析，结果显示，作为贫水地区的北方地区却将本地区 5% 的水资源用于虚拟水出口，而南方富水地区则进口大量的虚拟水；Manfred Lenzen[67]利用 MRIO 研究了澳大利亚维多利亚州与其他地区的虚拟水贸易，结果显示，维多利亚州是显著的虚拟水净出口地区。

国内研究方面，和夏冰等[55]利用对外贸易进出口数据，对中国 2002 年、2005 年和 2007 年的虚拟水贸易进行分析，结果显示，在虚拟水贸易中，美洲、欧洲、亚洲一直都是中国的虚拟水净出口地区，中国与大洋洲和非洲的贸易中，虚拟水流向发生了转变，由虚拟水净出口状态变为虚拟水净进口状态；李方一、刘卫东、刘红光[68]（2012）对山西省区域间的虚拟水贸易现状进行分析，结果显示，2007年，通过农业贸易净调入虚拟水4.89亿m^3，主要来自于新疆、陕西、河北、安徽等省（自治区、直辖市），通过工业产品贸易净调出虚拟水3.36亿m^3，主要调往河北、江苏、山东、湖北、浙江和广东等省；石敏俊、张卓颖[69]基于中国省（自治区、直辖市）间投入产出模型，对北京市2002年与其他地区间的虚拟水流动状况进行了分析，研究发现，通过产品贸易，北京市从河北、吉林、河南、广东、山东等省调入了大量虚拟水。

总体来说，目前国外利用MRIO技术研究区域间虚拟水贸易较为成熟，中国在此方面的研究有待提高，这主要是因为中国官方并没有编制区域间投入产出表。中国部分科研机构和高校编制的区域间投入产出表受制于水资源核算数据短缺，也没有很好地应用到区域间虚拟水贸易研究方面。此外，国外相关研究在时间维度上的动态研究也较为欠缺。

五　虚拟水贸易驱动机理

国外研究方面，Guan和Hubacek[66]研究了中国南北地区虚拟水流动状况后认为，影响虚拟水贸易的因素包括水的价格、劳动力资源以及土地质量等；Council（2004）认为，影响虚拟水贸易的因素是多方面的，包括一国的经济状况和社会状况；Chapagain[24]认为，各国政策制定者会依据本国政治安全、社会稳定、水资源安全、生态环境平衡等方面考虑是否制定相应的虚拟水战略。

国内研究方面，刘红梅等[70]基于经典引力模型和时空引力基本模型，分析了影响中国农业虚拟水国内净输出量的因素，结果表明，乡村人口数、总播种面积、有效灌溉面积等因素对农业虚拟水国内贸易量有正向影响，而农业生产风险和经济距离对农业虚拟水国内贸易量有负向影响；刘红梅等[71]对中国农业虚拟水国际贸易的影响因素进行了研究，分析发现，农业劳动力要素禀赋、技术水平、农业规模经济等因素与中国国际虚拟水贸易呈正相关，而土地和水资源要素禀赋、全国GDP水平等因素与中国国际虚拟水贸易呈负相关；陈丽新、孙才志[72]从耕地资源、人口、经济驱动、国家政策和技术进步五个因素对我国农产品虚拟水流动格局的形成机理展开研究；黎东升、熊航[52]采用逐步回归分析对虚拟水进口的影响因素进行分析，结果表明，国际储备、人均国内生产总值、耕地面积、粮食单产 4 个变量对虚拟水进口量具有显著影响且均具有正向效应。

总体来说，当前关于虚拟水贸易驱动机理的研究尚未形成一致的结论，不同研究选择的影响因素差别较大，因此，依据不同研究结论提出的政策侧重点有所不同。此外，不同时点上虚拟水贸易变动的驱动机理尚未得到深入研究。

第三节　当前研究述评总结及未来研究展望

需要指出的是，在目前众多研究中，基于投入产出分析的水足迹和虚拟水贸易研究并不是割裂分开，许多研究同时将两者作为研究的核心主题，这也反映了水足迹和虚拟水之间的紧密关系。国内外已有研究为利用投入产出分析水足迹和虚拟水奠定了重要基础，为本书研究提供了启示。但是综观这些国内外研究文献，仍存在一定的局限性。

目前，基于投入产出分析的水足迹研究在以下三个方面有所欠缺：

第一，当前研究主要集中在区域水足迹核算研究方面，其他方面的研究欠缺，比如水足迹变动的影响因素分析等；

第二，水足迹对地区水资源的影响效应有待进一步深入研究；

第三，不同区域间的水足迹比较需要加强。

目前关于虚拟水贸易的研究在以下四个方面有待提高：

第一，基于投入产出分析的实证研究大部分侧重于虚拟水贸易的量化分析，缺少完整的水资源投入产出分析研究框架，研究方法的系统性、深入性方面有待提高；

第二，对中国区域间虚拟水流动的研究较少；

第三，虚拟水变动的驱动机理需要得到进一步考察；

第四，区域虚拟水战略的制定亟须科学的数理实证做支持。

从数据方面来看，基础数据资料，特别是水资源核算数据的一致性和完善度方面存在一定局限，限制了虚拟水和水足迹实证研究的深入；而中国投入产出表中进口数据的有效区分也是目前困扰相关研究的一大难题。

目前研究存在的问题也将成为本书的研究重点，本书在已有研究基础上将数据整合、方法构建、实证分析等作为研究重点，对中国虚拟水和水足迹的现状进行全角度分析。

第四章　完全消耗口径水资源之水足迹分析

在探讨不同行业、不同区域用水情况时，不能仅考虑直接用水量，对于生产过程中使用的中间投入品的生产用水也需要进行考察。水足迹为水资源管理提供了从消费者方面考察的角度，从生产供应链角度考察各行业用水可有效避免仅考虑行业直接用水导致的政策偏差，为全面了解不同行业“真实”用水情况提供了准确的切入点。同时，我国幅员辽阔、地域差异显著，由于水资源存量、经济结构、人口结构的不同，各省（自治区、直辖市）的水足迹也存在显著差异，考察不同地区水足迹状况为水资源管理政策有针对性的制定提供了依据。

本章的目的在于，基于投入产出技术，对中国及30个省（自治区、直辖市）2002年、2005年、2007年和2010年29个行业水足迹和区域水足迹进行分析，为深入理解当前我国各行业、各区域用水现状，制定缓解水资源压力的政策提供新的视角和启示。

第一节　基于投入产出的水足迹测度方法

一　行业用水系数

应用投入产出技术进行水足迹分析主要利用水资源投入产出表和水资源投入产出模型。水资源投入产出表如图4－1所示，它在传统投入产出表的基础上加入了表示各行业用水总量的象限W。

水资源投入产出模型是建立在传统的投入产出模型基础上的，传统的投入产出模型可以表示为式（4－1）：

	中间消耗	最终使用	总和
中间投入	Z	Y	X
增加值	V		
总用水量	W		

图4-1　水资源投入产出表基本结构图

$$X = (I - A)^{-1}F \tag{4-1}$$

式（4-1）中，X 表示总产出向量，A 表示直接消耗系数矩阵，F 表示最终需求转化得到的对角矩阵。传统的水资源投入产出模型表达形式为式（4-2）：

$$W = Q(I - A)^{-1}F \tag{4-2}$$

式（4-2）中，Q 为各行业直接用水系数行向量，W 为各行业用水总量。

投入产出分析在水资源中的应用，最基础的部分为各种用水系数的分析，包括行业直接用水系数、行业间接用水系数和行业完全用水系数。直接用水系数、间接用水系数和完全用水系数为从整个生产供应链角度分析产业用水提供了可能。直接用水系数反映了某行业在生产过程中的直接用水效率，而间接用水系数则可以反映某行业生产过程中中间投入所消耗的用水。直接用水系数和间接用水系数之和为行业单位最终需求在整个生产过程、生命周期中用水量总和。

行业直接用水系数用式（4-3）表示：

$$q_j = w_j / x_j \tag{4-3}$$

式（4-3）中，q_j 为 j 行业直接用水系数，表示 j 行业总产出增加一个单位所直接使用的用水量；w_j 为 j 行业生产过程中的用水总量；x_j 为 j 行业总产出。

行业完全用水系数向量可以用式（4-4）表示为：

$$h_j = Q(I-A)^{-1} = [h_1, h_2, \cdots, h_n] \tag{4-4}$$

式（4－4）中，h_j 为单位 j 行业的完全用水系数，表示 j 行业最终使用所消耗的经济系统的用水总量。

行业间接用水系数为完全用水系数与直接用水系数之差，用式（4－5）表示：

$$d_j = h_j - q_j \tag{4-5}$$

二　中国投入产出表进口产品的影响及处理

目前，中国编制的投入产出表为进口竞争型投入产出表，即假定进口产品和国内同类产品可以相互替代，这使中国投入产出的中间流量矩阵和最终需求矩阵均包含了进口品和国内品。而国际上大部分国家的投入产出表为进口非竞争型，即进口产品和国内同类产品并不可以互相替代，进口非竞争型投入产出表的进口品和国内品是区分开来的，中间需求矩阵和最终需求矩阵仅为国内品，进口产品则作为单独的行或者矩阵（数据允许的情况下）列在中间需求和最终需求的下方，这也是 SNA 推荐使用的投入产出表式。

从投入产出表反映的经济关系来看，进口竞争型投入产出表反映的是产业生产的技术结构，反映了真实的生产过程的投入与产出情况；而进口非竞争型投入产出表反映的则是产业经济过程的技术结构。

在将投入产出表应用到环境领域时，中国的进口竞争型投入产出表存在一定的缺陷，由于部门间流量包含了国内品和进口品两部分，因此若想得到单位最终需求引起的本国国内生产增量，应从中剔除进口部分。目前，在中国水资源投入产出分析中，关于进口产品的处理方式并不统一，学术界目前并没有对不同处理方式的优缺点进行深入探讨。笔者根据自己的研究和理解，对进口产品的不同处理方式进行分析。目前，在中国水足迹测算研究中，由于进口产品的竞争性的原因，相关的处理方式主要有五种：

第一，不做任何处理[54－55,58,73－74]。利用投入产出表原来的中间流量矩阵计算得到的列昂惕夫逆矩阵进行水资源分析，包括虚拟水贸易和水足迹计算。这种计算方式将会使无论是虚拟水贸易还是水足迹的计算结果都存在较大的误差，由于没有排除中间投入进口品的生产用水，将会极大地高估所研究地区及各行业的虚拟水贸易和水足迹。

第二，在列昂惕夫逆矩阵中加入表示国内生产比重的对角矩阵[27,75-78]。假定在各部门的最终使用和中间使用中，进口和国内生产的产品所占的比重是相同的。为了剔除中间流量矩阵中的进口产品，$(I-A)^{-1}$改进为$(I-\hat{\varepsilon}A)^{-1}$，$\hat{\varepsilon}$即是为了以上目的引入的国内生产比重对角矩阵，每一部门的国内生产比重用IOA表各行的总产出除以该行的总产出与进口量之和[总产出/(进口+总产出)]获得，完全用水系数矩阵则相应变为$Q(I-\hat{\varepsilon}A)^{-1}$，由此，行业水足迹和虚拟水贸易均按照改进后的完全用水系数进行计算。此外，在国内生产比重对角矩阵的表达上，有的学者[56]采用1-进口/(进口+总产出-出口)或者(总产出-出口)/(进口+总产出-出口)表达，这样做是假定进口只用于中间投入和最终消费，没有用于再出口。

上述两种表达方式各有利弊：共同的局限性是，各部门的最终使用和中间使用中，进口和国内生产的产品所占的比重是相同的这一假设可能会与实际情况出入较大，导致结果较大的误差；此外，关于对角矩阵的表达，用总产出除以行业总产出与进口量之和表示国内生产比重对角矩阵将使得出口中的进口再出口的比重过高，而用(总产出-出口)/(进口+总产出-出口)表示国内生产比重对角矩阵则完全忽视了进口再出口部分，与现实情况不符。需要指出的是，在列昂惕夫逆矩阵中加入表示国内生产比重的对角矩阵以去除进口产品的影响的做法在投入产出在其他领域（能源消耗、温室气体排放）的应用也较为普遍[79-82]。

第三，第三种处理方式与第一种处理方法类似，保持中间流量矩阵不变，但是将进口分为中间需求和最终需求，分别计算中间需求进口品和最终需求进口品的虚拟水贸易，虚拟水进口总量表示为两种不同用途虚拟水进口之和[1,57,83]。

$$m_j = m_j^{in} + m_j^f \tag{4-6}$$

式（4-6）中，m_j为j部门的总进口量；m_j^{in}为j部门用于中间需求的进口量；m_j^f为j部门用于最终需求的进口量；两部分的大小由系数β_j分配确定。

$$\beta_j = \frac{y_j}{\sum_{i=1}^{n} Z_{ji} + y_j} \tag{4-7}$$

式(4－7)中，β_j 为进口中用于最终需求部分的比例；y_j 为 j 部门的最终需求；$\sum_{i=1}^{n} Z_{ji}$ 为 j 部门的中间需求。

此时，用于最终需求部分的虚拟水进口量 w_j^{im-f} 可以由最终需求部分的进口乘以相对应的完全用水系数得到，用式（4－8）表示：

$$w_j^{im-f} = q_j \cdot m_j^f \tag{4-8}$$

用于中间需求部分的虚拟水进口量 w_j^{im-in} 可由式（4－9）得到：

$$w_j^{im-in} = q_j \cdot m_j^{in} \cdot \eta_j \tag{4-9}$$

式（4－9）中，η_j 是一个小于 1 的调整系数，它表明用于中间需求的进口有一部分进入最终需求。该调整系数的确定方法是（最终需求－出口）/最终需求。于是，得到虚拟水进口量：

$$W^{im} = [w_j^{im}],\ w_j^{im} = w_j^{im-in} + w_j^{im-f} \tag{4-10}$$

式（4－10）中，W^{im} 为虚拟水进口矩阵，w_j^{im} 为 j 部门的虚拟水进口量，w_j^{im-in} 为 j 部门用于中间需求部分的虚拟水进口量，w_j^{im-f} 为 j 部门用于最终需求部分的虚拟水进口量。

尽管这种对进口产品的处理方式在目前水资源分析中较为普遍，但是这种处理方式仍然存在较大的结果误差。主要表现在对中间流量矩阵的进口品没做处理，使得各种最终消费导致的水足迹计算时将生产中间需求进口品的水资源包含在内，导致计算结果偏大。

第四，虚拟水出口利用加入对角矩阵的列昂惕夫逆矩阵测算（计算方法同处理方法二相同），虚拟水进口用原始的列昂惕夫逆矩阵测算。朱启荣、高敬峰[56]指出，虚拟水出口测算利用加入对角矩阵的列昂惕夫逆矩阵计算是因为出口产品生产过程中，中间投入品包含进口品，在计算虚拟水量时，应该扣除这部分进口品的耗水量；而“进口商品是在国外生产的，并不消耗我国的水资源，通过进口可以省去这部分水资源；所以，进口商品节省的水量应该是它们在我国生产时所需要消耗的水资源数量；这样的话，进口商品节省的水资源数量只与我国的生产技术水平（即各部门投入产出关系）有关；由于进口某一部门产品时，不但能够省去该部门对水资源的直接消耗，而且省去了生产过程中消耗中间投入品所包括的间接耗水量；所以，进口商品省水量的计算也应该按照国内最终产值的完全耗水方法来计算”[56]。很明显，这种处理方式将会高估进口产品的虚拟水含量。

第五，原始数据较为丰富，中间需求矩阵仅为本地的，最终需求矩阵也仅为本地的[52,84]。由于进口产品可以与本地产品区别开来，因此，在计算虚拟水和水足迹时不需要考虑扣除中间投入进口品的用水量。

综合以上五种处理方式的优缺点，本书采用第二种处理方式，即在列昂惕夫逆矩阵中加入表示国内生产比重的对角矩阵，以尽量降低中间投入进口品的影响，国内生产比重的对角矩阵用［总产出/（进口+总产出）］① 表示。

此外，为了更为准确地说明剔除中国投入产出表中间需求矩阵进口品的必要性，分别采用方法一和方法四计算中国虚拟水净出口，结果如表4－1所示：

表4－1　　两种方式计算的中国虚拟水净出口　　单位：亿 m^3

年份	虚拟水净出口		两者差额	差额占处理结果的比重（%）
	不作处理	剔除中间需求矩阵进口品		
2002	143.6	128.55	15.05	11.71
2005	143	103.5	39.5	38.16
2007	365.9	287.9	78	27.09
2010	76.3	38.99	37.31	95.69

由表4－1可知，对中间需求矩阵不作任何处理的虚拟水净出口和剔除中间需求矩阵进口品的虚拟水净出口存在较大的差异，对中间需求矩阵不作任何处理严重高估了中国的虚拟水净出口：2002年、2005年、2007年和2010年，对中间需求矩阵不作任何处理的虚拟水

① 2002年30个省（自治区、直辖市）投入产出表并没有区分调入和调出的具体数值，无法计算得到国内生产比重的对角矩阵，本书用2007年的计算结果进行替代。

净出口比剔除中间需求矩阵进口品的虚拟水净出口分别多 15.05 亿 m^3、39.5 亿 m^3、78 亿 m^3 和 37.31 亿 m^3，差额占剔除中间需求矩阵进口品的虚拟水净出口比重分别为 11.71%、38.16%、27.09%、95.69%，这样巨大的计算误差显然不能忽视，也说明了在相关计算中剔除中间需求矩阵进口品的必要性。

三　水足迹及水足迹强度

改进后的水资源投入产出模型用式表示：

$$W = Q(I - \hat{\varepsilon}A)^{-1}F = HF \tag{4-11}$$

由式（4-11）可知，经济系统的所有水资源使用都是由最终需求导致的，F 为最终需求向量转化得到的对角矩阵。将最终需求进一步分解为居民消费（包括农村居民消费、城镇居民消费）、政府消费、资本形成总额（固定资本形成总额、存货增加）、进口、出口，用 F^{pc}、F^{gc}、F^{fc}、F^{im}、F^{ex} 分别代表居民消费、政府消费、资本形成总额、进口、出口列向量转化得到的对角矩阵。由此，不同最终需求导致的行业水足迹可以由式（4-12）至式（4-14）分别表示：

居民消费水足迹：

$$W^{pc} = Q(I - \hat{\varepsilon}A)^{-1}F^{pc} \tag{4-12}$$

式（4-12）中，F^{pc} 为由居民消费向量转化得到的对角矩阵。

政府消费水足迹：

$$W^{gc} = Q(I - \hat{\varepsilon}A)^{-1}F^{gc} \tag{4-13}$$

式（4-13）中，F^{gc} 为由政府消费向量转化得到的对角矩阵。

资本形成总额水足迹：

$$W^{fc} = Q(I - \hat{\varepsilon}A)^{-1}F^{fc} \tag{4-14}$$

式（4-14）中，F^{fc} 为由资本形成总额向量转化得到的对角矩阵。

行业水足迹：该部门最终需求在生产过程中的用水总和，由内部消费水足迹和外部消费水足迹（虚拟水进口）组成。由于中国投入产出表最终消费各项中已经包含了进口商品，因此，行业 j 的水足迹可用式（4-15）表示：

$$WF_j = H_j \times (F^{pc} + F^{gc} + F^{fc}) \tag{4-15}$$

地区或国家水足迹包括两部分：内部水足迹（产品生产于本地、消耗本地水资源）和外部水足迹（产品生产于外地、消耗外地水资源)。中国的国家和地区水足迹可表示为特定地区所有行业的水足迹之和，即 S 地区的水足迹可表示为：

$$WF^{s} = \sum_{j=1}^{n} WF_{j}^{S} \tag{4-16}$$

行业水足迹强度（Water Footprints Intensity）[85]。行业水足迹强度来自于这样的理念：如果一个最终消费产品的单位货币用水量大于其他产品，那么这个产品的生产用水效率就是低下的。不同部门间单位货币最终产品用水量可以用行业水足迹强度表示，类似于能源强度(能源消耗/GDP)，j 部门行业水足迹强度可以用式（4－17）表示：

$$WFI_{j} = \frac{WF_{j}}{F_{j}} \tag{4-17}$$

式（4－17）中，WF_j 为 j 部门水足迹，F_j 为 j 部门最终需求。较高的 WFI_j 表示 j 部门关于最终消费较低的用水效率。

为了便于对不同行业的水足迹强度进行比较，我们对水足迹强度进行标准化处理，用水足迹强度系数（Index of WFI）表示，如式(4－18）所示：

$$\rho_{j} = \frac{WF_{j}}{F_{j}} \Bigg/ \frac{\sum WF_{j}}{\sum F_{j}} = \frac{WF_{j}}{\sum WF_{j}} \times \frac{\sum F_{j}}{F_{j}} \tag{4-18}$$

水足迹强度 ρ_j 有清楚的经济含义：$\rho_j > 1$ 时，表示 j 部门单位最终需求产生的水足迹要大于所有行业的平均水平，认为 j 部门用水效率较低；$\rho_j < 1$ 时，表示 j 部门单位最终需求产生的水足迹要小于所有行业的平均水平，认为 j 部门用水效率较高；$\rho_j = 1$ 时，表示 j 部门单位最终需求产生的水足迹要等于所有行业的平均水平，认为 j 部门用水效率等于所有行业用水效率的平均水平。

第二节　行业用水分析

一　直接用水分析

利用式（4－3）计算可得到中国各行业的直接用水系数，如表4－2所示。

表4-2　中国2002年、2005年、2007年、2010年直接用水系数

单位：m³/万元

序号	部门	直接用水系数					
		2002年	2005年	2007年	2010年	平均值	下降
1	农业	911	757	736	657	765.25	0.28
2	煤炭开采和洗选业	19	11	17	18	16.25	0.05
3	石油和天然气开采业	10	9	8	9	9	0.12
4	金属矿采选业	46	32	35	22	33.75	0.53
5	非金属矿及其他矿采选业	20	15	8	6	12.25	0.71
6	食品制造及烟草加工业	27	16	17	15	18.75	0.44
7	纺织业	27	22	23	26	24.5	0.07
8	纺织服装鞋帽皮革羽绒及其制品业	5	5	6	5	5.25	-0.03
9	木材加工及家具制造业	2	3	2	2	2.25	0.28
10	造纸印刷及文教体育用品制造业	87	69	74	62	73	0.29
11	石油加工、炼焦及核燃料加工业	14	24	15	17	17.5	-0.21
12	化学工业	39	26	22	19	26.5	0.52
13	非金属矿物制品业	21	12	8	6	11.75	0.72
14	金属冶炼及压延加工业	35	25	17	15	23	0.57
15	金属制品业	5	5	5	4	4.75	0.2
16	通用、专用设备制造业	5	3	2	1	2.75	0.73
17	交通运输设备制造业	6	3	2	2	3.25	0.73
18	电气机械及器材制造业	5	1	1	1	2	0.83
19	通信设备、计算机及其他电子设备制造业	3	2	2	2	2.25	0.28
20	仪器仪表及文化办公用机械制造业	3	4	4	2	3.25	0.16
21	工艺品及其他制造业（含废品废料）	37	62	13	4	29	0.89
22	电力、热力的生产和供应业	796	356	238	161	387.75	0.8
23	燃气生产和供应业	17	13	13	7	12.5	0.6
24	水的生产和供应业	104	173	87	101	116.25	0.03

续表

序号	部门	直接用水系数					
		2002 年	2005 年	2007 年	2010 年	平均值	下降
25	建筑业	10	8	6	4	7	0.53
26	交通运输仓储和邮政业	3	2	2	1	2	0.52
27	批发和零售业	5	4	3	2	3.5	0.52
28	住宿和餐饮业	11	8	7	5	7.75	0.52
29	其他服务业	10	8	7	5	7.5	0.52

注：表中最后一列的下降表示 2010 年的用水系数比 2002 年下降的比例，即（2010 年用水系数 - 2002 年用水系数）/2002 年用水系数。

1. 从行业横向比较来看，各行业的直接用水系数①差别较大

由表 4 - 2 可知，各行业直接用水系数呈现出较大的差距，具体体现在四个方面：各行业间的直接用水系数差距明显，不同类别行业（农业、工业、服务业）的直接用水系数差别明显，工业各行业的直接用水系数差距巨大，服务业各行业的直接用水系数差距较大。

第一，各行业间的直接用水系数差距明显。直接用水系数最大的行业为农业，系数为 765.25m^3/万元，表示农业总产出增加一万元需要用水量增加 765.25m^3；直接用水系数最小的行业为电气机械及器材制造业，系数为 2m^3/万元，表示电气机械及器材制造业总产出增加一万元需要用水量增加 2m^3，农业的直接用水系数是电气机械及器材制造业行业直接用水系数的 383 倍。

第二，农业、工业、服务业行业之间的直接用水系数差别较大。农业直接用水系数为 765.25m^3/万元，工业 23 个行业直接用水系数平均值为 36.41m^3/万元，服务业 12 个行业直接用水系数平均值为 20.75m^3/万元，显然，农业的直接用水系数大于工业和服务业，工业的直接用水系数要大于服务业。

第三，工业各行业直接用水系数差距显然。工业 23 个行业的直接用水系数有较大差别，既有直接用水系数较高的行业，如金属矿采

① 此处考察各行业 2002 年、2005 年、2007 年和 2010 年直接用水系数的平均值。

选业，造纸印刷及文教体育用品制造业，电力、热力的生产和供应业，水的生产和供应业等，这些行业的直接用水系数均大于30m³/万元；也有直接用水系数较低的行业，如通用、专用设备制造业，交通运输设备制造业，电气机械及器材制造业等，这些行业的直接用水系数均小于3m³/万元。

由于生产工艺的差别，各行业的直接用水系数差别较大，显示了各行业在生产过程中，单位产出对水的直接使用差别较大，这种差别不仅体现在农业、工业和服务业之间，在工业各行业之间也非常显著。

进行行业水资源管理时，提高直接用水系数较高的行业用水水平应该成为行业水资源管理的基本目标。从分析结果看，农业是需要重点改善的行业大类；从具体行业来看，农业，电力、热力的生产和供应业，水的生产和供应业，金属矿采选业等行业在进行水资源管理时应该得到重点关注。

2. 从各行业的动态变化来看，大部分行业的直接用水系数呈现明显的下降趋势，说明我国大部分行业的用水效率显著提高

图4－2显示，直接用水系数下降净值较大的行业有电力、热力

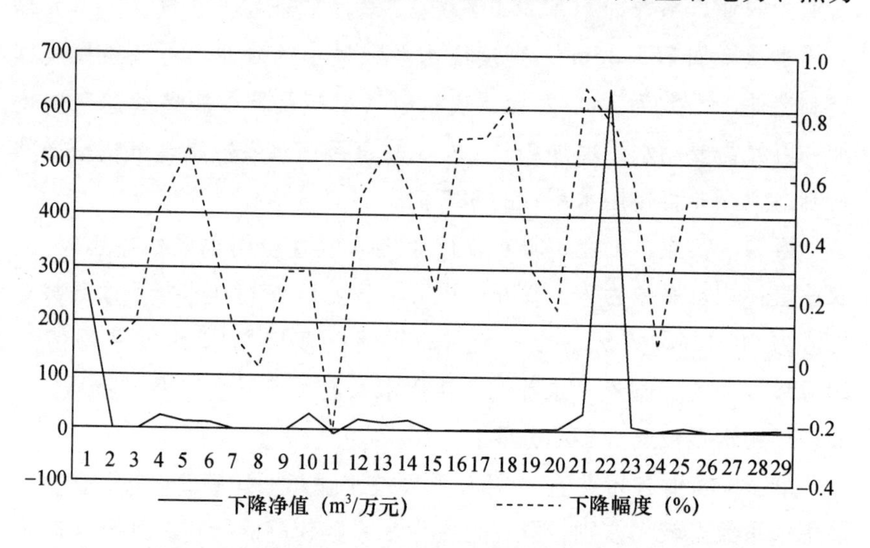

图4－2 中国29个行业2002年、2005年、2007年、2010年直接用水系数变化

的生产和供应业以及农业，两个行业的直接用水系数分别下降了635m^3/万元和254m^3/万元，只有纺织服装鞋帽皮革羽绒及其制品业和石油加工、炼焦及核燃料加工业两个行业的直接用水系数呈现略微上升趋势；直接用水系数下降比例较大的行业有工艺品及其他制造业（含废品废料），电气机械及器材制造业以及电力、热力的生产和供应业，三个行业直接用水系数下降比例均达到了80%以上。很显然，2002—2010年，中国大部分行业的直接用水效率有显著提升。

二　完全用水分析

与直接用水系数不同，完全用水系数考察的是行业生产过程中的对水资源的全部需求，为行业水资源管理提供了新的视角。用式（4－4）计算得到中国各行业的完全用水系数，如表4－3所示。

表4－3　　中国29个行业2002年、2005年、2007年、2010年完全用水系数　　单位：m^3/万元

序号	部门	完全用水系数					
		2002年	2005年	2007年	2010年	平均值	下降
1	农业	1149	948	923	822	961	0.28
2	煤炭开采和洗选业	101	115	91	83	98	0.11
3	石油和天然气开采业	50	53	65	58	56	-0.25
4	金属矿采选业	171	148	136	95	138	0.4
5	非金属矿及其他矿采选业	137	122	85	77	105	0.41
6	食品制造及烟草加工业	605	486	460	391	485	0.32
7	纺织业	404	369	304	261	335	0.36
8	纺织服装鞋帽皮革羽绒及其制品业	286	221	218	180	226	0.39
9	木材加工及家具制造业	312	245	218	172	237	0.43
10	造纸印刷及文教体育用品制造业	280	243	229	192	236	0.3
11	石油加工、炼焦及核燃料加工业	62	83	68	58	67	-0.09
12	化学工业	225	201	151	123	175	0.42
13	非金属矿物制品业	171	136	100	83	122	0.48
14	金属冶炼及压延加工业	155	136	106	82	120	0.39
15	金属制品业	185	122	100	77	121	0.56
16	通用、专用设备制造业	143	104	74	56	95	0.58

续表

序号	部门	完全用水系数					
		2002 年	2005 年	2007 年	2010 年	平均值	下降
17	交通运输设备制造业	126	94	71	53	86	0.55
18	电气机械及器材制造业	153	106	80	61	100	0.57
19	通信设备、计算机及其他电子设备制造业	97	74	56	46	68	0.51
20	仪器仪表及文化办公用机械制造业	117	89	65	50	80	0.55
21	工艺品及其他制造业（含废品废料）	213	236	136	116	175	0.42
22	电力、热力的生产和供应业	881	448	415	282	506	0.67
23	燃气生产和供应业	124	108	64	59	89	0.36
24	水的生产和供应业	314	318	203	193	257	0.38
25	建筑业	219	188	86	70	141	0.64
26	交通运输仓储和邮政业	90	74	57	55	69	0.36
27	批发和零售业	110	57	47	28	60	0.74
28	住宿和餐饮业	337	282	272	258	287	0.2
29	其他服务业	103	89	64	45	76	0.54

表4－3显示，与直接用水系数类似，各行业完全用水系数也呈现出较大的差距，表现为各行业间的完全用水系数差距明显，不同类别行业（农业、工业、服务业）的完全用水系数差别明显，工业各行业的完全用水系数也差距巨大。

1. 从行业比较来看，不同行业完全用水系数差别较大

第一，各行业间的完全用水系数差距明显。农业完全用水系数最大，为961m^3/万元，表示农业最终需求增加一万元将使得经济系统用水增加961m^3；完全用水系数最小的为石油和天然气开采业，为56m^3/万元，表示石油和天然气开采业最终需求增加一万元将使得经济系统用水增加56m^3；完全用水系数较高的还有纺织业，食品制造及烟草加工业，电力、热力的生产和供应业等，这些行业的完全用水系数均大于300m^3/万元；完全用水系数较小的行业有批发和零售业，交通运输仓储和邮政业，石油加工、炼焦及核燃料加工业，其他服务业等，这些行业的完全用水系数均为100m^3/万元左右。

第二，农业、工业、服务业之间的完全用水系数差别较大，表现为农业大于工业，工业大于服务业。农业的完全用水系数为961m^3/万元，工业23个行业的完全用水系数平均值为173m^3/万元，服务业12个行业的完全用水系数的平均值为126m^3/万元。

第三，工业各行业完全用水系数差距显然。工业行业中完全用水系数最大的为电力、热力的生产和供应业，为506m^3/万元；工业行业完全用水系数最小的为石油和天然气开采业，为56m^3/万元。

从完全用水系数看，尽管有些行业的直接用水系数不高，但是它们的完全用水系数较高，表示这些行业的产出在生产过程中消耗了较多的其他行业用水，主要体现在部分工业行业，如食品制造及烟草加工业，电力、热力的生产和供应业，纺织业，木材加工及家具制造业，纺织服装鞋帽皮革羽绒及其制品业等，这些行业通过中间使用可以带动经济系统水资源使用量的增加。在进行行业水资源管理时，如何改进这些行业的生产技术水平，从而降低它们对经济系统水资源的需求是我们需要重点考虑的问题。

2. 从各行业的动态变化来看，大部分行业的完全用水系数呈现下降趋势，而下降幅度有所不同

图4－3显示，除石油和天然气开采业和石油加工、炼焦及核燃料加工业两个行业的完全用水系数呈现上升趋势（分别上升了14m^3/万元和7m^3/万元）外，其他行业的完全用水系数均表现为下降，下降净值较大的行业有电力、热力的生产和供应业，农业，食品制造及烟草加工业，纺织业等行业，下降净值分别为601m^3/万元、323m^3/万元、207m^3/万元和167m^3/万元；从下降比例来看，批发和零售业，电力、热力的生产和供应业，建筑业等行业下降幅度较大，2010年完全用水系数比2002年完全用水系数下降比例均超过60%，而农业，住宿和餐饮业，煤炭开采和洗选业的完全用水系数下降比例相对较小。

三　间接用水分析

间接用水反映了行业生产过程中中间投入品生产时需要的水资源量，用完全用水系数减去直接用水系数得到，可用式（4－5）计算得到。

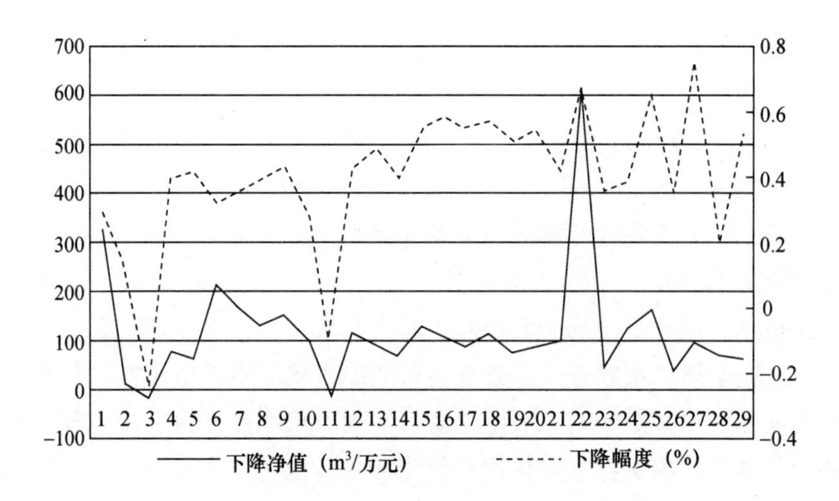

图 4－3　中国 29 个行业 2002 年、2005 年、2007 年、2010 年完全用水系数变化

图 4－4 为中国 29 个行业直接用水系数和间接用水系数比例（2002—2010 年平均值）。由图 4－4 分析发现以下两点结论：

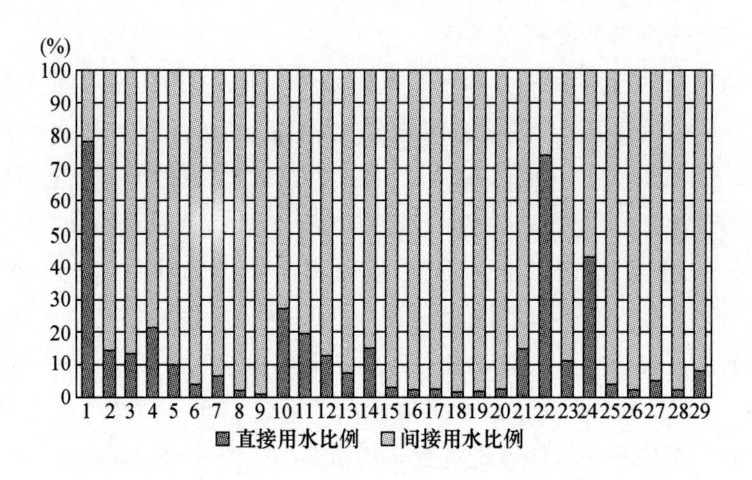

图 4－4　中国 29 个行业直接用水系数和间接用水系数比例

第一，大部分行业生产过程中的间接用水不容忽视，间接用水系数明显大于直接用水系数。图 4－4 显示，除了农业和电力、热力的生产和供应业，其余27个行业的间接用水系数均大于直接用水系数，间接用水系数占完全用水系数的比例平均高达90.2%，间接用水占完全用水比例较高的行业有非金属矿及其他矿采选业（90%），食品制造及烟草加工业（96%），纺织业（94%），纺织服装鞋帽皮革羽绒及其制品业（98%），木材加工及家具制造业（99%），以及大部分制造业和服务业，而农业部门的间接用水占完全用水比例最低（仅为22%）。这一结论为行业用水政策的制定提供了新的启示：尽管很多行业（特别是工业和服务业）的直接用水较少，但是由于这些行业在生产过程中使用了虚拟水含量较多的中间投入品，使得这些行业真正的用水需求量较大，对国民经济整体用水产生了显著影响。因此，在考察某个行业生产用水时不能只考虑行业直接用水，这将会大大低估这些行业的真正用水需求量及对水资源造成的压力，只有从整个产业供应链角度制定节水政策才能真正达到全面节水的目的。

第二，从间接用水系数的动态变化来看，大部分行业的间接用水系数呈现明显（由图4－5分析）的下降趋势。

图4－5为中国2002—2010年间接用水系数变化示意图。图4－5显示，仅有煤炭开采和洗选业，石油加工、炼焦及核燃料加工业，电力、热力的生产和供应业的间接用水系数呈上升趋势，间接用水系数

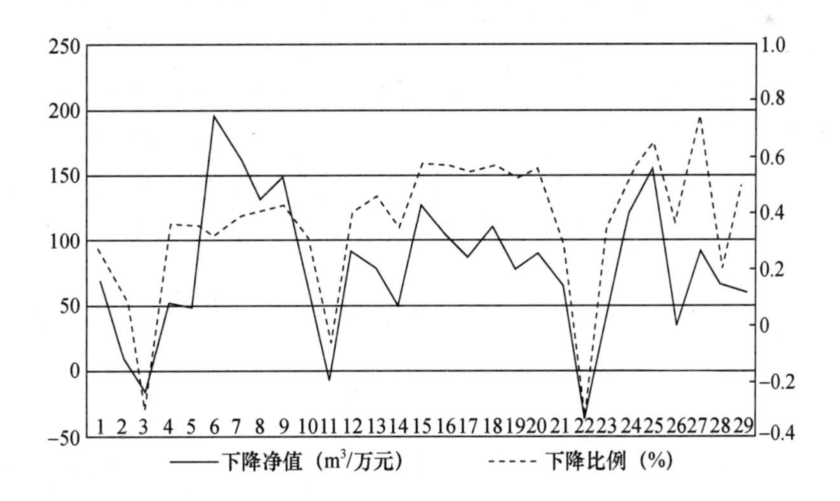

图4－5　中国29个行业2002年、2005年、2007年、2010年间接用水系数变化

下降幅度较大的行业有食品制造及烟草加工业、纺织业和建筑业等，间接用水系数分别下降了 195m^3/万元、166m^3/万元和 154m^3/万元。从下降比例来看，批发和零售业（74.6%），金属制品业（57%），通用、专用设备制造业（57%），交通运输设备制造业（55%），电气机械及器材制造业（57%），通信设备、计算机及其他电子设备制造业（52%），仪器仪表及文化办公用机械制造业（55%）等行业的下降比例较大，表示这些行业中间投入品的生产用水有明显下降。

第三节　中国行业水足迹分析

一　行业水足迹比较及动态变化

各行业的水足迹反映了各行业最终需求的完全需水量。应用式分别计算中国 2002 年、2005 年、2007 年和 2010 年 29 个行业的水足迹，如图 4 - 6 和表 4 - 4 所示。

对图 4 - 6 进行分析后可以发现以下两点结论：

第一，农业和工业仍是国民经济主要的水足迹行业。农业、工业、建筑业和服务业 2002—2010 年的水足迹平均值分别为 1428.8 亿 m^3、1460 亿 m^3、657.4 亿 m^3 和 665.1 亿 m^3。从各行业的水足迹大小来看，农业、食品制造及烟草加工业和建筑业的水足迹要明显大于其他行业，三个行业水足迹的平均值分别为 1428.8 亿 m^3、764.5 亿 m^3 和 657.4 亿 m^3，占全部行业水足迹之和的比重为 34%、18% 和 16%。同时，煤炭开采和洗选业、非金属矿及其他矿采选业、石油和天然气开采业等行业的水足迹则小于大部分行业，显示这些行业最终需求导致的国民经济用水量要小于其他行业。

第二，服务业水足迹上升趋势较为迅猛，而农业和建筑业的水足迹下降明显。对农业、工业、建筑业和服务业来说，几大行业 2002—2010 年水足迹变化并不一致，农业水足迹由 1935.29 亿 m^3 下降到 1095.79 亿 m^3，工业水足迹由 1085.33 亿 m^3 上升到 1909.01 亿 m^3，建筑业水足迹由 729.03 亿 m^3 下降到 594.77 亿 m^3，服务业水足迹由 592.92 亿 m^3 上升到 716.41 亿 m^3。显然，目前工业水足迹在几大行业

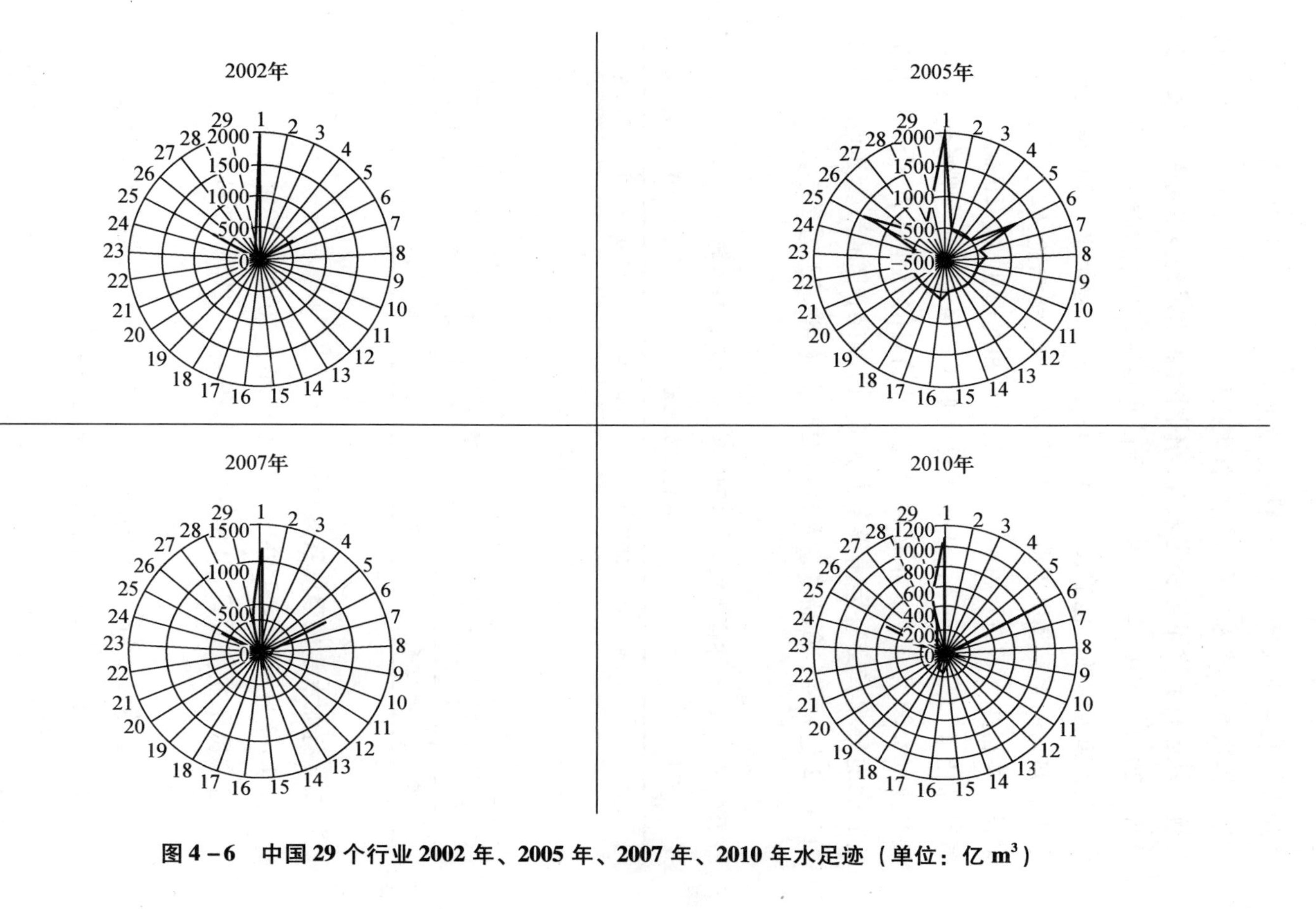

图 4－6　中国 29 个行业 2002 年、2005 年、2007 年、2010 年水足迹（单位：亿 m^3）

中最大，服务业水足迹上升趋势也较为迅猛，而农业和建筑业的水足迹则下降明显，这为行业水资源管理提供启示：重视工业和服务业水足迹。从各行业水足迹变化来看，不同行业水足迹变化差别较大。具体地，2002—2010 年，有 9 个行业的水足迹呈现下降趋势，占所有行业数的比重为31%，包括农业（839.50 亿 m^3），建筑业（134.26 亿 m^3），电力、热力的生产和供应业（38.77 亿 m^3），纺织业（21.36 亿 m^3），批发和零售业（17.17 亿 m^3），煤炭开采和洗选业（4.26 亿 m^3），金属制品业（3.77 亿 m^3），住宿和餐饮业（2.14 亿 m^3）和非金属矿物制品业（2.03 亿 m^3）；水足迹呈现上升趋势的行业有 20 个，上升幅度较大的行业有交通运输设备制造业（104.51 亿 m^3）、其他服务业（139.42 亿 m^3）、食品制造及烟草加工业（488.73 亿 m^3）。

表 4－4　　中国 2002 年、2005 年、2007 年、2010 年各行业水足迹　　单位：亿 m^3

行业	2002 年	2005 年	2007 年	2010 年	平均值
农业	1935.29	1434.05	1250.05	1095.79	1428.79
工业	1085.33	1316.19	1529.48	1909.01	1460.00
建筑业	729.03	792.84	512.96	594.77	657.40
服务业	592.92	687.08	663.94	716.41	665.09
求和	4342.58	4230.16	3956.423	4315.979	4211.28

二　行业水足迹强度系数分析

图 4－7 显示了中国 2002 年、2007 年和 2010 年 29 个行业的行业水足迹强度系数，由式（4－18）计算得到。对图 4－7 分析发现以下三点结论：

第一，农业、轻工业和能源工业以及住宿餐饮业的水足迹强度系数要大于其他行业。行业水足迹强度系数较大的行业有 1（农业，2002 年、2007 年和 2010 年分别为 3.53、5.66、7.04）、6（食品制造及烟草加工业，分别为 1.86、2.82、3.34）、7（纺织业，分别为 1.24、1.87、2.23）、8（纺织服装鞋帽皮革羽绒及其制品业，分别为 0.88、1.34、1.54）、9（木材加工及家具制造业，分别为 0.96、

1.34、1.47)、10（造纸印刷及文教体育用品制造业，分别为0.86、1.40、1.64)、22（电力、热力的生产和供应业，分别为2.70、2.54、2.42)、24（水的生产和供应业，分别为0.96、1.24、1.65）和28（住宿和餐饮业，分别为1.04、1.67、2.21)，这些行业的水足迹强度系数平均值均大于1。

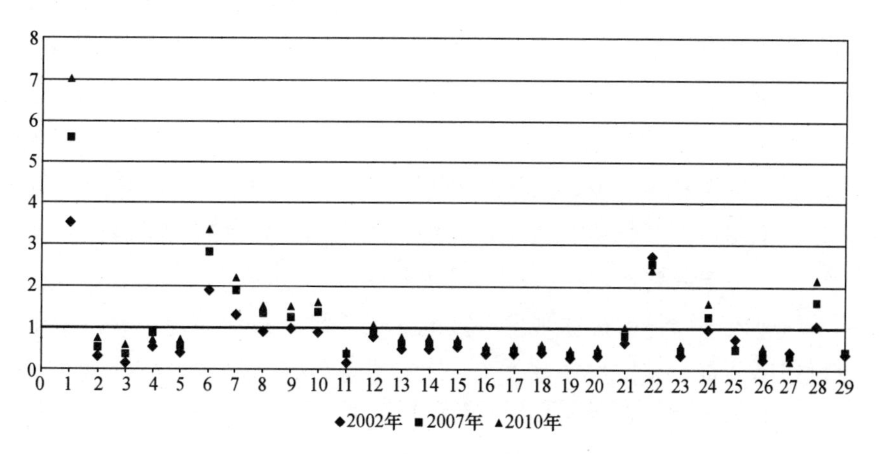

图4-7　中国29个行业2002年、2007年和2010年水足迹强度系数①

第二，大部分重工业制造业的行业水足迹强度系数相对较小。图4-7显示，水足迹强度系数较小的行业有27（批发和零售业，2002年、2007年和2010年分别为0.34、0.29、0.24)、19（通信设备、计算机及其他电子设备制造业，分别为0.30、0.35、0.40)、3（石油和天然气开采业，分别为0.15、0.40、0.50)、26（交通运输仓储和邮政业，分别为0.28、0.35、0.47)、11（石油加工、炼焦及核燃料加工业，分别为0.19、0.42、0.49)、29（其他服务业，分别为0.32、0.39、0.39)、20（仪器仪表及文化办公用机械制造业，分别为0.36、0.40、0.42)、17（交通运输设备制造业，分别为0.39、0.44、0.45)、23（燃气生产和供应业，分别为0.38、0.39、0.50)、16（通用、专用设备制造业，分别为0.44、0.46、0.48)、18（电气

① 由于2005年部分行业存货增加出现负值，导致水足迹强度系数计算结果出现极端反常（所有行业的水足迹强度系数均超过2000)，本部分中忽略对2005年的分析。

机械及器材制造业，分别为0.47、0.49、0.52），这些行业2002年、2007年和2010年水足迹强度系数平均值均小于0.5，且大部分为重工业制造业。

第三，从动态变化来看，仅有电力、热力的生产和供应业，建筑业，批发和零售业三个行业的水足迹强度系数呈现下降趋势。2002—2010年，水足迹强度系数大部分为上升，上升幅度较大的行业有农业、食品制造及烟草加工业、住宿和餐饮业、纺织业、造纸印刷及文教体育用品制造业等，分别上升了3.51、1.49、1.17、0.99、0.78；而水足迹强度系数呈现下降的行业只有电力、热力的生产和供应业，建筑业，批发和零售业，且下降幅度不大，分别下降了0.08、0.10、0.29，说明这三个行业在所有行业中的生产用水效率有所提高。

三　基于最终消费的行业水足迹分解

行业水足迹是由最终需求引致的，最终需求包括居民消费（包括农村居民消费、城市居民消费）、政府消费、资本形成总额（包括固定资本形成总额、存货增加）。不同行业最终需求差别较大，导致了行业水足迹的构成差别较大，分析各行业水足迹的构成对减小行业水足迹具有重要的启示。利用式（4－12）至式（4－14）分别计算得到各行业最终消费水足迹。

1. 总体来看，城市居民消费水足迹最大，政府消费水足迹最小，资本形成总额水足迹增长迅速，农村居民水足迹呈现逐渐下降

图4－8为中国2002年、2007年和2010年不同最终消费水足迹示意图。分析发现，四类最终消费（农村居民消费、城市居民消费、政府消费和资本形成总额）水足迹中，城市居民消费水足迹要明显大于其他三类最终消费水足迹，2002年、2007年和2010年的城市居民消费水足迹分别为1807.29亿m^3、1735.62亿m^3和1810.51亿m^3，占全部最终消费水足迹的比重为41.62%、43.87%和41.95%；政府消费水足迹在四类最终消费水足迹中最小，分别为229.09亿m^3、254.34亿m^3和270.13亿m^3，占全部最终消费水足迹的比重仅为5.28%、6.43%和6.26%；资本形成总额水足迹增长迅速，2002年、2007年和2010年水足迹分别为1149.39亿m^3、1120.54亿m^3、1424.55亿m^3，占所有水足迹的比重分别为26.47%、28.32%、33.01%；

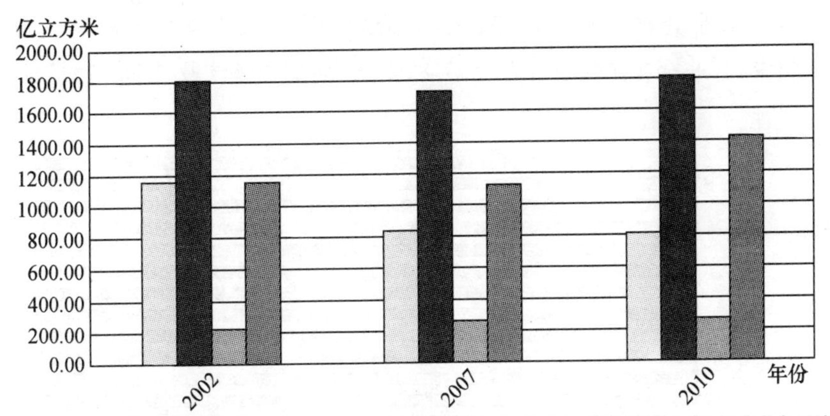

图4－8　中国2002年、2007年、2010年最终消费水足迹

农村居民水足迹则呈现下降趋势，2002年、2007年和2010年水足迹分别为1156.81亿m^3、845.91亿m^3和810.78亿m^3。

对不同行业最终需求水足迹的构成进行分析后发现，不同最终需求水足迹在不同行业的分布差异较大。图4－9为不同行业最终需求水足迹构成比例（2002年、2007年和2010年平均值）。

2. 农村居民消费和城市居民消费水足迹主要集中在农业、轻工业、能源供给业和服务业；政府消费水足迹局限于农业和服务业；固定资本形成总额水足迹主要集中在制造业

除了石油和天然气开采业、金属矿采选业、建筑业三个行业外，农村居民消费水足迹在其余26个行业中均占有一定的比例。其中，农村居民消费占比最大的行业为农业（39.07%），而食品制造及烟草加工业（27.55%）、纺织业（31.64%）、化学工业（22.61%）、电力、热力的生产和供应业（20.26%）、批发和零售业（20.37%）、住宿和餐饮业（20.46%）等行业也是农村居民消费水足迹占比较多的行业。

城市居民消费占比较大的行业主要为轻工业、能源供给业和服务业，占比较高的行业有燃气生产和供应业（89.41%）、水的生产和供应业（89.56%）、食品制造及烟草加工业（67.92%）、纺织服装鞋

帽皮革羽绒及其制品业（79.32%）、造纸印刷及文教体育用品制造业（66.88%）、非金属矿物制品业（77.89%）、住宿和餐饮业（79.54%）。

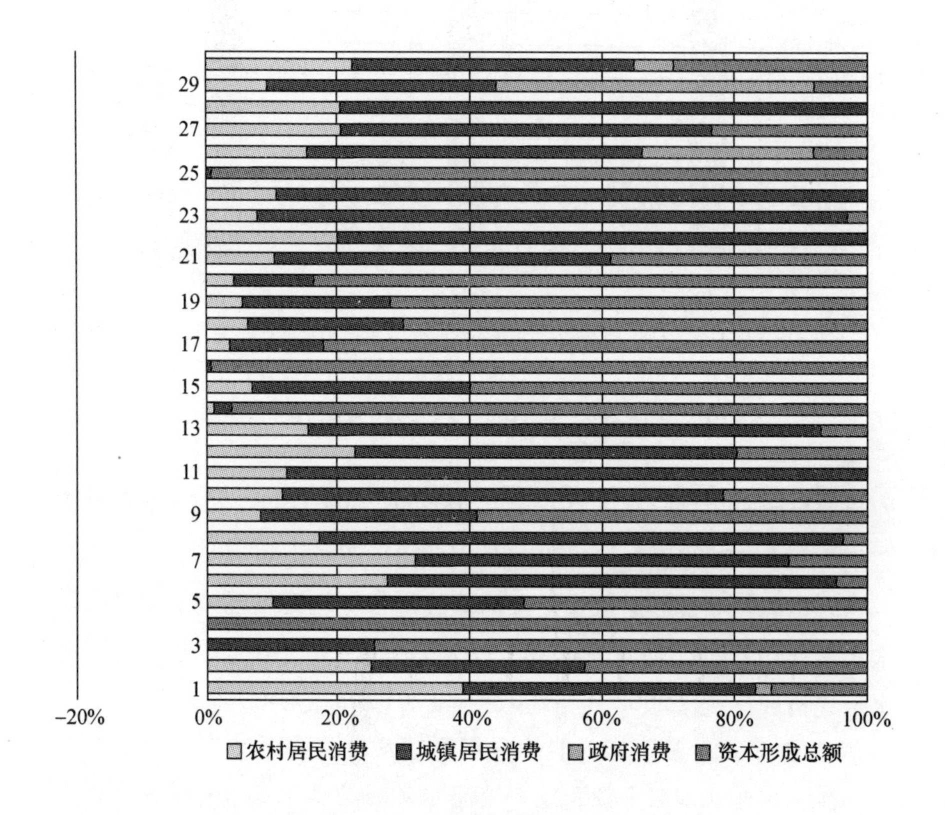

图4－9　中国29个行业最终需求水足迹构成比例

政府消费水足迹较为集中，主要为服务业和农业。具体地，政府消费水足迹在交通运输仓储和邮政业、其他服务业和农业的占比分别为25.81%、48.52%和2.14%。

固定资本形成总额水足迹在大部分行业中均占有一定比例，但是主要集中在制造业，如金属冶炼及压延加工业（96.39%），金属制品业（59.92%），通用、专用设备制造业（99.45%），交通运输设备制造业（82.09%），电气机械及器材制造业（70.05%），通信设备、计算机及其他电子设备制造业（72.03%），仪器仪表及文化办公用机械制造业（83.37%）。

3. 不同类别行业的最终需求水足迹构成存在较大差异

具体看，农业水足迹以农村居民消费和城市居民消费为主，占比分别为39.07%和44.25%；能源开采业水足迹以资本形成总额为主，如金属矿采选业和非金属矿及其他矿采选业水足迹中的资本形成总额水足迹占比为100%和52%；轻工业水足迹以农村居民消费和城市居民消费为主，如食品制造及烟草加工业（27.55%、67.92%），纺织业（31.64%、56.66%），纺织服装鞋帽皮革羽绒及其制品业（17.31%、79.32%）；制造业水足迹以资本形成总额为主，如通用、专用设备制造业（99.45%），交通运输设备制造业（82.09%），电气机械及器材制造业（70.05%），通信设备、计算机及其他电子设备制造业（72.03%），仪器仪表及文化办公用机械制造业（83.37%）；能源供给业水足迹以农村居民消费和城市居民消费为主，如电力、热力的生产和供应业（20.26%、79.74%），燃气生产和供应业（7.77%、89.41%），水的生产和供应业（10.44%、89.56%）；建筑业水足迹以资本形成总额为主（99.15%）；服务业水足迹以农村居民消费、城市居民消费和政府消费为主，如交通运输仓储和邮政业（15.29%、50.91%和25.81%）、其他服务业（9.50%、34.45%和48.52%）。

第四节　中国区域水足迹差异分析

利用式（4-16）分别计算中国2002年和2007年30个省（自治区、直辖市）地区水足迹和地区人均水足迹，如表4-5所示。

一　不同区域水足迹比较

1. 从地区水足迹大小看，广东、江苏、新疆、湖南等地的水足迹要大于其他省（自治区、直辖市），南方地区的水足迹明显大于北方地区的水足迹

图4-10为中国30个省（自治区、直辖市）2002年和2007年地区水足迹平均值。由图4-10可知，从水足迹总量看，不同地区的水足迹大小存在较大差异。具体地，广东（302.87亿m^3）、江苏

(287.09 亿 m^3)、新疆(217.48 亿 m^3)、湖南(174.47 亿 m^3)等地的水足迹要大于其他省(自治区、直辖市),占各省水足迹之和的比重分别为 9.31%、8.82%、6.68% 和 5.36%,而北京(25.72 亿 m^3)、海南(23.76 亿 m^3)、青海(21.68 亿 m^3)、天津(13.84 亿 m^3)等地的水足迹相对较小,占各省水足迹之和的比重分别为 0.79%、0.73%、0.67% 和 0.43%。

表 4-5　2002 年和 2007 年中国 30 个省(自治区、直辖市)水足迹、地区人均水足迹

序号	地区	2002 年水足迹(亿 m^3)	2007 年水足迹(亿 m^3)	2002 年人均水足迹(m^3/人)	2007 年人均水足迹(m^3/人)
1	北京市	28.92	22.53	203.21	137.98
2	天津市	11.23	16.46	111.48	147.63
3	河北省	96.54	45.75	143.33	65.90
4	山西省	46.59	49.42	141.43	145.65
5	内蒙古	114.46	47.23	481.14	196.40
6	辽宁省	95.32	78.86	226.79	183.48
7	吉林省	58.02	51.63	214.96	189.11
8	黑龙江省	156.37	126.31	410.09	330.30
9	上海市	49.52	111.78	304.76	601.62
10	江苏省	279.94	294.23	379.27	385.88
11	浙江省	115.29	107.57	248.09	212.58
12	安徽省	92.10	117.92	145.32	192.74
13	福建省	123.17	121.43	355.36	339.10
14	江西省	108.99	155.74	258.15	356.54
15	山东省	137.51	126.48	151.41	135.02
16	河南省	158.67	121.19	165.05	129.48
17	湖北省	152.01	172.70	253.87	303.03
18	湖南省	201.14	147.80	303.43	232.57
19	广东省	313.78	291.97	399.27	308.99
20	广西	200.44	131.03	415.67	274.82

续表

序号	地区	2002 年水足迹（亿 m^3）	2007 年水足迹（亿 m^3）	2002 年人均水足迹（m^3/人）	2007 年人均水足迹（m^3/人）
21	海南省	23.53	23.98	293.06	283.83
22	重庆市	38.09	51.84	122.61	184.09
23	四川省	137.27	132.51	158.27	163.05
24	贵州省	58.31	58.55	151.96	155.63
25	云南省	113.26	98.82	261.38	218.91
26	陕西省	43.48	47.23	118.35	126.02
27	甘肃省	110.42	100.74	300.55	268.77
28	青海省	25.23	18.12	97.32	69.23
29	宁夏	62.52	51.46	1181.77	932.32
30	新疆	254.77	180.19	4454.02	2953.99

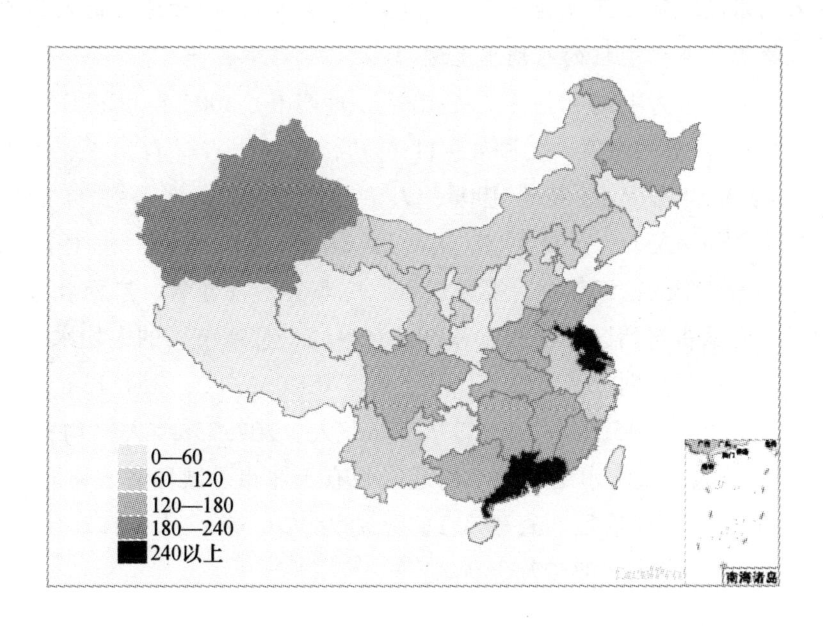

图 4－10　中国 30 个省（自治区、直辖市）①

2002 年和 2007 年地区人均水足迹平均值（m^3/人）

---

① 图中不包括西藏和台湾地区的数据。

地区水足迹总量的现状与地区经济总量密切相关，如水足迹较大的省（自治区、直辖市）广东、江苏等经济总量较大，而青海、吉林等省（自治区、直辖市）的经济总量则相对较小；另外，水足迹较大的省（自治区、直辖市）还与农业产出总量有关，如新疆、黑龙江等农业大省区的水足迹总量较大，而青海、山西等农业并不发达省区的水足迹数量并不高。

从空间上看，南方[①]地区的水足迹明显大于北方地区的水足迹。分析显示，南方15省（自治区、直辖市）2002年和2007年水足迹之和的平均值为2012.36亿m^3，占全部省（自治区、直辖市）水足迹之和的61.84%，而北方15省（自治区、直辖市）2002年和2007年水足迹之和的平均值为1241.82亿m^3，占全部省（自治区、直辖市）水足迹之和的38.16%。

2. 从人均水足迹大小来看，新疆、宁夏等省（自治区、直辖市）的人均水足迹远大于其他省（自治区、直辖市），南方地区的人均水足迹略大于北方地区的人均水足迹

图4-11为中国30个省（自治区、直辖市）2002年和2007年地区人均水足迹平均值。由图4-11可知，有三个省（自治区、直辖市）的人均水足迹大于400m^3/人，分别为新疆维吾尔自治区（1098.74m^3/人）、宁夏回族自治区（1057.04m^3/人）和上海市（453.19m^3/人）；江苏省、黑龙江省、广东省、福建省、广西壮族自治区、内蒙古自治区、江西省等省（自治区、直辖市）的人均水足迹也较大，分别为382.57m^3/人、370.20m^3/人、354.13m^3/人、347.23m^3/人、345.24m^3/人、338.77m^3/人、307.35m^3/人，均超过了300m^3/人。人均水足迹较小的地区则有天津市、陕西省、河北省、青海省等省（自治区、直辖市），分别为129.55m^3/人、122.18m^3/人、104.61m^3/人、83.27m^3/人。

---

① 本书将中国30个省（自治区、直辖市）划分为南方和北方，南方包括15个省（自治区、直辖市），分别为江苏、安徽、江西、湖北、湖南、云南、贵州、四川、重庆、广西、广东、福建、浙江、上海、海南；北方包括15个省（自治区、直辖市），分别为山东、山西、陕西、河北、河南、甘肃、宁夏、青海、新疆、内蒙古、辽宁、吉林、黑龙江、北京、天津。

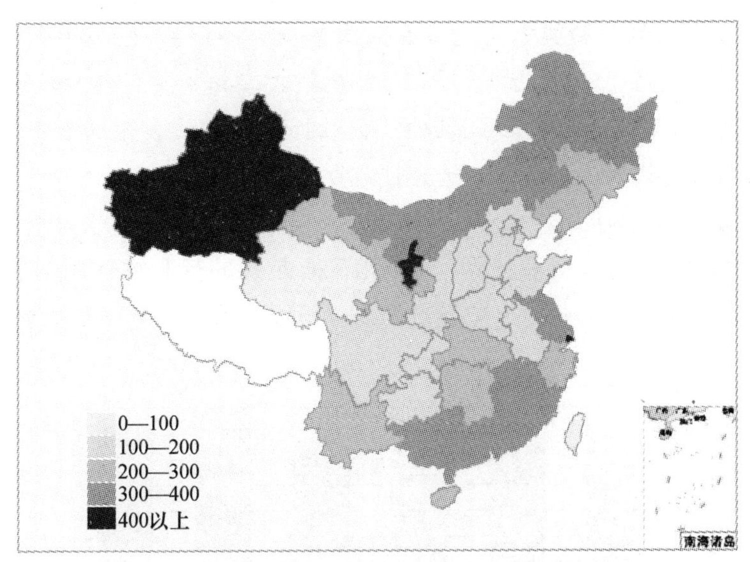

图 4－11　中国 30 个省（自治区、直辖市）①
2002 年和 2007 年地区水足迹平均值（亿 m^3）

分析发现，人均水足迹较高的省（自治区、直辖市）可以分为两类，第一类是农业为主要产业的地区，如新疆、宁夏、黑龙江等，农业生产过程中的高耗水使得这些地区的人均水足迹较大；第二类是南方省区，如广东、福建、广西等省（自治区、直辖市），这些地区的水资源较为丰富，人均水足迹相对较高。

尽管部分南方省（自治区、直辖市）的人均水足迹较高，但是整体来看，南方地区的人均水足迹仅仅是略大于北方的人均水足迹。数据显示，2002 年和 2007 年，南方地区的人均水足迹为 270.71m^3/人，北方地区的人均水足迹为 229.52m^3/人，南方人均水足迹并没有像南方水足迹总体数量一样表现为明显大于北方地区。这主要是由于南方地区人口众多，使得南方地区人均水足迹并没有明显大于北方地区的人均水足迹。

二　不同区域水足迹行业构成分析

尽管不同省（自治区、直辖市）地理位置、经济发展水平、农业

① 图中不包括西藏和台湾地区的数据，因此，西藏和台湾地区在图中均用纯白色表示。本书中所有的中国地图均对西藏和台湾地区采用与此处相同的处理方式，以后不再赘述。

发展状况甚至消费类型等均存在较大差异，不同省（自治区、直辖市）的水足迹行业构成却并没有显示出较大差异。我们将中国分为东部地区[①]、中部地区[②]和西部地区[③]，选择广东省代表东部沿海地区，选择山西省代表中部地区，选择甘肃省代表西部地区。

图4－12为广东、山西、甘肃2002年、2007年行业水足迹构成，对图4－12进行分析后发现，不同地区水足迹的行业构成既存在一些共同点，也存在一些明显差异，具体分析可以得到以下三点结论：

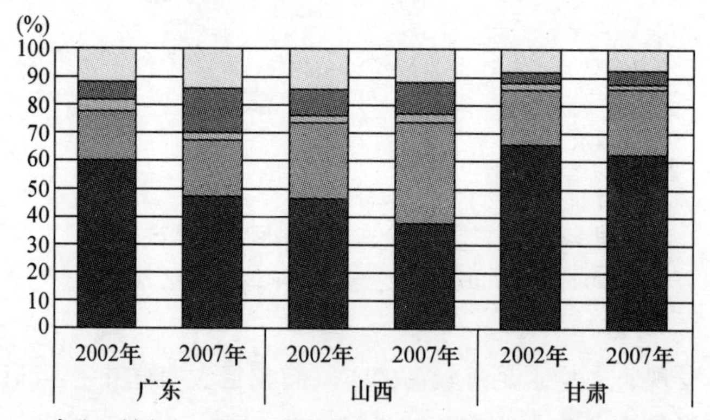

图4－12　广东、山西、甘肃2002年、2007年水足迹行业构成

第一，农业水足迹在不同地区水足迹中均占有主要地位，但是在西部地区占比明显高于中东部，三个地区农业水足迹占比均有一定程度的下降趋势。数据显示，农业在广东、山西和甘肃三个省（自治区、直辖市）水足迹中均为占比最大的行业。农业水足迹占广东省2002年和2007年水足迹的比重分别为58.65%和46.94%，占山西省2002年和2007年水足迹的比重分别为46.16%、37.68%，占甘肃2002年和2007年水足迹的比重分别为65.41%、62.22%。农业水足

① 东部地区包括北京、天津、河北、辽宁、上海、江苏、浙江、福建、山东、广东、广西、海南12个省（自治区、直辖市）。

② 中部地区包括山西、内蒙古、吉林、黑龙江、安徽、江西、河南、湖北、湖南9个省、自治区。

③ 西部地区包括四川、重庆、贵州、云南、西藏、陕西、甘肃、宁夏、青海、新疆10个省（自治区、直辖市）。

迹在不同省（自治区、直辖市）水足迹中均占有第一的地位说明了农业水足迹的重要性并不随着地区的变化而有所变化，也为全国不同地区推广降低农业水足迹政策提供了可能。

同时，甘肃的农业水足迹占全部水足迹比重要明显大于广东和山西的水足迹占比，这与甘肃地区以农业为主的经济结构密切相关，也代表了西部地区的农业水足迹情况。此外，广东、山西、甘肃三省水足迹占比均有一定程度的下降，下降比例分别为11.71%、8.48%和3.19%，这主要是由于随着经济结构的调整，第二产业和服务业在国民经济中的地位不断上升，使得农业在国民经济中的地位不断下降，从而导致了农业水足迹占比下降的事实。

第二，制造业水足迹在不同地区水足迹占比中仅次于农业水足迹，制造业水足迹占中部地区比重明显大于东部地区和西部地区。制造业水足迹占广东省2002年和2007年水足迹的比重分别为19.26%、20.47%，占山西省2002年和2007年水足迹的比重分别为27.47%、36.90%，占甘肃省2002年和2007年水足迹的比重分别为20.88%、24.28%。制造业水足迹较大一方面是由于制造业直接生产过程中的用水量，另一方面来自中间投入品（特别是农业原材料）生产过程中的高用水量。此外，制造业在当前中国国民经济中的重要地位，即制造业的高产出也会导致制造业的水足迹较大。

此外，制造业水足迹占中部地区比重明显要大于东部地区和中部地区：2002年，山西省制造业水足迹占山西省全部水足迹比重高于广东省和甘肃省，分别高8.21%和6.59%；2007年，山西省制造业水足迹占山西省全部水足迹比重高于广东省和甘肃省，分别高16.43%和12.62%。制造业占中部地区比重大于东部地区和中部地区是由于中部地区制造业占经济主要地位造成的。

第三，东部地区和中部地区建筑业和服务业水足迹占全部水足迹比重明显高于西部地区。数据显示，2002年，广东省和山西省建筑业水足迹占全部水足迹比重分别为6.58%和9.22%，2007年这一数据为15.44%和11.69%，远远超过甘肃省（甘肃省2002年和2007年建筑业水足迹占全部水足迹比重分别为4.20%、5.15%）。

同时，广东省和山西省服务业水足迹占全部水足迹比重也明显高于甘肃省。2002 年，广东省和山西省服务业水足迹占全部水足迹比重分别为 11.43% 和 14.39%，2007 年这一数据则为 13.88% 和 11.19%，而甘肃省 2002 年和 2007 年建筑业水足迹占全部水足迹比重分别为 7.97% 和 7.18%。

三　不同区域水足迹最终需求构成分析

根据水足迹的定义和计算公式可知，水足迹是由最终需求所导致的，最终需求主要包括消费（居民消费和政府消费）和投资（存货增加和固定资本形成总额）。中国众多地区经济结构的差异较为明显，这也使得最终需求的结构存在一定差异，从而使不同地区水足迹的最终需求构成存在差异。

图 4－13 为中国 30 个省（自治区、直辖市）水足迹最终需求构成，

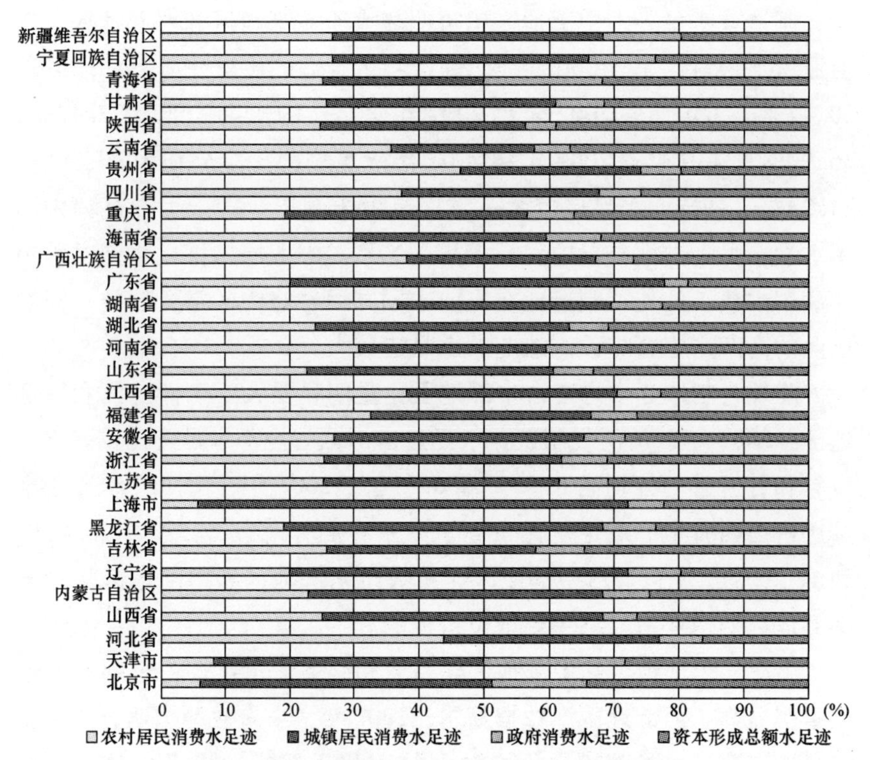

图 4－13　中国 30 个省（自治区、直辖市）①
水足迹最终需求构成（2002 年与 2007 年平均值）

① 图 4－13 中的省（自治区、直辖市）编号顺序与表 4－5 相同。

由图4－13分析可知，不同省（自治区、直辖市）水足迹最终需求构成差异较大，具体分析可以得到以下结论：

第一，经济发达程度和城市化水平与农村居民消费水足迹占全部最终需求水足迹比重成反比，与城镇居民消费水足迹占全部最终需求水足迹比重成正比。分析发现，经济发达和城市化水平较高的省（自治区、直辖市）中，农村居民消费水足迹占全部最终需求水足迹的比重比较小，而城市居民最终消费水足迹占全部水足迹的比重则相对较大；反之，经济欠发达和城市化水平不高的省（自治区、直辖市）中，农村居民消费水足迹占全部最终需求水足迹的比重比较大，而城市居民最终消费水足迹占全部水足迹的比重则相对较小。

具体来看，北京、天津、上海三个直辖市的经济发展水平和城市化水平在中国都处于较高的水平，三个直辖市的农村居民消费水足迹占全部最终需求水足迹的比重分别为5.98%、7.95%、5.38%，也是仅有的三个农村居民消费水足迹占全部最终需求水足迹比重小于10%的直辖市，同时，三个直辖市城镇居民消费水足迹占全部最终需求水足迹比重分别为45.14%、41.79%、66.77%，明显高于全国各省（自治区、直辖市）平均水平36.63%。河北、江西、广西、贵州和云南是中国经济欠发达地区和城市化水平较低的地区，五个省（自治区、直辖市）农村居民消费水足迹占全部最终需求水足迹的比重分别为43.8%、37.94%、38.09%、37.38%、46.24%，是农村居民消费水足迹占全部最终需求水足迹比重最高的五个省（自治区、直辖市），同时，五个省（自治区、直辖市）城镇居民消费水足迹占全部最终需求水足迹比重分别为33.11%、32.34%、29.01%、30.18%、27.89%，在全国各省（自治区、直辖市）中排名靠后。

从空间上看，经济发达程度和城市化水平与农村居民消费水足迹占全部最终需求水足迹比重成反比，与城镇居民消费水足迹占全部最终需求水足迹比重成正比这一结论也得到支持：东部地区、中部地区、西部地区农村居民消费水足迹占全部最终需求水足迹的比重分别为25.51%、28.44%和30.48%，表现为逐渐递增趋势；同时，东部地区、中部地区、西部地区城镇居民消费水足迹占全部最终需求水足迹的比重分别为42.53%、37.33%和33.62%，表现为逐渐递减趋势。

农村居民消费水足迹和城市居民消费水足迹占全部最终需求水足迹比重与经济发展程度和城市化水平密切相关有一定的现实合理性，即经济发展程度较高和城市化水平较高的地区中，城镇居民较多、消费能力也较高，从而使得城镇居民消费水足迹较大。这给水足迹管理提供了重要启示：经济发达地区水足迹管理要重点考虑城镇居民消费水足迹。

第二，政府消费水足迹占全部最终需求水足迹比重在四类最终需求水足迹中最小，并且没有表现出明显的区域差异。分析发现，政府消费水足迹占全部最终需求水足迹比重在四类最终需求水足迹中最小，这不仅表现为全国整体，在绝大部分省（自治区、直辖市）都是如此。具体看，全国30个省（自治区、直辖市）中，仅有天津和北京两个地区的政府消费水足迹（分别为21.88%、14.41%，均大于该地区农村居民消费水足迹的7.95%、5.98%）不是最小比重的最终需求水足迹。

此外，政府消费水足迹与地区分布并不存在明显的关联关系。具体地，天津、青海、北京、新疆、宁夏五省（自治区、直辖市）是政府消费水足迹占全部最终需求水足迹比重最高的几个地区，政府消费水足迹占全部最终需求水足迹比重分别为21.88%、18.04%、14.41%、11.89%和10.19%，这五个地区并没有明显的地区分布规律，既有东部地区（北京、天津），又有西部地区（青海、新疆、宁夏）。云南、上海、山西、陕西、广东是政府消费水足迹占全部最终需求水足迹比重最低的几个地区，政府消费水足迹占全部最终需求水足迹比重分别为5.46%、5.40%、5.29%、4.57%和3.88%。

第三，资本形成总额水足迹占全部最终需求水足迹比重表现为东部地区、中部地区和西部地区逐渐增加。从空间上看，东部地区、中部地区和西部地区资本形成总额水足迹占全部最终需求水足迹的比重分别为25.97%、27.02%和27.45%，尽管不同地区的差距并不显著，但是仍然表现为逐渐增加的趋势。

对具体省（自治区、直辖市）来说，资本形成总额水足迹占全部最终需求水足迹比重较高的省（自治区、直辖市）有陕西省、云南省、重庆市、吉林省等省（自治区、直辖市），分别为39.20%、

36.88%、36.23%、34.53%；资本形成总额水足迹占全部最终需求水足迹比重较低的省（自治区、直辖市）有新疆维吾尔自治区、辽宁省、广东省、河北省，分别为19.88%、19.77%、18.61%和16.40%。

第五节　本章小结

本章基于投入产出方法对中国及30个省（自治区、直辖市）2002年、2005年、2007年和2010年的行业和区域水足迹进行具体分析。本章的主要结论有以下几点：

第一，从用水系数来看，不同行业差距较大，农业的直接用水系数、完全用水系数明显大于工业和服务业，大部分工业和服务业的间接用水系数要大于直接用水系数，大部分行业的直接用水系数和完全用水系数有降低趋势，说明我国的用水效率显著提高。

第二，从行业水足迹和水足迹系数来看，农业和工业仍是国民经济主要的水足迹行业，服务业和工业水足迹则上升趋势显著，农业、轻工业和能源工业以及住宿餐饮业的水足迹强度系数要大于其他行业，大部分重工业制造业的行业水足迹强度系数相对较小；城市居民消费水足迹最大，政府消费水足迹最小，资本形成总额水足迹增长迅速，农村居民消费水足迹呈现逐渐下降趋势，不同最终需求水足迹占不同行业水足迹比重差异显著。

第三，从区域水足迹来看，南方地区的水足迹总量明显大于北方地区的水足迹，但是南方地区的人均水足迹与北方地区差距并不显著；农业水足迹在不同地区水足迹中均占有主要地位，但是在西部地区占比明显高于中东部，三个地区农业水足迹占比均有一定程度的下降趋势；从不同区域水足迹最终需求构成来看，经济发达程度和城市化水平与农村居民消费水足迹占全部最终需求水足迹比重成反比，与城镇居民消费水足迹占全部最终需求水足迹比重成正比；政府消费水足迹占全部最终需求水足迹比重在四类最终需求水足迹中最小，并且没有表现出明显的区域差异；资本形成总额水足迹占全部最终需求水足迹比重表现为东部地区、中部地区和西部地区逐渐增加。

第五章 完全消耗口径水资源之虚拟水贸易测算与分析

虚拟水是从生产者角度考察产品在生产过程中消耗的水资源总量，其主要应用表现为虚拟水贸易。当前，大部分对中国虚拟水贸易的研究侧重于对虚拟水贸易量的测量，对虚拟水贸易对水资源的影响研究较少，而只有将地区虚拟水贸易与实际水资源结合起来考察，特别是对水资源贫乏地区，才能更好地应用虚拟水战略解决地区水资源短缺问题。目前，仅有张卓颖[1,83]等对中国虚拟水贸易对水资源的影响进行了研究，研究发现，我国水资源利用效率显著提高、虚拟水贸易更加活跃，同时我国也面临更加严峻的水资源形势。

本章基于投入产出技术，对中国 2002 年、2005 年、2007 年和 2010 年及各省（自治区、直辖市）2002 年和 2007 年虚拟水贸易进行测算，对不同行业的虚拟水进出口进行分析，同时考察虚拟水贸易与地区水资源的关系。与张卓颖[1,83]等的研究相比，本章在以下几点有所不同，第一，本章采用的基于投入产出分析的虚拟水测算方法建立在剔除中间需求矩阵的进口产品的基础上，有效地避免了计算结果偏大的问题；第二，本章对全国虚拟水贸易的测算延长到 2010 年，结果显示，2010 年虚拟水进出口与之前有较大变化。本章的结论可以为中国及不同地区虚拟水战略的制定提供参考。

本章由五部分组成：第一部分对基于投入产出的虚拟水贸易测算方法进行介绍，第二部分对中国虚拟水贸易的行业差异和行业变动进行分析，第三部分对各省（自治区、直辖市）的虚拟水贸易进行对比分析和动态变化分析，第四部分对各省（自治区、直辖市）虚拟水贸易对水资源总量和用水总量的影响进行分析，第五部分为本章小结。

第一节　基于投入产出的虚拟水贸易测算方法

虚拟水进口、虚拟水出口及虚拟水净出口的计算以第四章的相关方法为基础。

虚拟水进口可以用式表示：

$$W^{im} = Q(I - \hat{\varepsilon}A)^{-1}F^{im} \tag{5-1}$$

式（5－1）中，Q 为直接用水系数对角矩阵，A 为直接消耗系数矩阵，$\hat{\varepsilon}$ 为国内生产总值比重对角矩阵，F^{im} 为投入产出表中进口向量转化得到的对角矩阵。

$$W^{im} = [W_j^{im}] \tag{5-2}$$

式（5－2）中，W_j^{im} 为 j 行业的虚拟水进口。

虚拟水出口可以用式（5－3）表示：

$$W^{ex} = Q(I - \hat{\varepsilon}A)^{-1}F^{ex} \tag{5-3}$$

式（5－3）中，F^{ex} 为投入产出表中出口向量转化得到的对角矩阵。

$$W^{ex} = [W_j^{ex}] \tag{5-4}$$

式（5－4）中，W_j^{ex} 为 j 行业的虚拟水出口。

虚拟水净出口可以用式（5－5）表示：

$$W^{net} = W^{ex} - W^{im} \tag{5-5}$$

$$W^{net} = [W_j^{net}] \tag{5-6}$$

式（5－6）中，W_j^{net} 为 j 行业的虚拟水净出口。

需要指出的是，中国 30 个省（自治区、直辖市）投入产出表在形式上与国家投入产出表并不完全相同，主要区别表现在进口和出口上面，国家投入产出表的进口和出口列表示中国与其他国家的贸易往来；30 个省（自治区、直辖市）投入产出表的进口和出口分别表示为“调入”和“调出”[①]，其中，“调入”由两部分组成：该省（自

---

① 2002 年投入产出表并没有区分“调入”、“调出”，只是给出了“净流出”（调出减去调入）。

治区、直辖市）通过对外贸易进口的国外产品和该省（自治区、直辖市）从中国别的省（自治区、直辖市）调入到本省的产品；同样，“调出”也由两部分组成：该省（自治区、直辖市）通过对外贸易出口到国外的产品和由该省（自治区、直辖市）调出到中国别的省（自治区、直辖市）的产品。本章对于中国虚拟水贸易的分析建立在中国投入产出表的进口列和出口列数据，对中国30个省（自治区、直辖市）虚拟水贸易的分析建立在各省（自治区、直辖市）投入产出调入列和调出列数据，由于数据限制，并没有进一步细分为对国外贸易和对外省贸易数据。

第二节　中国虚拟水贸易的行业分析

一　中国对外贸易虚拟水总量及变动

图5－1为中国2002年、2005年、2007年和2010年虚拟水进口、出口和净出口。由图5－1可以发现，2002—2010年，中国一直为虚拟水净出口国，表明我国一直在通过对外贸易的形式“输出”水资源；2010年与2002年相比，中国虚拟水进口和出口都呈现出明显的上升趋势，但是虚拟水净出口则表现为显著的下降趋势。同时，2002年、2005年、2007年和2010年四个年份，中国虚拟水贸易在不同时间段表现出了不同的变化特点，而且虚拟水进口、虚拟水出口和虚拟水净出口的变动也表现出了不同的变化特点。

第一，2002—2010年，中国虚拟水出口呈现先上升后下降的趋势。数据显示，中国虚拟水出口在2002—2007年表现为上升趋势，2002年、2005年和2007年的虚拟水出口量分别为726.16亿m^3、1108.72亿m^3和1230.19亿m^3，而2010年的虚拟水出口量为1084.97亿m^3，比2007年下降了145.22亿m^3。

第二，2002—2010年，中国虚拟水进口表现为上升、下降、上升的特点。具体地说，2002—2005年，中国虚拟水进口由597.59亿m^3上升到1005.22亿m^3；2005—2007年，中国虚拟水进口由1005.22亿m^3下降到942.28亿m^3；2007—2010年，中国虚拟水进口分别为

942.28 亿 m^3 和 1045.99 亿 m^3，表现为上升。

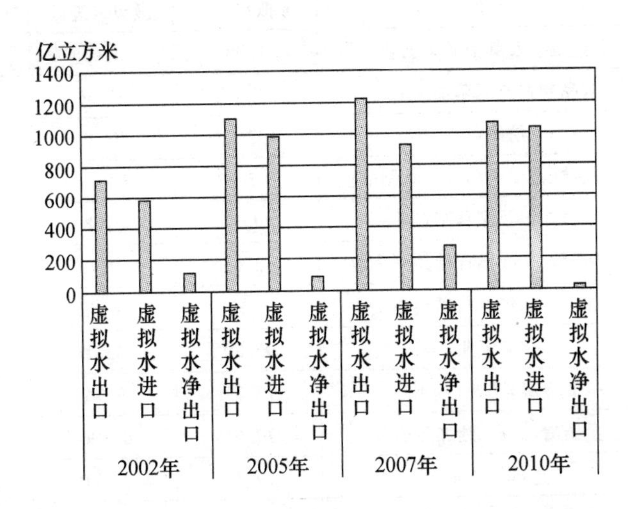

图 5－1　中国 2002 年、2005 年、2007 年和 2010 年虚拟水贸易

第三，2002—2010 年，中国虚拟水净出口表现为先下降、再上升、再下降的特点。数据显示，2002—2005 年，中国虚拟水净出口由 128.54 亿 m^3 下降到 103.505 亿 m^3；2005—2007 年，中国虚拟水净出口由 103.505 亿 m^3 上升到 287.901 亿 m^3；2007—2010 年，中国虚拟水净出口由 287.901 亿 m^3 下降到 39 亿 m^3，下降趋势明显。

二　虚拟水贸易的行业差异

由表 5－1 可知，不同行业虚拟水贸易存在较大差异，具体分析可以得到以下两点结论：

表 5－1　　中国 2002 年、2005 年、2007 年和 2010 年虚拟水贸易平均值　　单位：亿 m^3

序号	行业	虚拟水出口	虚拟水进口	虚拟水净出口
1	农业	66.06	199.12	－133.07
2	煤炭开采和洗选业	2.22	2.84	－0.61
3	石油和天然气开采业	0.94	24.09	－23.15
4	金属矿采选业	0.98	41.88	－40.91

续表

序号	行业	虚拟水出口	虚拟水进口	虚拟水净出口
5	非金属矿及其他矿采选业	1.98	3.02	-1.04
6	食品制造及烟草加工业	77.67	61.36	16.31
7	纺织业	197.23	39.27	157.96
8	纺织服装鞋帽皮革羽绒及其制品业	102.84	13.17	89.67
9	木材加工及家具制造业	40.17	6.68	33.48
10	造纸印刷及文教体育用品制造业	42.63	19.79	22.84
11	石油加工、炼焦及核燃料加工业	5.15	16.42	-11.27
12	化学工业	95.89	133.18	-37.29
13	非金属矿物制品业	12.37	3.96	8.41
14	金属冶炼及压延加工业	30.61	43.96	-13.35
15	金属制品业	29.32	8.20	21.11
16	通用、专用设备制造业	34.29	51.90	-17.61
17	交通运输设备制造业	18.75	20.37	-1.61
18	电气机械及器材制造业	46.67	28.13	18.55
19	通信设备、计算机及其他电子设备制造业	98.41	81.36	17.05
20	仪器仪表及文化办公用机械制造业	23.10	28.10	-5.01
21	工艺品及其他制造业（含废品废料）	16.50	21.37	-4.87
22	电力、热力的生产和供应业	3.13	0.83	2.30
23	燃气生产和供应业	0.00	0.00	0.00
24	水的生产和供应业	0.00	0.00	0.00
25	建筑业	4.13	2.19	1.94
26	交通运输仓储和邮政业	20.11	8.46	11.65
27	批发和零售业	23.44	0.00	23.44
28	住宿和餐饮业	16.63	15.44	1.19
29	其他服务业	26.313	22.662	3.653

第一，我国虚拟水净出口为负的行业主要为农业、能源开采、石油化工以及少数制造业。数据显示，我国29个行业中，2002—2010年虚拟水净出口平均值为负的行业个数为12个，占全部行业个数的百分比为41.4%，虚拟水净出口为负的行业之和为289.82亿m^3，说

明这 12 个行业平均每年通过对外贸易的方式为我国节省了 289.82 亿 m^3 的生产用水，或者相当于每年有 289.82 亿 m^3 的水资源“流入”我国。

具体到各个行业，虚拟水净出口为负最大的行业为农业，为 133.07 亿 m^3，占所有虚拟水净出口量的 46%；煤炭开采和洗选业、石油和天然气开采业、金属矿采选业、非金属矿及其他矿采选业等能源开采业的虚拟水净出口也为负，分别为 0.61 亿 m^3、23.15 亿 m^3、40.91 亿 m^3、1.04 亿 m^3；石油化工行业中的石油加工、炼焦及核燃料加工业和化学工业的虚拟水净出口也为负，分别为 11.27 亿 m^3 和 37.29 亿 m^3；制造业中的金属冶炼及压延加工业，通用、专用设备制造业，交通运输设备制造业，仪器仪表及文化办公用机械制造业等行业的虚拟水净出口也为负，分别为 13.35 亿 m^3、17.61 亿 m^3、1.61 亿 m^3、5.01 亿 m^3。

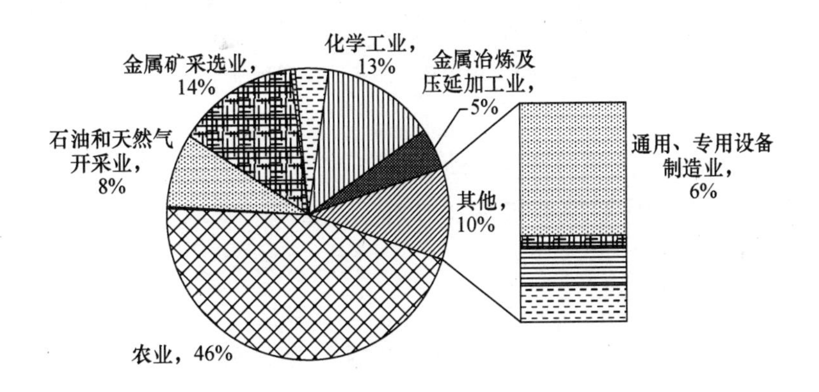

图 5－2　中国主要虚拟水进口行业

第二，我国大部分制造业和服务业的虚拟水净进口为正。数据显示，我国 29 个行业中，2002—2010 年虚拟水净进口平均值为正的行业个数为 17 个行业，占全部行业个数的百分比为 55.17%，虚拟水净进口为正的行业的虚拟水净进口总和为 429.55 亿 m^3，说明这 17 个行业平均每年通过对外贸易的方式消耗中国 429.55 亿 m^3 的生产用水，或者相当于每年有 429.55 亿 m^3 的水资源“流出”我国。

具体到各个行业，虚拟水净出口最大行业为纺织业，虚拟水净出口量为157.96亿m^3，占全部虚拟水净出口量的37%。此外，纺织服装鞋帽皮革羽绒及其制品业、木材加工及家具制造业、造纸印刷及文教体育用品制造业等行业的虚拟水净出口量也较大，分别为89.67亿m^3、33.48亿m^3和22.84亿m^3。

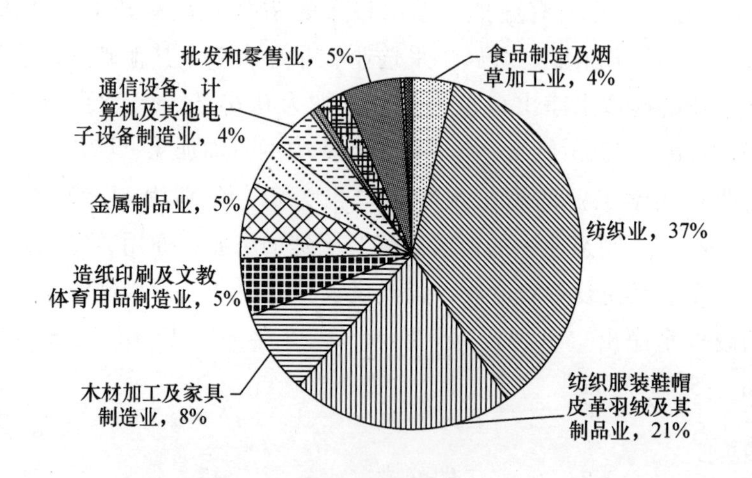

图5-3　中国主要虚拟水出口行业

三　虚拟水贸易的行业变动分析

图5-4为中国29个行业2002年、2005年、2007年和2010年虚拟水净出口变动。由图5-4可知，不同行业虚拟水净出口变动差异较大，具体有以下几点：

第一，2010年与2002年相比，农业、能源开采、食品制造和服务业的虚拟水净出口量下降显著。数据显示，2002—2010年，虚拟水净出口量出现下降的行业有15个，下降总量为384.56亿m^3。其中，虚拟水净出口量下降幅度最大的为农业，虚拟水净出口量下降了182.95亿m^3，占虚拟水净出口下降总量的47.57%；能源开采行业的虚拟水净出口量也出现明显下降趋势，煤炭开采和洗选业、石油和天然气开采业、金属矿采选业、非金属矿及其他矿采选业的虚拟水净出口下降量分别为8.93亿m^3、29.9亿m^3、57.09亿m^3、0.67亿m^3；此外，食品制造及烟草加工业的虚拟水净出口量下降了33.59亿m^3，交通运输仓储和邮政业、批发和零售业、住宿和餐饮业、其他服务业的虚拟水净出口量也分别下降了 0.25 亿 m³、12.76 亿 m³、18.5 亿 m³ 和 1.24 亿 m³。

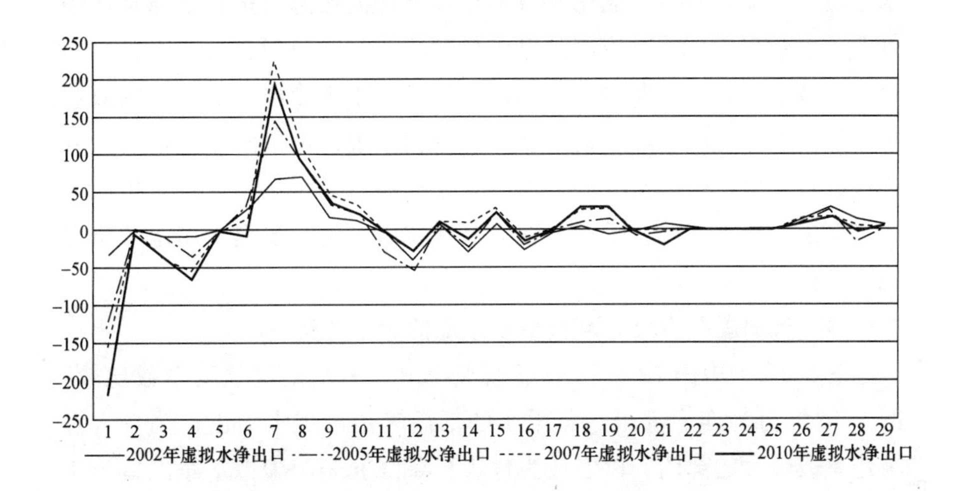

图 5－4　中国 29 个行业 2002 年、2005 年、2007 年、2010 年虚拟水净出口（亿 m³）

第二，2010 年与 2002 年相比，大部分工业行业虚拟水净出口呈现明显上升趋势。分析发现，无论是轻工业还是重工业制造业，大部分工业行业的虚拟水净出口量呈现明显上升趋势。从 2002—2010 年，虚拟水净出口量出现上升的行业有 12 个，上升总量为 295.02 亿 m³。具体来看，纺织业为虚拟水净出口量上升最大的行业，上升 124.87 亿 m³，占虚拟水净出口上升总量的 42.33%。纺织业、纺织服装鞋帽皮革羽绒及其制品业，木材加工及家具制造业，造纸印刷及文教体育用品制造业，化学工业，非金属矿物制品业，金属冶炼及压延加工业，金属制品业，通用、专用设备制造业，电气机械及器材制造业，通信设备、计算机及其他电子设备制造业等行业的虚拟水净出口量分别上升了 124.87 亿 m³、17.16 亿 m³、20.61 亿 m³、10.81 亿 m³、10.31 亿 m³、5.9 亿 m³、17.86 亿 m³、11.82 亿 m³、11.02 亿 m³、25.45 亿 m³ 和 35.98 亿 m³。

行业虚拟水净出口的变动可由两个方面造成：行业对外贸易净出

口额的变化及行业用水系数的变化。一般来说，行业虚拟水对外贸易的变动是这两种因素相互作用的结果：净出口贸易额上升会导致虚拟水净出口增加，而各行业用水效率在逐渐提高会降低虚拟水增加，当行业用水效率提高的效应超过净出口额增长的效应时，行业虚拟水净出口就会下降；当行业用水效率提高的效应小于净出口额增长的效应时，行业虚拟水净出口就会增加。对中国来说，虚拟水净出口呈上升趋势的行业应当引起我们的关注，对于这些行业，从整个行业生命周期考察生产用水情况，采用最新的节水技术，进一步提高用水效率是减少虚拟水净出口的有效措施。

四　行业虚拟水贸易与行业水足迹的比较分析

图5－5为中国29个行业虚拟水净出口和水足迹强度系数比较。图5－5共分为四个象限，象限Ⅰ的部门表示虚拟水净出口为负、水足迹系数较大的部门，以农业为代表；象限Ⅱ表示虚拟水净出口为正而水足迹系数较大的部门，以轻工业为主，如食品制造及烟草加工业、纺织业、纺织服装鞋帽皮革羽绒及其制品业、木材加工及家具制造业、造纸印刷及文教体育用品制造业等；象限Ⅲ的部门表示虚拟水净出口为负、水足迹强度系数较小的部门，如石油和天然气开采业，石油加工、炼焦及核燃料加工业，金属冶炼及压延加工业，交通运输设备制造业等；象限Ⅳ的部门表示虚拟水净出口为正、部门水足迹强度系数较小的部门，如非金属矿物制品业，电气机械及器材制造业，通信设备、计算机及其他电子设备制造业，批发和零售业等。

从虚拟水净出口角度出发，象限Ⅱ和象限Ⅳ的部门虚拟水净出口为正，减少虚拟水净出口量应该是这些行业今后努力的方向；从行业最终需求用水效率来看，象限Ⅰ和象限Ⅱ的部门应该得到足够重视，这些部门的水足迹系数均大于1，有进一步改进的余地；综合虚拟水净出口和水足迹系数来看，象限Ⅱ的部门是需要重点关注的，这些部门不仅虚拟水净出口为正，对我国水资源产生较大压力，而且这些部门的水足迹系数大于1，显示单位最终需求的用水量大于国民经济平均水平，因此，象限Ⅱ的部门既要提高用水效率又要进一步减少虚拟水净出口量，其是今后行业用水管理的重点。

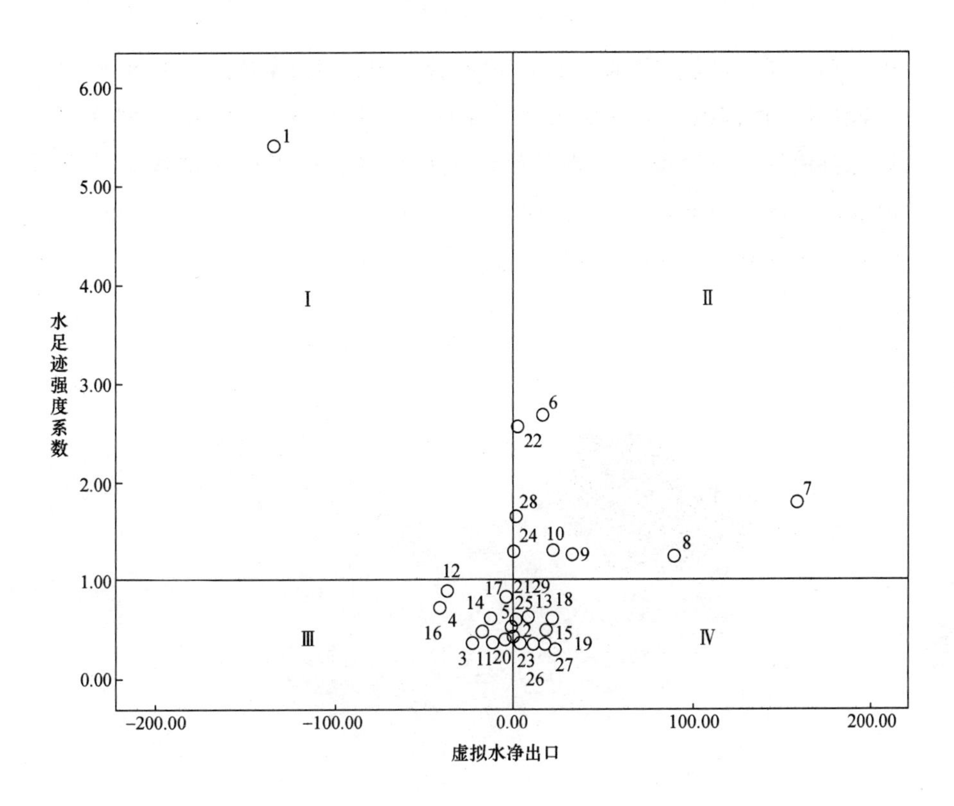

图 5－5　中国 29 个行业虚拟水净出口和水足迹强度系数（亿 m^3）

第三节　中国虚拟水贸易区域差异分析

一　虚拟水贸易区域对比分析

本部分对中国 30 个省（自治区、直辖市）虚拟水净出口和人均虚拟水进行对比分析，分析基于 2002 年和 2007 年的平均值。

图 5－6 为中国 30 个省（自治区、直辖市）虚拟水净出口（2002 年和 2007 年的平均值）示意图，由图 5－6 对中国 30 个省（自治区、直辖市）虚拟水净出口总量进行分析发现：

第一，中国四个直辖市均为虚拟水净进口地区，上海、广东为虚拟水净进口量较大的省（自治区、直辖市）。考察 2002 年与 2007 年

30个省（自治区、直辖市）虚拟水净出口平均值发现，有8个省（自治区、直辖市）的虚拟水净出口为负，共计138.6亿m^3，即这些省（自治区、直辖市）为虚拟水净进口地区，可以认为这些省（自治区、直辖市）通过对外贸易的形式向本地区输入了138.6亿m^3水资源，或者节省了本地区138.6亿m^3水资源。

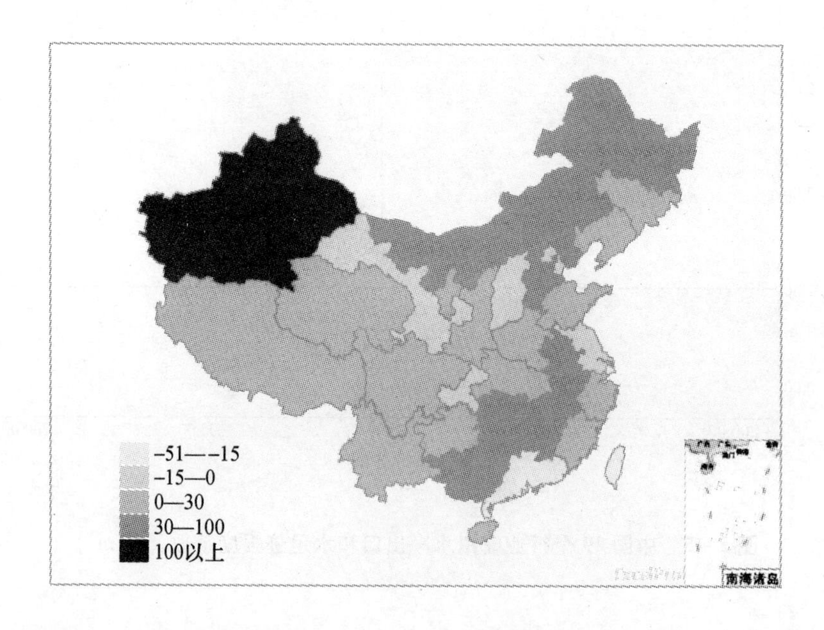

图5-6　中国30个省（自治区、直辖市）虚拟水净出口示意图（亿m^3）

具体看，上海和广东是虚拟水净进口量最大的两个地区，分别为50.07亿m^3、40.75亿m^3，占全部虚拟水净进口量的比例分别为36.13%、29.4%；同时，四个直辖市均为虚拟水净进口地区，北京、天津、重庆的虚拟水净进口量分别为14.1亿m^3、2.57亿m^3和12.94亿m^3。此外，山西省、甘肃省和江苏省也为虚拟水净进口地区，虚拟水净进口量分别为9.56亿m^3、8.21亿m^3和0.40亿m^3。

第二，虚拟水净出口较大的地区主要集中在中西部地区。2002年与2007年30个省（自治区、直辖市）虚拟水净出口平均值中，有22个省（自治区、直辖市）的虚拟水净出口为正，共计835.57亿m^3，即这些省（自治区、直辖市）为虚拟水净出口地区，通过对外贸易形式将本地区的水资源向外输出了835.57亿m^3。

分析发现，虚拟水净出口较大的地区主要集中在中西部地区。具体地看，新疆为虚拟水净出口量最大的省（自治区、直辖市），虚拟水净出口为234.06亿m^3，占全部虚拟水净出口量的比例为28.01%。安徽省、湖南省、广西壮族自治区、河北省、内蒙古自治区、黑龙江省等中西部省（自治区、直辖市）也是虚拟水净出口较大的地区，虚拟水净出口量均超过40亿m^3，分别为48.17亿m^3、66.14亿m^3、69.44亿m^3、71.60亿m^3、71.91亿m^3和80.75亿m^3。

图5-7为中国30个省（自治区、直辖市）人均虚拟水净出口（2002年和2007年平均值）示意图。分析发现，地区人均虚拟水净出口和地区虚拟水净出口总量表现出并不相同的特点。

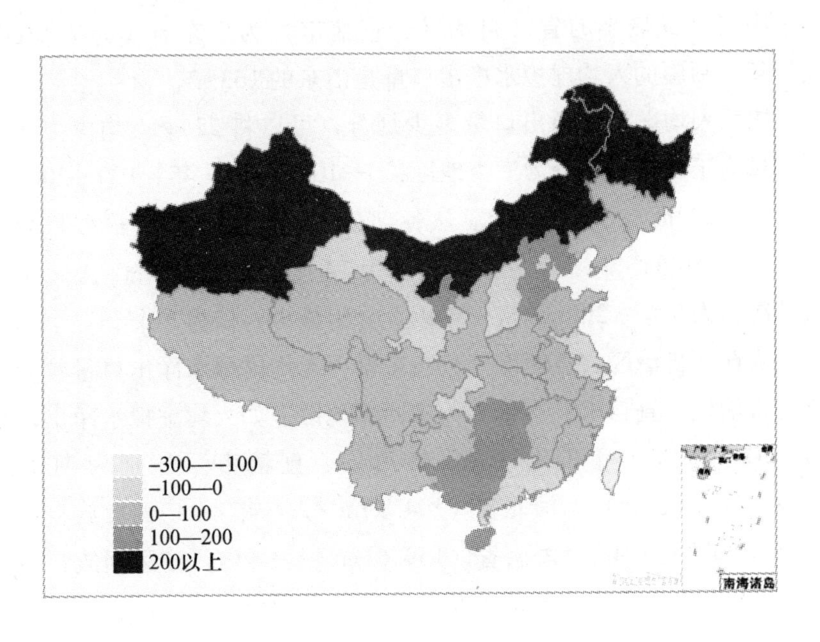

图5-7　中国30个省（自治区、直辖市）人均虚拟水净出口示意图（m^3/人·年）

第三，虚拟水净进口省（自治区、直辖市）中，上海的人均虚拟水净进口量明显大于其他地区。在虚拟水净进口省（自治区、直辖市）中，广东为虚拟水净进口量最大的省，但是，考察人均虚拟水净进口量发现，上海是人均虚拟水净进口量最大的地区，为276.39m³/人·年，江苏为人均虚拟水净进口量最小的地区，为0.41m³/人·年，上海人均虚拟水净进口量是江苏的674倍，差距巨大。

此外，北京市、广东省、重庆市、甘肃省、山西省、天津市的人均虚拟水净进口量依次下降，分别为92.81m³/人·年、46.94m³/人·年、44.15m³/人·年、31.58m³/人·年、28.45m³/人·年和23.12m³/人·年。

第四，虚拟水净出口省（自治区、直辖市）中，不同地区人均虚拟水净出口量差异较大，人均虚拟水净出口量较大的省（自治区、直辖市）大部分为中西部地区。图5-7显示，人均虚拟水净出口量最大的省（自治区、直辖市）为新疆，为1161.62m³/人·年，人均虚拟水净出口量最小的省（自治区、直辖市）为山东省，为7.14m³/人·年，新疆的人均虚拟水净出口量是山东的163倍。

按照人均虚拟水净出口量多少划分，可以将22个人均虚拟水净出口量为正的地区划分为三类地区：0—100m³/人·年、100—200m³/人·年、200m³/人·年以上。从各部分省（自治区、直辖市）数量上看，0—100m³/人·年分组最多，为14个；100—200m³/人·年分组其次，为5个；200m³/人·年以上分组最少，仅为3个。

从省（自治区、直辖市）分布来看，人均虚拟水净出口量较大的省（自治区、直辖市）大部分为中西部地区，如人均虚拟水净出口量高于100m³/人·年的8个省（自治区、直辖市）分别为湖南省（102.91m³/人·年）、河北省（104.35m³/人·年）、广西壮族自治区（145.17m³/人·年）、海南省（159.61m³/人·年）、宁夏回族自治区（171.25m³/人·年）、黑龙江省（211.34m³/人·年）、内蒙古自治区（300.01m³/人·年）、新疆维吾尔自治区（1161.62m³/人·年），只有海南为东部地区；人均虚拟水净出口量较小的省（自治区、直辖市）没有明显的地区分布特征，既有东部地区，如山东省（7.14m³/人·年）、浙江省（8.92m³/人·年）等东部地区，又有陕西省（12.73m³/人·年）、青海省（15.52m³/人·年）、云南省（19.20m³/人·年）等中西部地区。

二 虚拟水贸易区域动态变化分析

表5－2为中国30个省（自治区、直辖市）2002年、2007年虚拟水净出口和人均虚拟水净出口情况，对表5－2进行分析后可得出以下结论：

表5－2 中国30个省（自治区、直辖市）2002年、2007年虚拟水净出口和人均虚拟水净出口

序号	省区市	虚拟水净出口（亿 m^3）		人均虚拟水净出口（m^3/人·年）	
		2002年	2007年	2002年	2007年
1	北京市	－14.25	－13.96	－100.14	－85.48
2	天津市	－0.24	－4.89	－2.37	－43.87
3	河北省	54.97	88.24	81.62	127.09
4	山西省	－6.29	－12.83	－19.09	－37.80
5	内蒙古自治区	44.72	99.10	187.97	412.04
6	辽宁省	－1.66	19.33	－3.94	44.98
7	吉林省	15.29	－0.58	56.66	－2.12
8	黑龙江省	48.23	113.26	126.50	296.18
9	上海市	－17.83	－82.32	－109.73	－443.05
10	江苏省	5.20	－5.99	7.04	－7.85
11	浙江省	5.30	3.25	11.40	6.43
12	安徽省	56.00	40.34	88.35	65.94
13	福建省	12.34	17.15	35.60	47.89
14	江西省	49.81	21.63	117.98	49.52
15	山东省	33.80	－21.49	37.22	－22.94
16	河南省	6.65	30.57	6.92	32.66
17	湖北省	30.76	16.07	51.36	28.20
18	湖南省	36.02	96.27	54.33	151.49
19	广东省	－35.67	－45.82	－45.39	－48.50
20	广西壮族自治区	40.23	98.66	83.43	206.92
21	海南省	12.39	13.94	154.28	164.94
22	重庆市	－10.89	－15.00	－35.05	－53.26

续表

序号	省 区 市	虚拟水净出口(亿 m^3)		人均虚拟水净出口(m^3/人·年)	
		2002 年	2007 年	2002 年	2007 年
23	四川省	27.32	28.86	31.50	35.52
24	贵州省	4.21	13.29	10.98	35.32
25	云南省	4.70	12.44	10.85	27.56
26	陕西省	2.64	6.85	7.19	18.28
27	甘肃省	-12.09	-4.32	-46.63	-16.52
28	青海省	-2.76	4.59	-52.13	83.16
29	宁夏回族自治区	8.99	11.31	157.16	185.33
30	新疆维吾尔自治区	186.52	281.60	979.11	1344.13

注：虚拟水净出口和人均虚拟水净出口为负表示该地区为虚拟水净进口地区。

第一，大部分省（自治区、直辖市）虚拟水净出口呈现上升趋势，中西部地区大部分省（自治区、直辖市）虚拟水净出口表现为上升，东部地区大部分省（自治区、直辖市）虚拟水净出口表现为下降。数据显示，2002—2007 年，有 18 个省（自治区、直辖市）的虚拟水净出口表现为上升的特点，占全部省（自治区、直辖市）数量的 60%。其中，上升数量最大的省（自治区、直辖市）为新疆维吾尔自治区，为 95.08 亿 m^3，上升数量最小的省（自治区、直辖市）为北京市，为 0.29 亿 m^3，新疆虚拟水净出口上升量是北京市虚拟水净出口上升量的 327.86 倍。

从空间上看，虚拟水净出口呈现上升趋势的大部分地区为中西部地区。在 18 个虚拟水净出口表现为上升的省（自治区、直辖市）中，只有 4 个为东部省（自治区、直辖市），而且上升幅度较小，分别为北京（0.29 亿 m^3）、辽宁（20.99 亿 m^3）、福建（4.81 亿 m^3）、海南（1.55 亿 m^3）；同时，众多中西部地区虚拟水净出口呈现大幅度上升趋势，如内蒙古自治区（54.38 亿 m^3）、黑龙江省（65.02 亿 m^3）、湖南省（60.25 亿 m^3）、广西壮族自治区（58.43 亿 m^3）、新疆维吾尔自治区（95.08 亿 m^3）。

东部地区，特别是东部沿海地区的虚拟水净出口表现为明显的下降趋势。数据显示，天津市、上海市、江苏省、浙江省、山东省、广东省 6 个东部沿海省（自治区、直辖市）的虚拟水净出口出现明显下降趋势，分别下降了 4.65 亿 m^3、64.49 亿 m^3、11.19 亿 m^3、2.04 亿 m^3、55.29 亿 m^3 和 10.15 亿 m^3，占各省（自治区、直辖市）虚拟水下降总量的 63.48%，需要指出的是，大部分东部沿海省（自治区、直辖市）都是虚拟水净进口地区，虚拟水净出口出现下降即虚拟水净进口呈现上升，说明东部沿海地区虚拟水净进口上升趋势显著。此外，还有山西省、安徽省、江西省、湖北省、重庆市的虚拟水净出口也表现为下降特点，分别下降了 6.54 亿 m^3、15.66 亿 m^3、28.18 亿 m^3、14.68 亿 m^3 和 4.11 亿 m^3。

第二，各省（自治区、直辖市）人均虚拟水净出口的变化与虚拟水净出口总量的变化呈现大致相同的特征。各省（自治区、直辖市）人均虚拟水净出口的变化与虚拟水净出口总量的变化相关系数为 0.9，显示各省（自治区、直辖市）人均虚拟水净出口的变化与虚拟水净出口总量的变化呈现大致相同的特征。具体地说，虚拟水净出口上升幅度较大的省（自治区、直辖市）中，大部分省（自治区、直辖市）的人均虚拟水净出口也显著上升。人均虚拟水净出口上升幅度最大的为新疆，新疆 2007 年人均虚拟水净出口比 2002 年人均虚拟水净出口增长了 365.03m^3/人·年；人均虚拟水净出口上升幅度最小的省（自治区、直辖市）为四川省，四川省 2007 年人均虚拟水净出口比 2002 年人均虚拟水净出口增长了 4.02m^3/人·年，新疆的增长幅度是四川的 91 倍，差距显然。此外，内蒙古自治区、黑龙江省、广西壮族自治区、青海省的人均虚拟水净出口也有较大幅度的上升，分别上升了 224.07m^3/人·年、169.68m^3/人·年、123.49m^3/人·年和 135.29m^3/人·年。需要指出的是，大部分虚拟水净出口表现为上升特点的省（自治区、直辖市）为虚拟水净出口地区，即这些地区通过贸易形式向外输出的水资源数量呈现上升。

数据显示，人均虚拟水净出口下降的省（自治区、直辖市）可以分为两部分，一部分为虚拟水净进口省（自治区、直辖市），人均虚拟水净出口下降说明这些省（自治区、直辖市）人均虚拟水净进口量增加；另一部分为虚拟水净出口地区。对虚拟水净进口省（自治区、直辖市），人均虚拟水净进口增长幅度最大的地区为上海，增长幅度为333.32m^3/人·年，天津、山西、广东、重庆等省（自治区、直辖市）也是人均虚拟水净进口增长的地区，增长幅度分别为41.5m^3/人·年、18.72m^3/人·年、3.10m^3/人·年和18.21m^3/人·年；人均虚拟水净出口下降的地区中，属于虚拟水净出口地区的有吉林（由2002年的虚拟水净出口地区变为2007年的虚拟水净进口地区）、江苏（由2002年的虚拟水净出口地区变为2007年的虚拟水净进口地区）、浙江、安徽、江西、山东（由2002年的虚拟水净出口地区变为2007年的虚拟水净进口地区）、湖北，人均虚拟水净出口下降量分别为58.78m^3/人·年、14.89m^3/人·年、4.97m^3/人·年、22.41m^3/人·年、68.46m^3/人·年、60.15m^3/人·年和23.16m^3/人·年。

三 区域虚拟水贸易与区域水足迹的比较

虚拟水贸易反映了一个地区通过对外贸易形式隐含输入或者输出的水资源数量；水足迹则是测算一个地区最终需求生产过程中需要的水资源。对一个特定地区来说，水足迹较大说明本地区最终需求对水资源的需求压力较大，虚拟水净出口较大说明本地区通过贸易形势出口了大量的虚拟水。图5－8和图5－9分别为中国30个省（自治区、直辖市）水足迹与虚拟水净出口比较（2002年和2007年平均值）、中国30个省（自治区、直辖市）人均水足迹和人均虚拟水净出口比较（2002年和2007年平均值）。

图5－8分为四个象限，象限Ⅰ的省（自治区、直辖市）通过对外贸易输出虚拟水且水足迹较小，代表省（自治区、直辖市）有河北、内蒙古、辽宁等；象限Ⅱ的省（自治区、直辖市）通过对外贸易输出虚拟水且水足迹较大，代表省（自治区、直辖市）有新疆、黑龙江、广西、湖南等；象限Ⅲ的省（自治区、直辖市）通过对外贸易输入虚拟水且水足迹较小，代表省（自治区、直辖市）有北京、上海、重庆等；象限Ⅳ的省（自治区、直辖市）通过对外贸易输入虚拟水且水足迹较大，代表省（自治区、直辖市）有广东等。

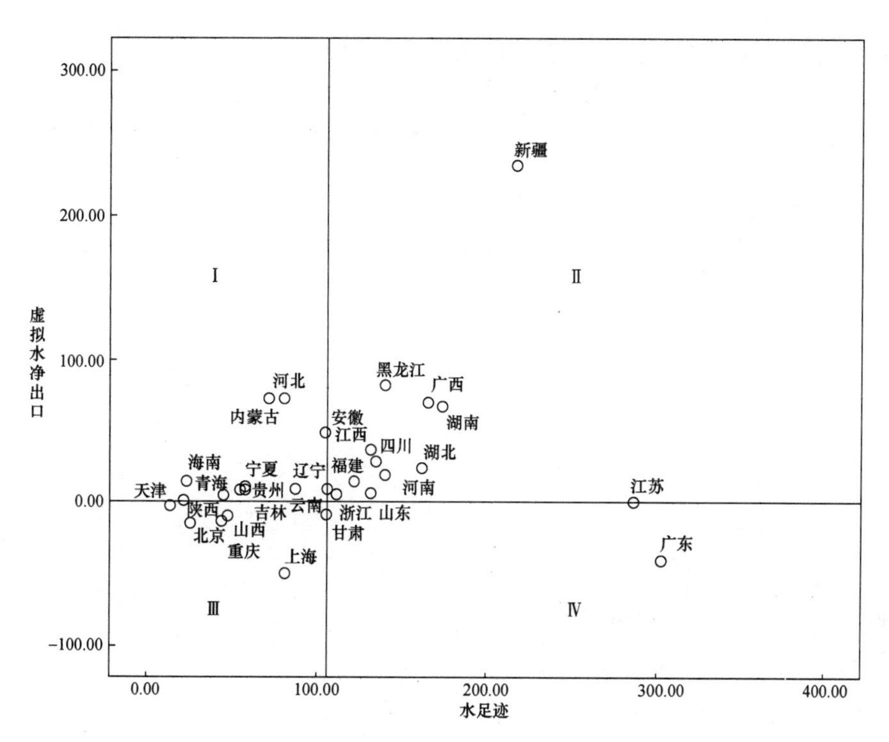

图 5-8　中国 30 个省（自治区、直辖市）

水足迹与虚拟水净出口比较①（亿 m^3）

同样，图 5-9 也分为四个象限，象限Ⅰ的省（自治区、直辖市）通过对外贸易人均输出虚拟水且人均水足迹较小，代表省（自治区、直辖市）与图 5-8 的象限Ⅰ较为相似，有河北、安徽、云南等；象限Ⅱ的省（自治区、直辖市）通过对外贸易人均输出虚拟水且人均水足迹较大，新疆、黑龙江、广西、湖南等省（自治区、直辖市）与图 5-8 象限Ⅱ相同，但是宁夏变动较大，由象限Ⅰ进入到象限Ⅱ；象限Ⅲ的省（自治区、直辖市）通过对外贸易人均输入虚拟水且人均水足迹较小，代表省（自治区、直辖市）有北京、山西等，与图 5-8 象限Ⅲ类似；象限Ⅳ的省（自治区、直辖市）通过对外贸易人均输入虚拟水且人均水足迹较大，代表省（自治区、直辖市）有上海、广东、

① 图 5-8 中的象限分隔竖线为各省（自治区、直辖市）水足迹的中位数 105.58 亿 m^3。

甘肃，其中，上海与甘肃出现在象限Ⅳ与图5-8变动较大。

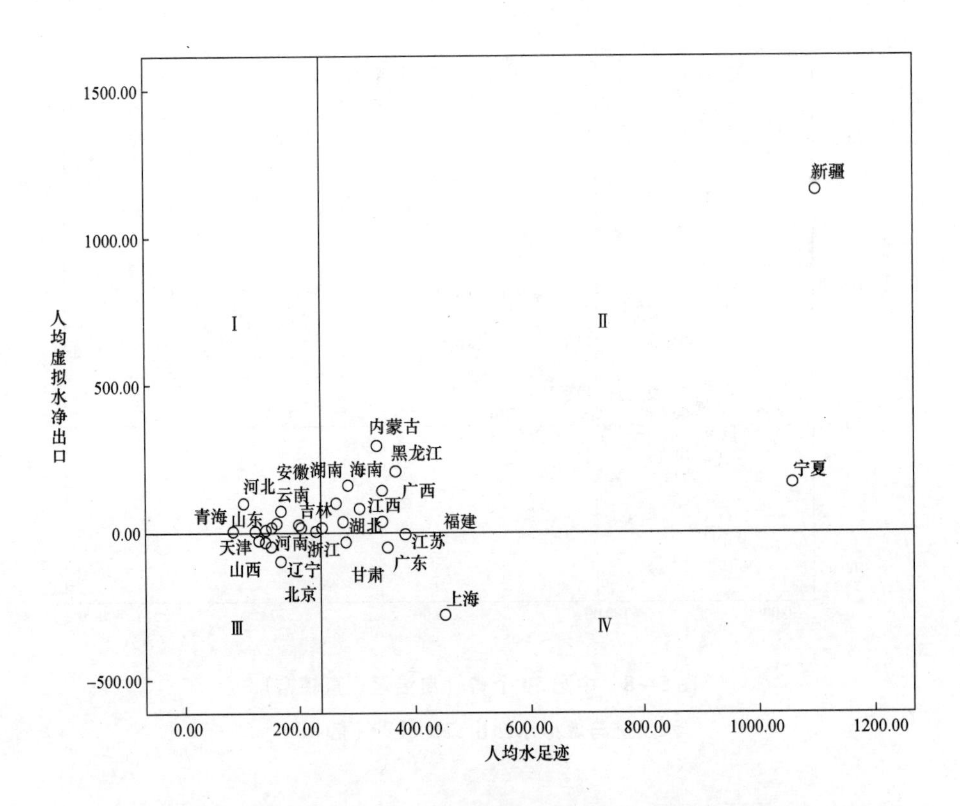

图5-9　中国30个省（自治区、直辖市）人均水足迹和人均虚拟水净出口比较①（m^3/人）

从政策角度看，图5-9反映的人均虚拟水净出口与人均水足迹省（自治区、直辖市）分布更有实际意义。具体地说，落入象限Ⅱ的省（自治区、直辖市）应该得到重点关注，如宁夏、新疆、内蒙古等中西部省（自治区、直辖市），这些省（自治区、直辖市）人均对水资源的需求压力较大，同时却在向外输出虚拟水，这样的状况并不符合地区水资源的可持续发展，同时减少人均水足迹和人均虚拟水净出口应该成为这些省（自治区、直辖市）今后的发展方向；同时，象限

① 图5-9中的象限分隔竖线为各省（自治区、直辖市）人均水足迹的中位数240.15m^3/人。

Ⅳ的省（自治区、直辖市）人均水足迹较高，但是为虚拟水净进口省（自治区、直辖市），说明这些省（自治区、直辖市）较高的人均水足迹建立在虚拟水进口的基础上，降低人均水足迹是这些省（自治区、直辖市）水资源管理的重点。

第四节　虚拟水贸易对水资源的影响

虚拟水贸易来源于真正的水资源，只有将虚拟水贸易与地区水资源结合起来进行分析才能更具有政策含义，才能厘清虚拟水对真实水资源的影响。本部分将虚拟水贸易与常用的两个水资源指标，即水资源总量[①]和用水总量[②]进行比较。需要指出的是，虚拟水净出口量并不是水资源总量和用水总量的组成部分。[③] 尽管如此，计算虚拟水贸易量占水资源总量和用水总量的比重仍然能很好地反映虚拟水贸易对地区水资源的影响：虚拟水净出口占水资源总量和用水总量的比重为正值，且数值较高，说明本地的水资源有相当一部分“流出”到外地，用于本地区的水资源比例则相对较小；虚拟水净出口占水资源总量和用水总量的比重为负值，且数值较高，说明本地有大量的虚拟水“流入”，本地区对外地区的水资源有明显的依赖。

一　基于中国整体的分析

表5－3为中国虚拟水贸易及其占水资源总量和用水总量的比重，表5－3显示，2002年、2005年、2007年和2010年，我国虚拟水净出口量占当年用水总量的比重分别为2.34%、1.84%、4.95%、0.65%，占当年水资源总量的比重分别为0.45%、0.37%、1.14%、0.13%。

从比重来看，我国虚拟水净出口对用水总量和水资源总量的影响似乎并不显著，但是，从以下几个角度来看，我国虚拟水净出口量对

① 包括地表水资源和地下水资源。

② 包括农业用水量、工业用水量、生活用水量和生态用水量。

③ 可以认为，虚拟水出口量是用水总量和水资源总量的组成部分。

当前的用水总量和水资源总量造成的影响不可忽视。

表5-3　中国虚拟水贸易及其占水资源总量和用水总量的比重

年份	虚拟水净出口（亿 m^3）	水资源总量（亿 m^3）	用水总量（亿 m^3）	虚拟水占当年用水总量比重（%）	虚拟水占当年水资源比重（%）
2002	128.55	28255	5497	2.34	0.45
2005	103.5	28053.1	5633	1.84	0.37
2007	287.9	25255.2	5818.7	4.95	1.14
2010	38.99	30906.4	6022	0.65	0.13

（1）虚拟水净出口量为正不符合我国水资源匮乏现状。作为严重缺水国家，中国虚拟水净出口为正与中国当前水资源严重缺乏的现状相违背，也不符合我国可持续发展战略。以2007年为例，虚拟水净出口占当年用水量比重为4.95%，换言之，2007年中国用水总量的4.95%“流出”到国外地区。

（2）虚拟水净出口总量绝对值不容忽视。尽管占总量的比重较低，虚拟水净出口的数量仍然较大，2002—2010年，虚拟水净出口量平均值为139.74亿 m^3。与2011年中国31个省（自治区、直辖市）用水量进行对比后发现，有13个省（自治区、直辖市）① 的用水量低于139.74亿 m^3 虚拟水净出口数值，而北京市、青海省、西藏自治区、天津市4个省（自治区、直辖市）2011年用水总量之和不过121.16亿 m^3 而已。与2010年各行业直接用水进行对比，139.74亿 m^3 虚拟水净出口量大于26个行业2010年直接用水量，仅有农业，化学工业，电力、热力的生产和供应业的用水量大于139.74亿 m^3。

（3）我国虚拟水净出口出现反弹上升趋势将是必然结果。需要指出的是，尽管2010年的虚拟水净出口比之前的虚拟水净出口有明显的下降趋势，这主要是由于2008年之后的金融危机导致我国对外出

① 13个省（自治区、直辖市）分别为天津市、西藏自治区、青海省、北京市、海南省、宁夏回族自治区、山西省、重庆市、陕西省、贵州省、甘肃省、上海市、吉林省。

口下降迅速所造成的。随着我国对外出口贸易的逐渐复苏，我国的虚拟水净出口将会再次呈现上升趋势，这势必会对我国目前紧张的水资源状况造成很大压力。

二 基于省（自治区、直辖市）的比较分析

由于中国水资源统计从2003年开始加入了生态用水，与之前的水资源统计口径有所变化，本部分及后面两个部分仅考虑2007年的水资源总量和用水总量，没有考虑2002年。图5－10和图5－11分别为中国30个省（自治区、直辖市）虚拟水净出口占水资源总量的比重和中国30个省（自治区、直辖市）虚拟水净出口占用水总量的比重。

对虚拟水净进口地区，虚拟水净进口对缓解地区水资源紧张发挥了重要作用。图5－10显示，上海市的虚拟水净进口量占上海市本地的水资源总量为238.60%，即上海市虚拟水净进口量是本地区的水资源总量的2.38倍。北京市和天津市的虚拟水净进口占本地区的水资源总量比重也较大，分别为58.65%和43.29%。对虚拟水出口地区，虚拟水净出口对本地水资源造成了较大压力。图5－10显示，宁夏是虚拟水净出口占水资源总量最高的地区，为108.70%，即宁夏地区的虚拟水净出口甚至高于本地区的水资源总量[①]，这是一个非常有现实启示的结果：宁夏地区生产的出口产品在生产过程中使用了大量的本地水资源，实际上是将这些水资源以隐含在贸易中的形式输出到别的地区，对本地区产生了很大的水资源压力。此外，新疆、内蒙古、河北等省（自治区、直辖市）虚拟水净出口占本地区水资源总量的比重也都较高，分别为32.60%、33.49%和73.66%。

图5－11显示，上海市、北京市、山西省、天津市、重庆市等省（自治区、直辖市）的虚拟水净进口占本地区用水总量比重较高，分别为68.48%、40.11%、21.85%、20.90%、19.38%；而广西壮族自治区、黑龙江省、河北省、新疆维吾尔自治区、内蒙古自治区等省（自治区、直辖市）的虚拟水净出口占本地用水总量的比重较高，分别为31.78%、38.87%、43.58%、54.39%、55.05%，说明这些省

---

① 说明宁夏从外地区引入了水资源到本地区。

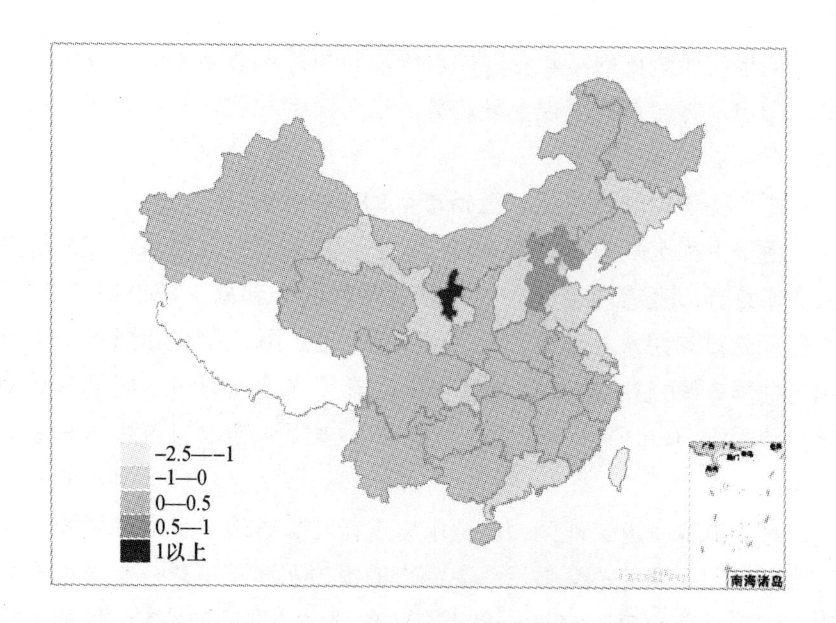

图5-10 中国30个省（自治区、直辖市）虚拟水净出口占水资源总量的比重（%）

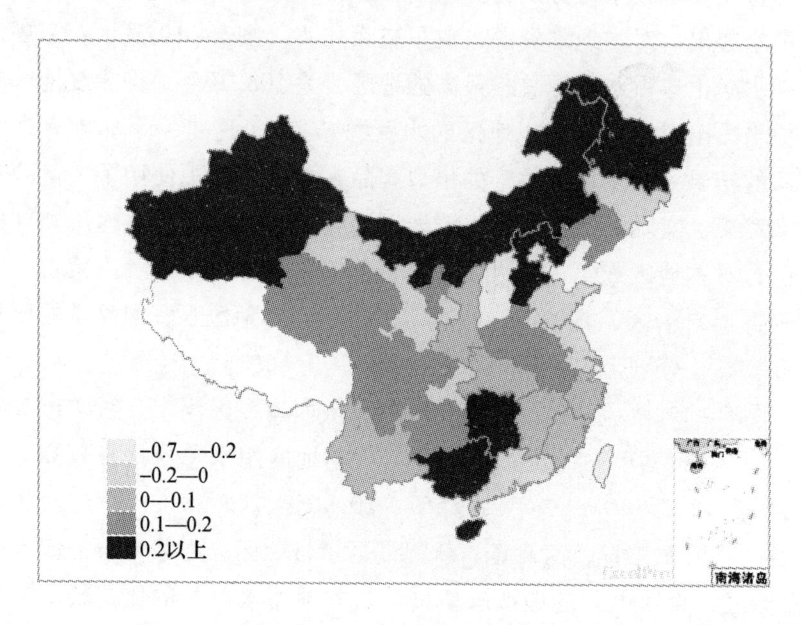

图5-11 中国30个省（自治区、直辖市）虚拟水净出口占用水总量的比重（%）

（自治区、直辖市）的用水总量中有相当部分比例用于生产出口的产品和服务，而不是用来满足国内需求。

三　基于不同地区的比较分析

中国幅员辽阔，由于地理位置和气候等因素导致不同地区水资源禀赋表现出较大的差异，如东部地区比中西部地区水资源要丰富，南方地区要比北方地区的水资源丰富等。根据不同地区水系缝补、水资源多少、地理特征等因素，本部分将中国30个省（自治区、直辖市）按照三种标准进行划分，分别划分为东中西地区、南北地区和东北、华北等七大区域。

考察不同地区虚拟水净出口对水资源的影响对不同地区水资源管理具有一定现实启示，而本部分得出了一个非常值得深思的结论：水资源越贫乏的地区，虚拟水净出口越多，这既体现在虚拟水净出口的数量较多，也体现在虚拟水净出口占本地区水资源总量和用水总量的比重较大。

1. 东中西地区的比较分析

将中国30个省（自治区、直辖市）划分为东中西三个地区，表5－4为中国东中西地区虚拟水净出口及其占水资源总量、用水总量比重（2007年），表5－4显示：东中西三个地区均为虚拟水净出口地区，尽管中部地区的水资源总量最小、西部地区的用水总量最小，但是两个地区虚拟水净出口占本地的水资源总量和用水总量的比重却明显高于东部地区。

第一，从虚拟水净出口正负和大小看，东中西三个地区均为虚拟水净出口地区，说明三个地区均通过对外贸易的形式向外输出水资源；中部地区虚拟水净出口最大，为403.83亿m^3，高于东部地区的66.10亿m^3和西部地区的339.62亿m^3，东中西三个地区虚拟水净出口占全部虚拟水净出口比重分别为8.17%、49.88%、41.95%。

第二，从水资源总量和用水总量大小来看，中部地区的水资源总量最小，而西部地区的用水总量最小。数据显示，中部地区水资源总量小于东部地区和西部地区，中部地区2007年水资源总量为5969.40亿m^3，占全国水资源总量的比重为28.52%，低于东部地区和西部地区水资源总量占全国水资源总量的比重（31.29%、40.20%）；西部地区的用水总量为1363.20亿m^3，低于东部地区的2528.50亿m^3和中部地区的1890.20亿m^3。

表5-4　中国东中西地区虚拟水净出口及其占水资源总量、用水总量比重（2007年）

地区	省（自治区、直辖市）	虚拟水净出口（亿m^3）	水资源总量（亿m^3）	用水总量（亿m^3）	虚拟水净出口占水资源总量比重（%）	虚拟水净出口占用水总量比重（%）
东部地区	上海、北京、天津、广东、山东、江苏、浙江、福建、辽宁、海南、广西、河北	66.10	6549.90	2528.50	1.01	2.61
中部地区	山西、吉林、湖北、江西、河南、安徽、湖南、黑龙江、内蒙古	403.83	5969.40	1890.20	6.77	21.36
西部地区	重庆、甘肃、云南、陕西、四川、贵州、青海、宁夏、新疆	339.62	8414.40	1363.20	4.21	26.01

第三，从虚拟水净出口对水资源的影响看，地区虚拟水净出口对地区水资源的影响与地区水资源总量和用水总量大小呈现相反的趋势。基于前面的分析可知，中部地区的水资源总量最小，但是中部地区虚拟水净出口占中部地区水资源总量的比重为6.77%，大于东部地区和西部地区虚拟水净出口占地区水资源总量的比重1.01%和4.21%；同时，西部地区用水总量最小，但是西部地区虚拟水净出口占用水总量的比重为26.01%，大于东部地区的2.61%和中部地区的21.36%。显然，中西部地区水资源更多地用来制造用于出口的产品和服务，对水资源本就并不丰富的地区造成了较大的压力。

2. 南北地区的比较分析

将中国30个省（自治区、直辖市）划分为南北两大地区，表5－

5 为中国南北地区虚拟水净出口及其占水资源总量、用水总量比重。对表5－5 进行分析可知，中国北方地区和南方地区均为虚拟水净出口地区，南方地区的水资源总量要明显大于北方地区，但是北方地区虚拟水净出口无论从总量上看还是从虚拟水净出口占水资源总量和用水总量的比重上看都要明显大于南方地区。

表 5－5　中国南北地区虚拟水净出口及其占水资源总量、用水总量比重（2007 年）

地区	省（自治区、直辖市）	虚拟水净出口（亿 m^3）	水资源总量（亿 m^3）	用水总量（亿 m^3）	虚拟水净出口占水资源总量比重（%）	虚拟水净出口占用水总量比重（%）
北方地区	北京、天津、河北、山西、内蒙古、辽宁、吉林、黑龙江、山东、河南、陕西、甘肃、青海、宁夏、新疆	596.77	4647.50	2287.10	12.84	26.09
南方地区	上海、江苏、浙江、安徽、福建、江西、湖北、湖南、广东、广西、海南、重庆、四川、贵州、云南	212.78	16286.20	3494.80	1.31	6.09

第一，北方和南方地区均为虚拟水净出口地区，且北方地区的虚拟水总量要显著多于南方地区。2007 年，北方地区虚拟水净出口为596.77 亿 m^3，占全部虚拟水净出口的比重为 73.72%，南方地区的虚拟水净出口为 212.78 亿 m^3，占全部虚拟水净出口的比重为26.28%。

第二，南方地区的水资源总量和用水总量均明显大于北方地区。2007 年，南方地区的水资源总量为 16286.20 亿 m^3，占全部水资源的比重为 77.8%，北方地区的水资源总量为 4647.50 亿 m^3，占全部水资源的比重为 22.2%；2007 年，南方地区的用水总量为 3494.80 亿

m^3，占全部用水总量的比重为60.44%，北方地区的用水总量为2287.10亿m^3，占全部用水总量的比重为39.56%。

第三，北方地区的虚拟水净出口占水资源总量和用水总量的比重大于南方地区。数据显示，北方地区2007年虚拟水净出口占水资源总量的比重为12.84%，南方地区则为1.31%；同时，北方地区2007年虚拟水净出口占用水总量的比重为26.09%，南方地区则为6.09%。很显然，相比较南方地区，虚拟水贸易对水资源本就并不丰富的北方地区造成了很大压力和影响。

3. 七大地区的比较分析

将中国30个省（自治区、直辖市）划分为东北、华北、华东、华中、华南、西南、西北七大地区，表5-6为2007年中国七大地区虚拟水净出口及其占水资源总量、用水总量比重。分析表5-6可知，

表5-6　2007年中国七大地区虚拟水净出口及其占水资源总量、用水总量比重

地区	省（自治区、直辖市）	虚拟水净出口（亿m^3）	水资源总量（亿m^3）	用水总量（亿m^3）	虚拟水净出口占水资源总量比重（%）	虚拟水净出口占用水总量比重（%）
东北	辽宁、吉林、黑龙江	132.01	1099.50	535.10	12.01	24.67
华北	河北、山西、内蒙古、北京、天津	155.66	554.20	499.40	28.09	31.17
华东	山东、江苏、安徽、浙江、福建、江西、上海	-27.42	4707.80	1772.30	-0.58	-1.55
华中	河南、湖北、湖南	142.91	2906.80	792.30	4.92	18.04
华南	广东、广西、海南	66.77	3251.00	819.60	2.05	8.15
西南	四川、云南、贵州、重庆	39.60	6272.90	539.40	0.63	7.34
西北	新疆、陕西、宁夏、青海、甘肃	300.02	2141.50	823.80	14.01	36.42

除了华东地区外，其他六大区域均为虚拟水净出口地区，但是不同地区虚拟水净出口的数量差别较大；西南地区和华东地区的水资源总量较大，华东地区和西北地区的用水总量较大；不同地区虚拟水净出口量占水资源总量和用水总量的比重中，华北地区和西北地区明显大于其他地区。

第一，除华东地区外，其他六大区域均为虚拟水净出口地区，但是不同地区虚拟水净出口的数量差别较大。表 5－6 显示，华东 7 省市加总为虚拟水净进口，虚拟水净进口量为 －27.42 亿 m^3，而东北、华北、华中、华南、西南、西北六大区域均为虚拟水净出口地区，但是虚拟水净出口量差别较大，六个区域虚拟水净出口量分别为 132.01 亿 m^3、155.66 亿 m^3、142.91 亿 m^3、66.77 亿 m^3、39.60 亿 m^3 和 300.02 亿 m^3。

第二，不同地区水资源总量和用水总量差别较大。水资源总量最大的为西南地区，水资源总量为 6272.90 亿 m^3，占全部水资源总量的比重为 29.97%，东北地区和华北地区的水资源总量相对较少，分别为 1099.50 亿 m^3、554.20 亿 m^3，占全部水资源总量的比重分别为 5.25%、2.65%；用水总量最大的为华东地区，为 1772.30 亿 m^3，占全部用水总量的比重为 30.65%，东北、华北和西南地区的用水总量则相对较小，分别为 535.10 亿 m^3、499.40 亿 m^3 和 539.40 亿 m^3，占全部用水总量的比重分别为 9.25%、8.64% 和 9.33%。

第三，虚拟水净出口对东北、华北和西北等水资源较为缺乏的地区产生了较大的压力，而对华东和西南等水资源丰富的地区则压力较小。数据显示，虚拟水净出口占水资源总量比重较大的地区有东北、华北和西北，这三个地区水资源净出口占本地区水资源总量的比重分别为 12.01%、28.09% 和 14.01%，而这三个地区的水资源总量位列其他地区之后，与此同时，华东、西南、华南等水资源丰富的地区，虚拟水净出口占水资源比重却较小；虚拟水净出口占用水总量比重最大的仍然为东北、华北和西北，这三个地区的虚拟水总量占用水总量的比重分别为 24.67%、31.17%、36.42%，说明这三个地区的用水总量有相当部分的比例用于生产出口的产品和服务，同时，华东、华南和西南地区的虚拟水净出口占用水总量的比例明显小于其他地区。

四　基于不同流域的比较分析

中国水利区划在全国划分10个一级区，一级区基本揭示了中国水利现代化发展最基本的地域差异，以地形、地貌、水系、气候和地理位置为主，包括北方六区（松花江区、辽河区、海河区、黄河区、淮河区和西北诸河区）和南方四区（长江区、东南诸河区、珠江区、西南诸河区）。本部分基于十大水资源一级分区对虚拟水净出口对不同流域的影响进行分析。

需要指出的是，各水资源分区的虚拟水净出口按照所包括的行政地区进行加总，部分省（自治区、直辖市）的不同地市属于多个水资源分区，按照水资源分区所属省级行政区计算面积进行同等比例加总。①

表5－7为中国十大水资源流域虚拟水净出口及其占水资源总量、用水总量比重，对表5－7分析可知，中国十大水资源分区均为虚拟水净出口，不同水资源分区的虚拟水净出口量存在较大差异；中国南部和东部各水资源分区的水资源总量和用水总量明显多于其他的水资源分区；水资源总量和用水总量较少的流域，虚拟水净出口占比显著大于水资源总量和用水总量较多的流域。

第一，中国十大水资源分区均为虚拟水净出口，不同水资源分区的虚拟水净出口量存在较大差异。数据显示，中国十大水资源分区虚拟水净出口均为正值，显示中国十大流域通过贸易形式均对外输出水资源，虚拟水净出口最多的为西北诸河区，虚拟水净出口为333.05亿m^3，占全部虚拟水净出口量的41.14%；淮河区、东南诸河区和西南诸河区等流域的虚拟水净出口量相对较小，分别为16.46亿m^3、19.96亿m^3、8.65亿m^3，占全部虚拟水净出口量的比重仅为2.03%、2.47%和1.07%。

第二，中国不同流域的水资源总量和用水总量差异较大，南部和东部各水资源分区的水资源总量和用水总量明显多于其他的水资源分区。

---

① 参见附录。

表5－7　中国十大水资源流域虚拟水净出口及其占水资源总量、用水总量比重[①]

水资源一级分区	省（自治区、直辖市）	虚拟水净出口（亿 m^3）	水资源总量（亿 m^3）	用水总量（亿 m^3）	虚拟水净出口占水资源总量比重（%）	虚拟水净出口占用水总量比重（%）
松花江区	内蒙古、吉林、黑龙江	139.69	927.70	400.70	15.06	34.86
辽河区	内蒙古、辽宁、吉林	32.44	381.90	204.30	8.49	15.88
海河区	北京、天津、河北、山西、内蒙古、辽宁、山东、河南	56.94	247.80	385.10	22.98	14.78
黄河区	山西、内蒙古、山东、河南、陕西、甘肃、青海、宁夏	25.80	655.30	381.10	3.94	6.77
淮河区	江苏、安徽、山东、河南	16.46	1365.90	554.40	1.20	2.97
长江区	上海、江苏、浙江、安徽、江西、河南、湖北、湖南、广西、四川、云南、贵州、重庆、陕西、甘肃、青海	102.75	8807.80	1939.60	1.17	5.30
东南诸河区	浙江、安徽、福建	19.96	1799.80	338.00	1.11	5.91
珠江区	湖南、广东、广西、海南、贵州、云南	73.83	3985.90	879.90	1.85	8.39
西南诸河区	云南、西藏、青海	8.65	5739.10	108.70	0.15	7.95
西北诸河区	内蒙古、甘肃、青海、新疆	333.05	1343.90	626.90	24.78	53.13

表5－7显示，长江区和西南诸河区的水资源总量明显多于其他

① 本表中部分水资源分区的水资源总量和用水总量应该需要减去西藏的水资源总量和用水总量，但是由于西藏水资源丰富，减去西藏水资源对相关流域影响较大；而且西藏对外贸易较小，其虚拟水贸易可以忽略不计，故对相关流域的水资源总量和用水总量不作调整处理。

流域，分别为 8807.80 亿 m^3、5739.10 亿 m^3，占全部水资源总量的比重为 34.88%和 22.72%；对用水总量，长江区的用水总量显著多于其他地区，用水总量为 1939.60 亿 m^3，占全部用水总量的比重为 33.33%。辽河区和西南诸河区的用水总量则相对较小，用水总量分别为 204.30 亿 m^3、108.70 亿 m^3，占全部用水总量的比重为 3.51%和 1.87%。

第三，虚拟水净出口占水资源总量和用水总量比重与水资源总量和用水总量成反比。图 5-12 和图 5-13 分别为中国十大水资源区域 2007 年虚拟水净出口占水资源总量比重、中国十大水资源区域 2007 年虚拟水净出口占用水总量比重。分析图 5-12 和图 5-13 发现，水资源总量和用水总量较少的流域，虚拟水净出口占比较高，而水资源总量和用水总量较多的流域，虚拟水净出口占比较小。

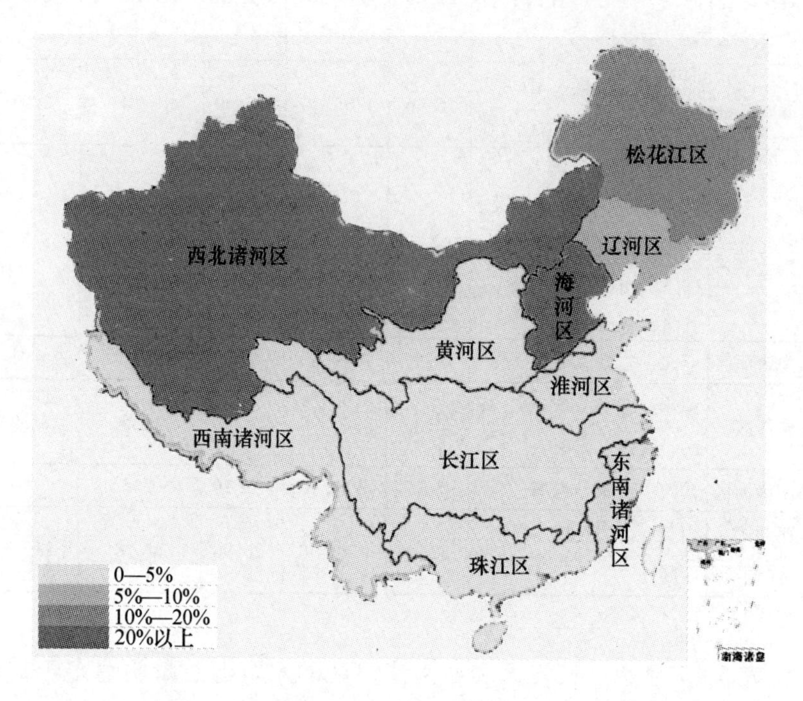

图 5-12　中国十大水资源区域 2007 年虚拟水净出口占水资源总量比重

具体地说，西北诸河区和海河区是虚拟水净出口占全部水资源比重最高的两个流域，虚拟水净出口占全部水资源比重分别为 24.78%

和22.98%，而西北诸河区和海河区的水资源总量占全部水资源总量的比重仅为5.32%和0.98%；同时，淮河区、长江区、东南诸河区、珠江区和西南诸河区的虚拟水净出口占全部水资源比重均低于2%，而这些流域的水资源总量占全部水资源总量的比重却高达85.92%。

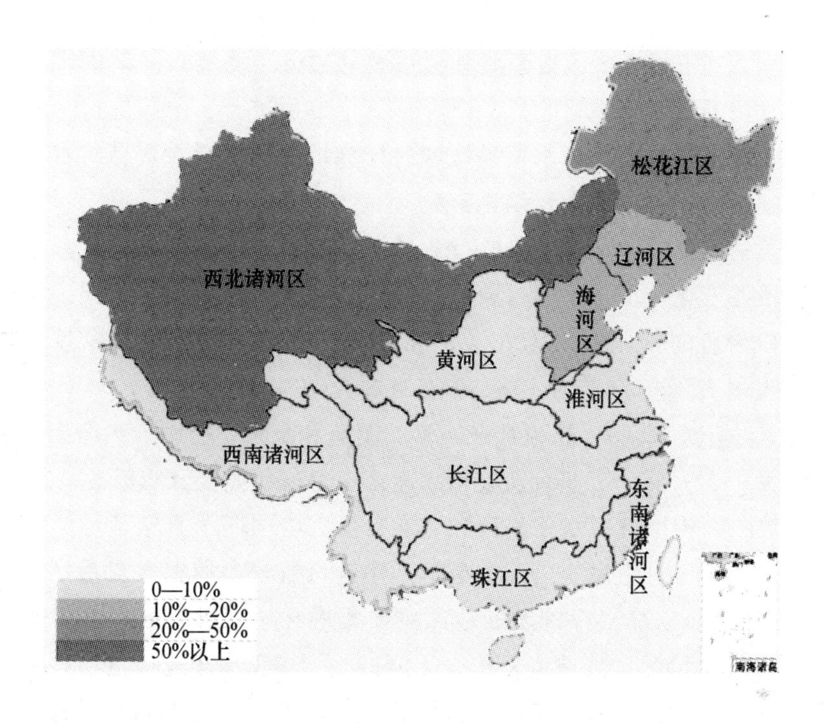

图5-13　中国十大水资源区域2007年虚拟水净出口占用水总量比重

西北诸河区和松花江区是虚拟水净出口占用水总量比重最高的两个流域，虚拟水净出口占用水总量比重分别为34.86%、53.13%，而西北诸河区和松花江区用水总量占全部用水总量的比重仅为6.89%和10.77%，在所有流域中处于较低的位置；同时，黄河区、淮河区、长江区、东南诸河区和珠江区的虚拟水净出口占用水总量比重均低于10%，而这些流域的用水总量占全部用水总量的比重却高达72.21%。

很显然，水资源丰富的流域，虚拟水净出口占比较小，对当地的水资源并没有产生很大的压力；而水资源并不丰富的流域，虚拟水净出口占比却较高，说明这些流域的水资源有较大比例被用于生产出口的产品和服务，对水资源本就并不丰富的这些流域产生了巨大的压力。

第五节　本章小结

本章基于投入产出方法对虚拟水贸易进行了测算，并就虚拟水贸易对水资源的影响进行分析。研究从三个方面进行：中国虚拟水贸易的行业分析、中国虚拟水贸易区域差异分析以及虚拟水贸易对水资源的影响分析。本章的主要结论有：

第一，中国虚拟水贸易的行业分析。中国对外贸易虚拟水总量呈现阶段性变化特征；不同行业虚拟水贸易存在较大差异，我国虚拟水净出口为负的行业主要为农业、能源开采、石油化工以及少数制造业，我国大部分制造业和服务业的虚拟水净出口为正；2010 年与 2002 年相比，农业、能源开采、食品制造和服务业的虚拟水净出口量下降显著，大部分工业行业虚拟水净出口呈现明显上升趋势。

第二，中国虚拟水贸易区域差异分析。中国四个直辖市均为虚拟水净进口地区，上海、广东为虚拟水净进口量较大的省（自治区、直辖市）；虚拟水净出口较大的地区主要集中在中西部地区；虚拟水净进口省（自治区、直辖市）中，上海的人均虚拟水净进口量明显大于其他地区；虚拟水净出口省（自治区、直辖市）中，不同地区人均虚拟水净出口量差异较大，人均虚拟水净出口量较大的省（自治区、直辖市）大部分为中西部地区。大部分省（自治区、直辖市）虚拟水净出口呈现上升趋势，中西部地区大部分省（自治区、直辖市）虚拟水净出口表现为上升，东部地区大部分省（自治区、直辖市）虚拟水净出口表现为下降；各省（自治区、直辖市）人均虚拟水净出口的变化与虚拟水净出口总量的变化呈现大致相同的特征。

第三，虚拟水贸易对水资源的影响分析。虚拟水净出口量为正不符合我国水资源匮乏现状，虚拟水净出口总量绝对值不容忽视，我国虚拟水净出口出现反弹上升趋势将是必然结果；水资源越贫乏的地区，虚拟水净出口越多，这既体现在虚拟水净出口的数量上较多，也体现在虚拟水净出口占本地区水资源总量和用水总量比重较大上。

第六章　完全消耗口径水资源之结构分解分析

地区水足迹和虚拟水研究的一个重要议题是对其变动的影响因素进行分析。影响地区水足迹和虚拟水的影响因素较多，地区水资源禀赋、农业发展程度、经济发展水平、城市化水平、产业结构等都是影响水足迹和虚拟水变化的重要原因。对水足迹和虚拟水变动影响因素的定量分析不仅能够厘清水足迹和虚拟水变动的内部驱动机理，找准其变动的背后原因，具有较强的理论意义；同时，对于实践中降低地区水足迹和虚拟水战略的实施也具有明确的指导价值。

在定量研究经济、环境及其他领域指标变动的影响因素时，基于投入产出模型的结构分解分析（Structural Decomposition Analysis, SDA）是一种有效的方法。SDA 利用投入产出表，通过将某变量的变动分解为各独立变量变动的和，从而测算出各自变量变动对因变量变动贡献的大小。SDA 至少具有三个优点[86]：第一，它克服了传统投入产出分析的静态特性，具有动态分析的功能，可以检验长期的技术进步和结构变动，甚至可以用于预测；第二，比计量经济学估计方法更便于应用，分析相同问题时，SDA 只需两个年度投入产出表即可，而计量经济学则需要较多年份的数据；第三，借助于投入产出技术，SDA 更便于考察部门之间的联系。

目前，SDA 在经济、能源、环境等领域均有广泛的应用，尤其是在定量分析温室气体排放影响因素（Wang Yafei 等[87]、Asuka Yamakawa 和 Glen P. Peters[88]、Sai LIANG 和 Tianzhu ZHANG [89]、付雪等[90]、赵定涛等[91]、计军平和马晓明[92]）和能源消耗影响因素（Zhu LIU 等[93]、Manfred LENZEN[94]、尚红云和蒋萍[95]、陈红敏[96]、房斌等[97]、李丹[79]）等领域中得到了学术界的重视。而应用 SDA 技术对水资源进行分析的并不多见，目前仅有郭菊娥等[98]应用结构分解技术构建了水资源空间结构分解分析模型，对黄河流域水资源利用情况和消费方式情况做了分析，研究发现，“引起黄河流域水资源利用量不利差异（正差异）的主要因素是水资源直接消耗系数和国内最终需求消耗系数；对黄河流域水资源利用量引起有利差异（负差异）的主要因素是国内最终需求结构、生产技术和居民人均水资源消耗量”[98]；此外，Zhuoying ZHANG、Minjun SHI、Hong YANG[99]基于SDA对北京市1997—2007年水足迹变动背后的影响效应进行了分析，尽管技术效应和结构在很大程度上抵消了北京市水足迹的增长，规模效应和经济系统效率效应仍然使得北京市水足迹呈现总体上升趋势。

本章利用中国2002年、2005年、2007年和2010年不变价投入产出表以及30个省（自治区、直辖市）2002年和2007年不变价投入产出表，基于结构分解分析对影响中国及30个省（自治区、直辖市）水足迹和虚拟水贸易的因素进行定量测算，包括用水强度效应、技术效应、最终需求效应等因素，探讨水足迹和虚拟水变动的内在机制，并提出降低水足迹和虚拟水的针对性建议。本章的学术价值在于将SDA应用到水资源分析中，拓展了IO-SDA的应用范畴，也为水资源影响因素的研究提供了范例；实践意义在于对水足迹和虚拟水贸易变动的影响因素进行具体分析，为降低各省（自治区、直辖市）水足迹和虚拟水贸易提供政策启示。

本章的结构安排如下：第一部分对结构分解分析的原理和水资源结构分解分析模型进行介绍，第二部分为水足迹变动的结构分解分析，第三部分为虚拟水变动的结构分解分析，第二部分和第三部分基于全国和各省（自治区、直辖市）两个角度进行分析，最后是本章小结。

第一节　结构分解分析介绍

一　结构分解分析的基本原理

首先考虑投入产出模型的简单形式：$X = BF$，其中，X、B和F

分别表示总产出向量、列昂惕夫逆矩阵和最终使用向量。用0和1分别表示基期和计算期，则两个时期总产出的变动ΔX可以表示为式（6-1）：

$$\begin{aligned}\Delta X &= X_1 - X_0 \\ &= B_1F_1 - B_0F_0 \\ &= (B_1 - B_0)F_0 + B_0(F_1 - F_0) + (B_1 - B_0)(F_1 - F_0)\end{aligned} \quad (6-1)$$

令$\Delta B = B_1 - B_0$，$\Delta F = F_1 - F_0$，则式（6-1）可以表示为：

$$\Delta X = (\Delta B)F_0 + B_0(\Delta F) + \Delta B\Delta F \quad (6-2)$$

式中的ΔBF_0、$B_0\Delta F$和$\Delta B\Delta F$分别表示技术变动效应、最终需求变动效应和两者的交互影响。为了更具有经济含义，实际应用中通常将交互影响合并到各自变量中，常见的两种形式有：

$$\Delta X = (\Delta B)F_0 + B_1(\Delta F) \quad (6-3)$$

$$\Delta X = (\Delta B)F_1 + B_0(\Delta F) \quad (6-4)$$

将式（6-3）和式（6-4）相加取平均得：

$$\Delta X = \frac{1}{2}(\Delta B)(F_0 + F_1) + \frac{1}{2}(B_0 + B_1)(\Delta F) \quad (6-5)$$

式（6-5）中，$\frac{1}{2}(\Delta B)(F_0 + F_1)$和$\frac{1}{2}(B_0 + B_1)(\Delta F)$分别表示技术变动效应和最终需求变动效应。进一步分解$\frac{1}{2}(\Delta B)(F_0 + F_1)$和$\frac{1}{2}(B_0 + B_1)(\Delta F)$可得：

$$\begin{aligned}\frac{1}{2}(\Delta B)(F_0 + F_1) &= \frac{1}{2}(\Delta B)[F_0 + (F_0 + \Delta F)] \\ &= (\Delta B)F_0 + \frac{1}{2}(\Delta B)(\Delta F)\end{aligned} \quad (6-6)$$

$$\begin{aligned}\frac{1}{2}(B_0 + B_1)(\Delta F) &= \frac{1}{2}[B_0 + (B_0 + \Delta B)](\Delta F) \\ &= B_0(\Delta F) + \frac{1}{2}(\Delta B)(\Delta F)\end{aligned} \quad (6-7)$$

由式（6-6）和式（6-7）可知，式（6-5）的实质是将交互影响平均分配到技术变动效应和最终需求变动效应中，这种分解方法也称为两极分解法，如图6-1所示。

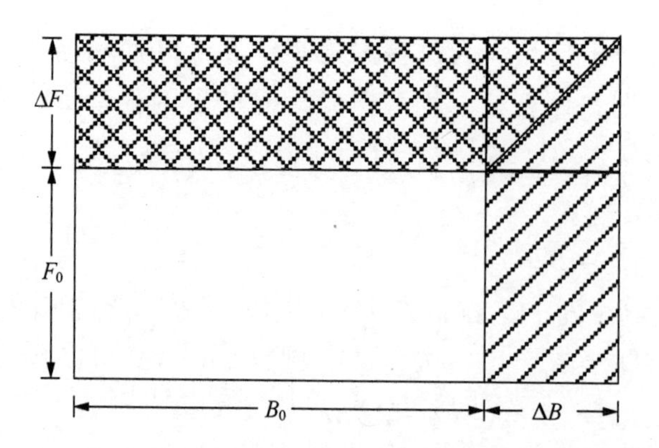

图 6－1　基于两极分解法的两因素结构分解分析示意图[86]

很显然，式（6－3）、式（6－4）以及式（6－5）都是 SDA 的分解形式，而从数学角度看，所有的分解形式都是正确的，没有理由认为某一种分解形式优于其他的分解形式，这就导致了 SDA 的分解形式具有非唯一性的特点，这也是 SDA 的最大局限所在，这主要是由于对交互影响的分解方法不科学造成的，也导致了对影响因素测算结果并不唯一。

Dietzenbacher 和 Los[100] 对 SDA 分解形式的非唯一性进行了详细研究。原则上讲，若一个变量是由 n 个因素所决定的，那么从不同因素开始分解将会得到不同的分解形式，这意味着该变量的分解形式存在 n 种。

一般地，如果 x_i（$i=1$，2，3，…，n）是 n 个独立变量，且：

$$y=\prod_{i=1}^{n}x_i \tag{6-8}$$

用第二个脚标 1 和 0 分别代表计算期和基准期，则：

$$\Delta y=\prod_{i=1}^{n}x_{i1}-\prod_{i=1}^{n}x_{i0} \tag{6-9}$$

从基准期和计算期开始分解，分别有：

$$\Delta y=(\Delta x_1)\prod_{i=2}^{n}x_{i0}+x_{11}(\Delta x_2)\prod_{j=3}^{n}x_{j0}+\cdots+\prod_{k=1}^{n-2}x_{k0}(\Delta x_{n-1})x_{n0}+\prod_{l=1}^{n-1}x_{l1}\Delta x_n \tag{6-10}$$

$$\Delta y = (\Delta x_1) \prod_{i=2}^{n} x_{i1} + x_{10}(\Delta x_2) \prod_{j=3}^{n} x_{j0} + \cdots + \prod_{k=1}^{n-2} x_{k0}(\Delta x_{n-1}) x_{n1} + \prod_{l=1}^{n-1} x_{l0} \Delta x_n \qquad (6-11)$$

Dietzenbacher 和 Los[100]认为，假如有 n 个独立变量，序号分别为 $\{1, 2, \cdots, n\}$，按照式（6－10）分解顺序，重新排列各变量的顺序又会得到新的分解形式，所有变量的排列方式有 $n!$ 种，所以，不同分解方式共有 $n!$ 种。我们没有充足的理由证明哪种形式的结果是优于其他分解形式的，科学的做法是取所有分解形式的算术平均值，记 x_i 变动对 Δy 的影响为 $E(\Delta x_i)$，则：

$$\Delta y = \sum_{i=1}^{n} E(\Delta x_i) \qquad (6-12)$$

式中，$E(\Delta x_i)$ 是含 Δx_i 的 $n!$ 种不同分解形式的算术平均值，合并同类项有：

$$E(\Delta x_i) = \sum_{s} f(|s|) \prod_{\substack{j=1 \\ j \neq i}}^{n} x_{jt}(\Delta x_i) \qquad (6-13)$$

式（6－13）中，$t = 0$ 或 1，$\sum_{s}$ 对 t 的所有 $\{x_{1t}, x_{2t}, \cdots, x_{i-1,t}, x_{i+1,t}, \cdots, x_{nt}\}$ 的组合求和，$|s|$ 是组合中 $t = 1$ 的个数，且

$$f(|s|) = \frac{|s|!\,(n - |s| - 1)!}{n!} \qquad (6-14)$$

目前，基于 SDA 的实证研究中，有部分学者采用的是取所有分解形式的平均值[88－89,101－103]。当 n 较大时，按照 $n!$ 计算得到的分解形式的个数将是非常巨大的，这为实际应用带来不便。为此，李景华[104]证明了两极分解法是取所有形式平均值的一种简单近似计算，由于应用简单，学术界也有为数较多的研究采用两极分解法[105－110]，并取得了很好的分析结果。

两极分解法就是取式(6－10)和式(6－11)的算术平均值，令 $E^p(\Delta x_i)$为两级分解法中 x_i 变动对 Δy 的影响，则：

$$E^p(\Delta x_i) = \frac{1}{2} \prod_{j=1}^{i-1} x_{j0}(\Delta x_i) \prod_{k=i+1}^{n} x_{k1} + \frac{1}{2} \prod_{l=1}^{i-1} x_{l1}(\Delta x_i) \prod_{m=i+1}^{n} x_{m0}$$

$$=\frac{\frac{n!}{2}}{n!}\prod_{j=1}^{i-1}x_{j0}(\Delta x_i)\prod_{k=i+1}^{n}x_{k1}+\frac{\frac{n!}{2}}{n!}\prod_{l=1}^{i-1}x_{l1}(\Delta x_i)\prod_{m=i+1}^{n}x_{m0}\tag{6-15}$$

由于 $E(\Delta x_i)$ 是含 Δx_i 的 $n!$ 种不同分解的算术平均值，即：

$$E(\Delta x_i)=\frac{1}{n!}\sum_s\prod_{\substack{j=1\\j\neq i}}^{n}x_{j1}(\Delta x_i)\tag{6-16}$$

因此，$E^p(\Delta x_i)$ 和 $E(\Delta x_i)$ 都是 $\prod_{\substack{j=1\\j\neq i}}^{n}x_{j1}(\Delta x_i)$ 的算术平均值，但是只有两项相同，$E^p(\Delta x_i)$ 用 2 类 $\frac{n!-2}{2}$ 个相同项代替 $E(\Delta x_i)$ 中的 $n!-2$ 个不同项，所以 $E^p(\Delta x_i)$ 是 $E(\Delta x_i)$ 的近似值。①

本书采用两极分解法对中国及 30 个省（自治区、直辖市）水足迹和虚拟水净出口进行结构分解分析。

二　水资源结构分解分析模型

1. 水足迹结构分解分析模型

水资源投入产出模型为：

$$W=Q(I-\hat{\varepsilon}A)^{-1}F\tag{6-17}$$

式（6-17）中，W 为部门水足迹向量，Q 为直接用水系数向量，$(I-\hat{\varepsilon}A)^{-1}$ 为剔除中间进口品的列昂惕夫逆矩阵，F 为最终需求（包括居民消费、政府消费、资本形成总额）向量转化得到的对角矩阵。由式（6-17）可知，部门水足迹变动的影响因素包括直接用水系数表示的部门单位产出的用水强度、列昂惕夫逆矩阵表示的技术水平以及各部门的最终需求量。为了深入考察人口、人均消费水平以及最终需求的分布对水足迹的影响，将最终需求分解为人口规模、人均最终需求以及需求结构 3 个变量，则水足迹投入产出模型改进为：

$$\begin{aligned}W&=Q(I-\hat{\varepsilon}A)^{-1}p\bar{f}F^D\\&=QLp\bar{f}F^D\end{aligned}\tag{6-18}$$

式（6-18）中，$L=(I-\hat{\varepsilon}A)^{-1}$，$p$ 表示人口数量，$\bar{f}$ 表示人均

① 当 $i=2$ 时，算术平均法得到的结果与两极分解法得到的结果是相同的。

最终需求，F^D 表示最终需求总量在不同部门上的比例构成的对角矩阵。由此，各部门水足迹的变动分解为 5 个影响因素，即用水强度效应（直接用水系数表示）、技术变动效应（列昂惕夫逆矩阵表示）、人口规模效应、人均消费水平效应以及最终需求结构效应。

水足迹结构分解的总效应为：

$$\begin{aligned}\Delta W &= Q_1L_1p_1\bar{f}_1F_1^D - Q_0L_0p_0\bar{f}_0F_0^D \\ &= E(\Delta Q) + E(\Delta L) + E(\Delta p) + E(\Delta\bar{f}) + E(\Delta F^D)\end{aligned} \tag{6-19}$$

式（6－19）中，下标 0 和 1 分别表示基期和计算期。

利用 SDA 的两极分解法，根据式（6－15）得到水足迹各变动因素的两极分解表达式。

用水强度效应：

$$E(\Delta Q) = \frac{1}{2}(\Delta Q)L_1p_1\bar{f}_1F_1^D + \frac{1}{2}(\Delta Q)L_0p_0\bar{f}_0F_0^D \tag{6-20}$$

技术变动效应：

$$E(\Delta L) = \frac{1}{2}Q_0(\Delta L)p_1\bar{f}_1F_1^D + \frac{1}{2}Q_1(\Delta L)p_0\bar{f}_0F_0^D \tag{6-21}$$

人口规模效应：

$$E(\Delta p) = \frac{1}{2}Q_0L_0(\Delta p)\bar{f}_1F_1^D + \frac{1}{2}Q_1L_1(\Delta p)\bar{f}_0F_0^D \tag{6-22}$$

人均消费水平效应：

$$E(\Delta\bar{f}) = \frac{1}{2}Q_0L_0p_0(\Delta\bar{f})F_1^D + \frac{1}{2}Q_1L_1p_1(\Delta\bar{f})F_0^D \tag{6-23}$$

最终需求结构效应：

$$E(\Delta F^D) = \frac{1}{2}Q_0L_0p_0\bar{f}_0(\Delta F^D) + \frac{1}{2}Q_1L_1p_1\bar{f}_1(\Delta F^D) \tag{6-24}$$

此外，用水强度效应、技术变动效应、人口规模效应、人均消费水平效应、最终需求结构效应又可以进行进一步的合并。根据水足迹变动的公式表达和不同影响因素的特点，用水强度效应和技术变动效应成为生产系统的影响效应，人口规模效应、人均消费水平效应、最终需求结构效应可以成为最终需求系统的影响效应。那么，水足迹可以表示为：

$$W = TC \cdot FN \tag{6-25}$$

式（6－25）中，TC 表示生产系统的影响，$TC=Q\cdot L$；FN 表示消费系统的影响，$FN=p\bar{f}F^{D}$。很显然，生产系统的影响综合反映了用水强度与技术变动对水足迹的影响，而最终需求系统的影响综合反映了人口规模、人均消费水平以及最终需求结构对水足迹的影响。

水足迹结构分解分析表示为：

$$\begin{aligned}\Delta W &= TC_1FN_1 - TC_0FN_0 \\ &= \frac{1}{2}(\Delta TC)(FN_0+FN_1)+\frac{1}{2}(TC_0+TC_1)(\Delta FN)\end{aligned} \quad (6-26)$$

式（6－26）中，生产系统影响效应为：

$$E(\Delta TC)=\frac{1}{2}(\Delta TC)(FN_0+FN_1) \quad (6-27)$$

最终需求系统影响效应为：

$$E(\Delta FN)=\frac{1}{2}(TC_0+TC_1)(\Delta FN) \quad (6-28)$$

2. 虚拟水净出口结构分解分析模型

基于投入产出的虚拟水净出口可以由式计算得到：

$$W^{net}=Q(I-\hat{\varepsilon}A)^{-1}F^{net} \quad (6-29)$$

式（6－29）中，W^{net}为虚拟水净出口向量，Q 为直接用水系数，$(I-\hat{\varepsilon}A)^{-1}$为列昂惕夫逆矩阵，$F^{net}$为净出口贸易向量转化得到的对角矩阵。由式（6－29）可知，地区虚拟水净出口变动的影响因素包括直接用水系数表示的部门单位产出的用水强度、列昂惕夫逆矩阵表示的技术水平以及净出口贸易量。为了深入考察净出口贸易规模、净出口贸易结构对虚拟水净出口的影响，将净出口贸易分解为净出口贸易总量和净出口贸易结构两个变量。[①] 因此，虚拟水净出口模型可改进为：

$$\begin{aligned}W^{net} &= Q(I-\hat{\varepsilon}A)^{-1}F^{net} \\ &= QLF^{net-V}F^{net-S}\end{aligned} \quad (6-30)$$

式（6－30）中，$L=(I-\hat{\varepsilon}A)^{-1}$，$F^{net-V}$表示净出口贸易总量，$F^{net-S}$表示净出口贸易在不同部门上的比例构成的对角矩阵。由此，各

① 为了使分解结果更具有经济含义，虚拟水结构分解中没有考虑人口因素，这一点与水足迹结构分解有所不同。

部门虚拟水净出口的变动分解为4个影响因素：用水强度效应（直接用水系数表示）、技术变动效应（列昂惕夫逆矩阵表示）、净出口规模效应以及净出口结构效应。

虚拟水净出口结构分解的总效应为：

$$\begin{aligned}\Delta W^{net} &= Q_1 L_1 F_1^{net-V} F_1^{net-S} - Q_0 L_0 F_0^{net-V} F_0^{net-S} \\ &= E(\Delta Q) + E(\Delta L) + E(\Delta F^{net-V}) + E(\Delta + F^{net-S}) \end{aligned} \tag{6-31}$$

利用SDA的两极分解法，根据式（6－15）得到虚拟水净出口各变动因素的两极分解表达式。

用水强度效应：

$$E(\Delta Q) = \frac{1}{2}(\Delta Q) L_1 F_1^{net-V} F_1^{net-S} + \frac{1}{2}(\Delta Q) L_0 F_0^{net-V} F_0^{net-S} \tag{6-32}$$

技术变动效应：

$$E(\Delta L) = \frac{1}{2} Q_0 (\Delta L) F_1^{net-V} F_1^{net-S} + \frac{1}{2} Q_1 (\Delta L) F_0^{net-V} F_0^{net-S} \tag{6-33}$$

净出口规模效应：

$$E(\Delta F^{net-V}) = \frac{1}{2} Q_0 L_0 (\Delta F^{net-V}) F_1^{net-S} + \frac{1}{2} Q_1 L_1 p_1 (\Delta F^{net-V}) F_0^{net-S} \tag{6-34}$$

净出口结构效应：

$$E(\Delta F^{net-S}) = \frac{1}{2} Q_0 L_0 F_0^{net-V} (\Delta F^{net-S}) + \frac{1}{2} Q_1 L_1 F_1^{net-V} (\Delta F^{net-S}) \tag{6-35}$$

类似于水足迹结构分解，虚拟水净出口变动的用水强度效应、技术变动效应、净出口规模效应、净出口结构效应又可以进行进一步的合并。根据虚拟水净出口变动的公式表达和不同影响因素的特点，用水强度效应和技术变动效应合并成为生产系统的影响效应，净出口规模效应和净出口结构效应可以合并成为出口系统的影响效应。那么，虚拟水净出口可以表示为：

$$W^{net} = TC \cdot F^{net} \tag{6-36}$$

式（6－36）中，TC 表示生产系统的影响，$TC = Q \cdot L$；F^{net} 表示净出口系统的影响，$F^{net} = F^{net-V} F^{net-S}$。很显然，生产系统的影响综合反映了用水强度与技术变动对虚拟水净进口的影响，而净出口系统的影响综合反映了贸易净出口规模以及净出口结构对虚拟水净出口的影响。

虚拟水净出口的结构分解分析表示为：

$$\Delta W^{net} = TC_1 \cdot F_1^{net} - TC_0 \cdot F_0^{net}$$
$$= \frac{1}{2}(\Delta TC)(F_0^{net} + F_1^{net}) + \frac{1}{2}(TC_0 + TC_1)(\Delta F^{net}) \qquad (6-37)$$

式（6-37）中，生产系统影响效应为：

$$E(\Delta TC) = \frac{1}{2}(\Delta TC)(F_0^{net} + F_1^{net}) \qquad (6-38)$$

进口系统影响效应为：

$$E(\Delta F^{net}) = \frac{1}{2}(TC_0 + TC_1)(\Delta F^{net}) \qquad (6-39)$$

第二节　水足迹变动的结构分解分析

一　基于全国的分析

1. 不同影响因素对中国整体水足迹变动的影响

分别计算2002—2005年、2005—2007年和2007—2010年中国水足迹变动的不同因素的影响效应，表6-1为中国水足迹变动的结构分解，图6-2为中国2002—2010年三阶段水足迹变动的结构分解。对表6-1和图6-2进行分析发现，中国整体水足迹变动呈现先下降后上升的趋势：2002—2005年和2005—2007年，中国整体水足迹表现为下降，分别下降了143.66亿m^3和273.74亿m^3，而2007—2010年，中国整体水足迹表现为上升，水足迹上升了359.56亿m^3。

图6-2显示，不同影响因素在水足迹变动的过程中在影响绝对值和影响方向上差异较大。用水强度效应在三个时间段均为负值，说明了用水强度在2002—2005年、2005—2007年、2007—2010年三个阶段均减小了中国水足迹总量，水足迹下降额分别为1358.56亿m^3、446.89亿m^3、678.22亿m^3，这也意味着中国整体用水效率的提高。技术变动效应在不同时间段对中国水足迹的变动表现出不同的影响，

表 6－1　　中国水足迹变动的结构分解

		2002—2005 年	2005—2007 年	2007—2010 年
贡献值（亿 m^3）	用水强度效应	－1358.56	－446.89	－678.22
	技术变动效应	452.05	－471.71	－132.99
	人口规模效应	77.85	44.21	62.92
	人均消费水平效应	1360.57	1069.96	1701.17
	最终需求结构效应	－675.56	－469.31	－593.32
	总效应	－143.66	－273.74	359.56
贡献率（%）	用水强度效应	946	163	－189
	技术变动效应	－315	172	－37
	人口规模效应	－54	－16	17
	人均消费水平效应	－947	－391	473
	最终需求结构效应	470	171	－165

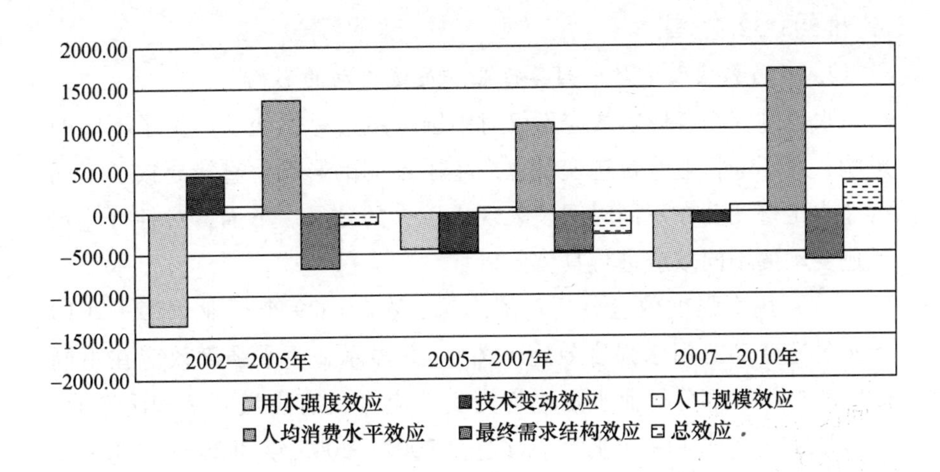

图 6－2　中国 2002—2010 年三阶段水足迹变动的结构分解（亿 m^3）

2002—2005 年，技术变动效应使中国水足迹增加了 452.05 亿 m^3，显示了这段时间经济总体的技术变动并没有降低水足迹，而 2005—2007 年和 2007—2010 年两个时间段，技术变动效应使得中国水足迹分别降低了 471.71 亿 m^3 和 132.99 亿 m^3，显示出技术变动对降低中国水足迹呈现出良好的影响。中国人口数量在 2002—2010 年始终是增加的，这也使得人口规模效应在不同时间段始终在增加中国水足迹，2002—2005年、2005—2007年、2007—2010年，人口规模效应分别使得中国水足迹增加了77.85亿m^3、44.21亿m^3和62.92亿m^3，显示了人口因素是水足迹变动不可忽视的影响。人均消费水平效应对中国水足迹变动的影响与人口规模效应相同，对水足迹的增加表现出促进作用，2002—2005年、2005—2007年、2007—2010年，人均消费水平效应分别使中国水足迹增加了1360.57亿m^3、1069.96亿m^3和1701.17亿m^3。最终需求结构效应体现了最终需求在不同部门上的分配比例，若最终需求在用水消耗较大的部门分配比例较大，则水足迹整体较大；反之，若最终需求在用水消耗较小的部门分配比例较小，则水足迹整体较小。最终需求结构效应对中国水足迹的变动均呈现反向作用，2002—2005年、2005—2007年、2007—2010年，最终需求结构效应使得中国水足迹总量分别下降了675.56亿m^3、469.31亿m^3和593.32亿m^3。

2. 不同影响因素对中国各行业水足迹变动的影响

水足迹变动各影响效应不仅对中国水足迹总体变动产生了不同的影响，对不同行业水足迹变动也产生了不同的影响，直接导致了不同行业水足迹变动在不同时间段表现出巨大的差异。下面，对各行业水足迹变动的不同效应进行具体分析。

（1）用水强度效应分析。图6-3为中国29个行业2002—2010年水足迹变动的用水强度效应。图6-3显示，用水强度效应在不同时间段对绝大部分行业水足迹均为负效应（仅有煤炭开采和洗选业、非金属矿及其他矿采选业两个行业在2002—2005年和2005—2007年为正影响），即降低了各行业的水足迹。具体地说，用水强度效应对农业、食品制造及烟草加工业、建筑业、其他服务业水足迹变动的影响较大，三个时间段用水强度的平均效应分别为174.39亿m^3、98.05亿m^3、178.85亿m^3和116.34亿m^3。这几个行业受用水强度效应影响较为显著，主要是由于这几个行业的用水量较大，受用水强度变动的影响较为敏感。同时，能源开采及大部分轻工业水足迹变动受用水强度效应的影响较小。由式（6-20）可知，用水强度效应是由各行业的直接用水系数变化导致的，用水强度效应为负，说明各行业的直接用水系数在不同时间均呈现较小趋势，显示了行业用水效率的提升。

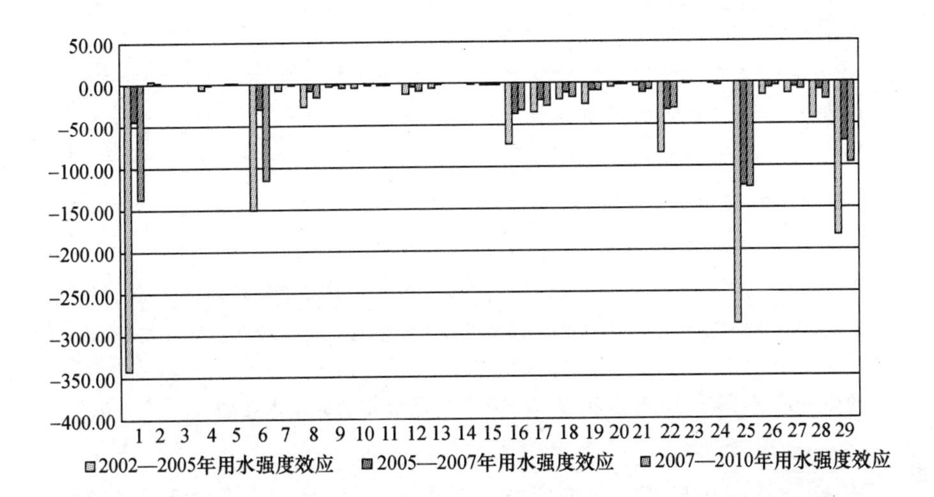

图 6－3　中国 29 个行业 2002—2010 年水足迹变动的用水强度效应（亿 m^3）

从不同时间段各行业用水强度效应的比较来看，不同时间段用水强度效应有所差异。2002—2005 年用水强度效应最大，各行业的用水强度效应加总为－1358. 56 亿 m^3；2007—2010 年用水强度效应较小，各行业的用水强度效应加总为－678. 22 亿 m^3；而 2005—2007 年用水强度效应最小，各行业的用水强度效应加总为－446. 89 亿 m^3，说明了不同时间段各行业用水强度变化幅度并不相同。

（2）技术变动效应。图 6－4 为中国 29 个行业 2002—2010 年水足迹变动的技术变动效应。技术变动效应反映的是国民经济各行业中间投入结构的变化导致的行业用水的变化。由图 6－4 分析可知，技术变动效应对建筑业，其他服务业，食品制造及烟草加工业，电力、热力的生产和供应业等行业水足迹变动的影响较大。技术变动效应对采矿业和大部分制造业则影响较小。

从不同时间段看，技术变动效应对特定行业水足迹的变动表现出了截然不同的影响，如 2002—2005 年，技术变动效应对食品制造及烟草加工业，通用、专用设备制造业，建筑业，其他服务业等行业水

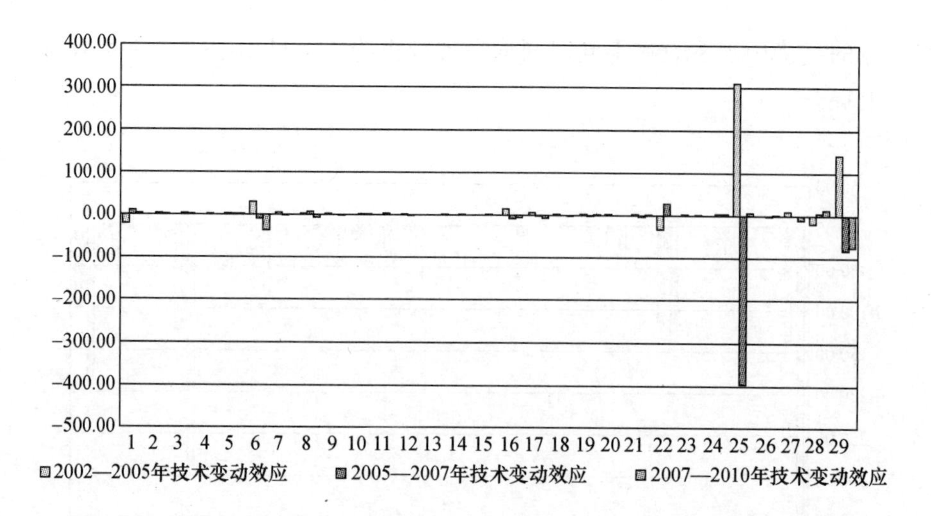

图 6-4　中国 29 个行业 2002—2010 年水足迹变动的技术变动效应（亿 m^3）

足迹变动呈现出显著的正向影响，对农业及电力、热力的生产和供应业，住宿和餐饮业等行业呈现出显著的负向影响；2005—2007 年，技术变动效应对农业，纺织服装鞋帽皮革羽绒及其制品业，电力、热力的生产和供应业等行业水足迹变动呈现出显著的正向影响，对纺织业、建筑业等行业水足迹的变动呈现出显著的负向影响；2007—2010 年，技术变动效应对农业、建筑业、交通运输业、住宿餐饮业等行业的水足迹变动呈现出显著的正向影响，对食品制造及烟草加工业，纺织服装鞋帽皮革羽绒及其制品业，木材加工及家具制造业，通用、专用设备制造业，交通运输设备制造业，电气机械及器材制造业，批发和零售业，其他服务业等行业呈现显著的负向影响。尽管从不同年份看，技术变动对水足迹的影响差异不同，但是平均来看，29 个行业的水足迹技术变动效应均为负值，说明中国 2002—2010 年的技术变动有利于水足迹的减小。

（3）人口规模效应。图 6-5 为中国 29 个行业 2002—2010 年水足迹变动的人口规模效应。图 6-5 显示，人口规模效应对中国绝大部分行业的水足迹变动均呈现正向影响（只有煤炭开采和洗选业、非金属矿及其他矿采选业两个行业的人口规模效应在 2002—2005 年、2005—2007 年两个时间段为负值，且绝对值较小）。

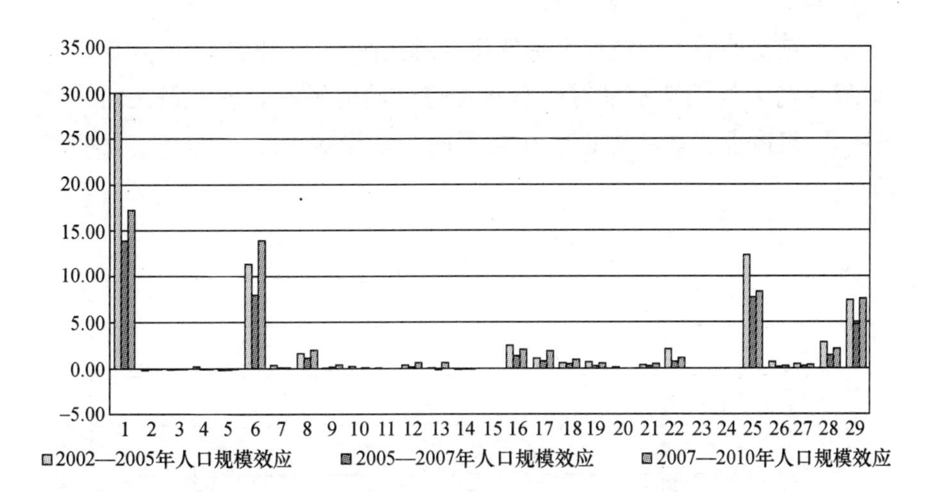

图6－5　中国29个行业2002—2010年水足迹变动的人口规模效应（亿m^3）

从不同行业对比来看，水足迹受人口规模影响较大的几个行业有农业、食品制造及烟草加工业、建筑业和其他服务业，2002—2010年，这些行业人口规模效应的平均值分别为20.41亿m^3、11.04亿m^3、9.52亿m^3和6.64亿m^3。而能源开采业、大部分制造业以及服务业水足迹变动的人口规模效应并不显著。

从不同时间段的人口规模效应的大小来看，2002—2005年的人口规模效应要大于2007—2010年的人口规模效应，2005—2007年的人口规模效应最小，2002—2005年、2005—2007年以及2007—2010年三个时间段各行业加总的水足迹变动人口规模效应分别为77.85亿m^3、44.21亿m^3以及62.92亿m^3。

从分析结果来看，人口因素对中国水足迹变动的影响是正向显著的，这主要是由中国人口数量近些年不断增长的结果。数据显示，2002—2010年，中国的年末人口总数由12.84亿增长到13.41亿，总体增长率为4.43%，年均增长率为0.54%。不断增长的人口使得中国水足迹数量也在不断上升，在降低水足迹政策制定时需要引起相关部门的注意。

（4）人均消费水平效应。图6－6为中国29个行业2002—2010

年水足迹变动的人均消费水平效应。对比图 6－6 和图 6－5 发现，人口规模和人均消费水平对中国水足迹变动的影响表现出很大的一致性，不仅体现在影响方面，在对不同行业影响大小上也有较大的相同点。

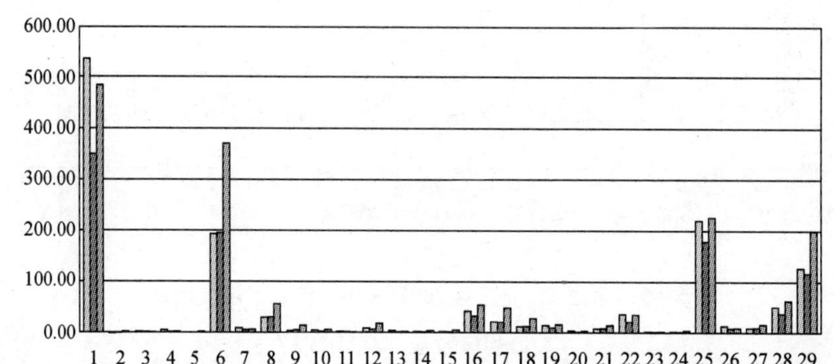

图 6－6　中国 29 个行业 2002—2010 年水足迹变动的人均消费水平效应（亿 m^3）

从人均消费水平对各行业水足迹变动的影响看，农业、食品制造及烟草加工业、建筑业和其他服务业的水足迹变动受人均消费水平影响较大，2002—2010 年的平均值分别为 456.81 亿 m^3、252.84 亿 m^3、208.25 亿 m^3 和 148.00 亿 m^3。大多数重工业制造业和服务业水足迹也受人均消费水平的影响较为显著。

从不同时间段人均消费水平对水足迹变动的影响看，2007—2010 年的人均消费水平效应大于 2002—2005 年的人均消费水平效应，2005—2007 年的人均消费水平效应最小。2002—2005 年、2005—2007 年以及 2007—2010 年三个时间段各行业加总的水足迹变动人均消费水平效应分别为 1360.57 亿 m^3、1069.96 亿 m^3 和 1707.17 亿 m^3。很显然，随着经济水平的不断提高和生活质量的提高，中国人均消费量显著增加，这也直接带动了中国水足迹的提高。

（5）最终需求结构效应。图 6－7 为中国 29 个行业 2002—2010 年水足迹变动的最终需求结构效应。由图 6－7 可知，最终需求的结构对不同行业水足迹变动呈现不同的影响。2002—2010 年平均来看，最终需求结构对 14 个行业水足迹变动表现为负向影响，影响较大的行业有农业（-294.07 亿 m^3），电力、热力的生产和供应业（-30.55亿 m^3），住宿和餐饮业（-11.79 亿 m^3）等；2002—2010 年平均来看，最终需求结构对 15 个行业水足迹变动表现为正向影响，影响较大的行业有通用、专用设备制造业（17.52 亿 m^3），交通运输设备制造业（29.95 亿 m^3），电气机械及器材制造业（18.04 亿 m^3）。

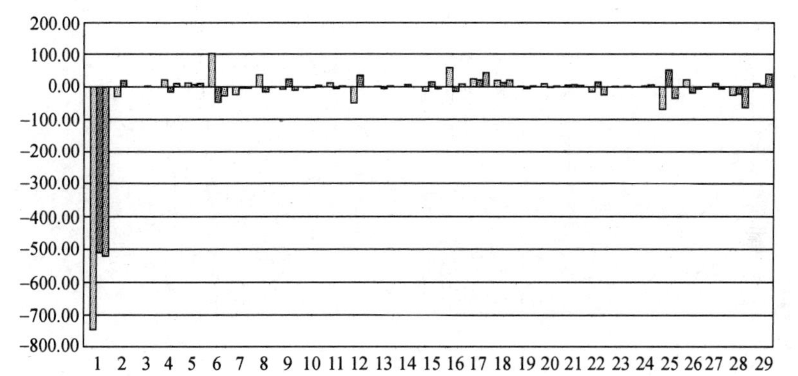

图 6-7　中国 29 个行业 2002—2010 年水足迹变动的最终需求结构效应（亿 m^3）

从不同时间段加总水足迹变动的最终需求结构效应来看，2002—2010 年三个阶段的最终需求结构对水足迹的影响均为负向的，2002—2005 年、2005—2007 年以及 2007—2010 年三个时间段各行业加总的水足迹变动最终需求结构效应分别为 -675.56 亿 m^3、-469.31 亿 m^3 和 -593.32 亿 m^3。分析结果显示，中国的最终需求结构的变动有利于水足迹的下降，特别是导致了农业部门水足迹的大幅下降。

3. 生产系统影响效应与消费系统影响效应的对比

利用式和式分别计算中国 29 个行业 2002—2010 年水足迹变动的生产系统效应与消费系统效应。

图 6-8 为中国 29 个行业水足迹变动的生产系统影响效应与最终

需求系统影响效应。分析图 6－8 可以发现，生产系统影响效应与最终需求系统影响效应对水足迹的变动呈现截然相反的情形。

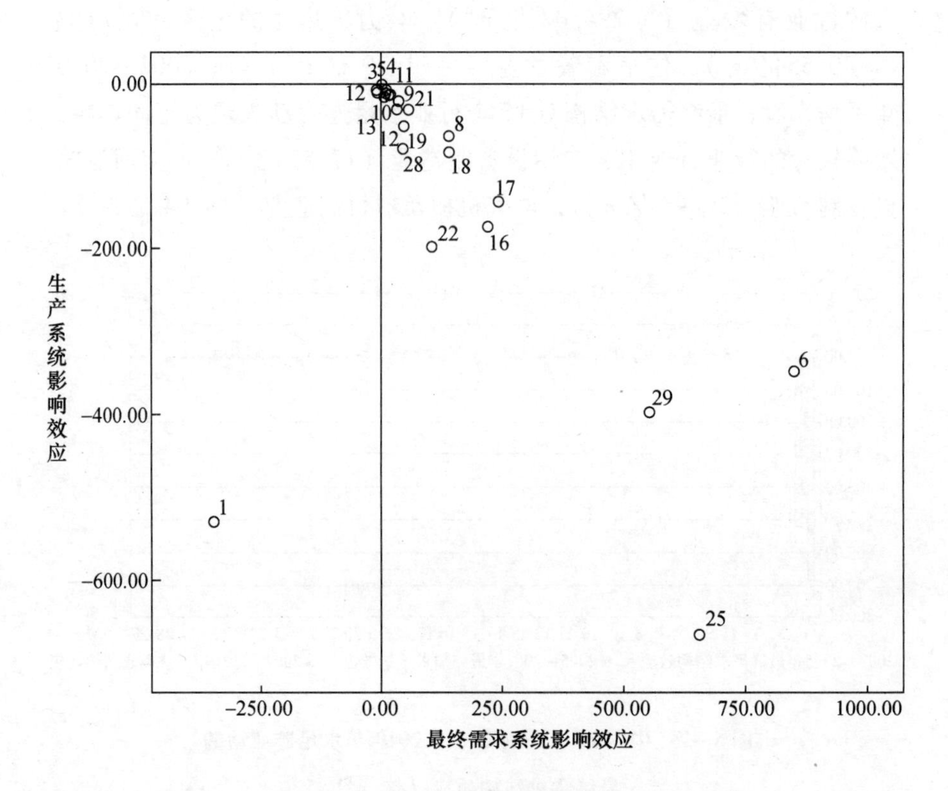

图 6－8　中国 29 个行业水足迹变动的生产系统影响效应与最终需求系统影响效应（亿 m^3）

第一，水足迹变动的生产系统影响效应均为负值，说明生产系统的变动对各行业水足迹均为负向影响。水足迹变动受生产系统影响排名前五的行业为建筑业，农业，其他服务业，食品制造及烟草加工业，电力、热力的生产和供应业，这些行业的水足迹生产系统影响效应分别为 －666.92 亿 m^3、－531.37 亿 m^3、－397.74 亿 m^3、－346.98亿 m^3 和 －196.68 亿 m^3。而石油加工、炼焦及核燃料加工业，煤炭开采和洗选业，石油和天然气开采业，非金属矿及其他矿采选业等行业的生产系统影响效应相对较小。

第二，除了农业、纺织业、煤炭开采和洗选业三个行业外，各行业的最终需求系统影响效应均为正值，说明最终需求系统对各行业水足迹变动大多数为正向影响。水足迹变动对农业、纺织业、煤炭开采和洗选业三个行业的最终需求系统影响效应分别为 -350.84 亿 m^3、-10.09 亿 m^3 和 -5.27 亿 m^3；水足迹变动受最终需求系统影响为正排名前五的行业为食品制造及烟草加工业，建筑业，其他服务业，交通运输设备制造业，通用、专用设备制造业，这五个行业的水足迹最终需求影响效应分别为 848.45 亿 m^3、655.74 亿 m^3、553.46 亿 m^3、241.53 亿 m^3 和 221.59 亿 m^3。从现实角度看，最终需求量不断增加的部门包括食品制造及烟草加工业、建筑业和其他服务业，正是这些行业最终需求的快速增长使得最终需求系统对水足迹增长产生了显著的正向影响。

二　基于省（自治区、直辖市）的分析

利用式（6-20）至式（6-24），分别计算中国 30 个省（自治区、直辖市）2002—2007 年水足迹变动的用水强度效应、技术变动效应、人口规模效应、人均最终需求水平效应和最终需求结构效应，结果如表 6-2 所示。

表 6-2　2002—2007 年 30 个省（自治区、直辖市）水足迹变动的结构分解

单位：亿 m^3

地区	用水强度效应	技术变动效应	人口规模效应	人均最终需求效应	最终需求结构效应
北京市	-31.44	8.02	4.38	39.07	-26.30
天津市	-8.30	2.14	1.61	24.62	-15.73
河北省	-80.22	17.83	2.26	128.08	-118.04
山西省	-48.70	2.44	2.03	108.72	-61.91
内蒙古自治区	-70.44	1.68	0.89	194.93	-195.17
辽宁省	-97.18	7.27	2.66	150.87	-80.20
吉林省	-86.90	21.49	0.91	121.78	-64.56
黑龙江省	-150.74	51.10	0.48	218.96	-149.99
上海市	-53.72	15.60	12.47	107.67	-19.75
江苏省	-228.46	-56.53	13.29	540.60	-254.42

续表

地区	用水强度效应	技术变动效应	人口规模效应	人均最终需求效应	最终需求结构效应
浙江省	-117.70	1.19	13.23	213.78	-118.17
安徽省	-98.86	10.22	-5.23	239.72	-120.10
福建省	-107.71	31.54	4.65	183.82	-114.05
江西省	-134.98	1.89	6.92	257.21	-84.37
山东省	-190.01	65.89	5.18	208.53	-100.51
河南省	-207.97	3.10	-6.23	294.33	-120.61
湖北省	-164.79	38.84	-10.78	280.28	-122.98
湖南省	-205.59	17.75	-9.94	320.62	-176.10
广东省	-262.51	16.32	66.64	440.76	-282.88
广西壮族自治区	-264.07	37.24	-2.83	324.27	-163.87
海南省	-20.56	2.12	1.53	36.02	-18.66
重庆市	-36.96	0.66	-6.31	81.12	-24.79
四川省	-172.70	16.09	-13.63	270.46	-104.97
贵州省	-70.22	9.40	-1.70	113.94	-51.14
云南省	-119.58	7.61	6.04	202.72	-111.24
陕西省	-62.16	-0.90	1.57	92.47	-27.24
甘肃省	-103.79	-13.18	1.42	179.96	-73.93
青海省	-22.84	-3.12	1.33	38.54	-21.03
宁夏回族自治区	-77.82	13.36	5.03	103.40	-55.03
新疆维吾尔自治区	-232.49	0.09	26.23	321.90	-190.47

1. 不同影响因素对水足迹变动影响的区域比较

（1）用水强度效应。图6-9为中国30个省（自治区、直辖市）水足迹变动的用水强度效应。分析图6-9可得以下结论：

第一，中国30个省（自治区、直辖市）2002—2007年水足迹变动的用水强度效应均为负值，说明了中国所有省（自治区、直辖市）2002—2007年用水效率均有不同程度的上升，使得各省（自治区、直辖市）的水足迹呈现下降趋势。

第二，不同省（自治区、直辖市）水足迹变动的用水强度效应差异显著。分析发现，用水强度效应最大的五个省（自治区、直辖市）分别为河南、江苏、新疆、广东和广西，2002—2007 年水足迹变动的用水强度效应分别为 -207.97 亿 m^3、-228.46 亿 m^3、-232.49 亿 m^3、-262.51 亿 m^3 和 -264.07 亿 m^3；而用水强度效应最小的五个省（自治区、直辖市）为天津、海南、青海、北京和重庆，2002—2007 年水足迹变动的用水强度效应分别为 -8.30 亿 m^3、-20.56 亿 m^3、-22.84亿 m^3、-31.44 亿 m^3 和 -36.96 亿 m^3。

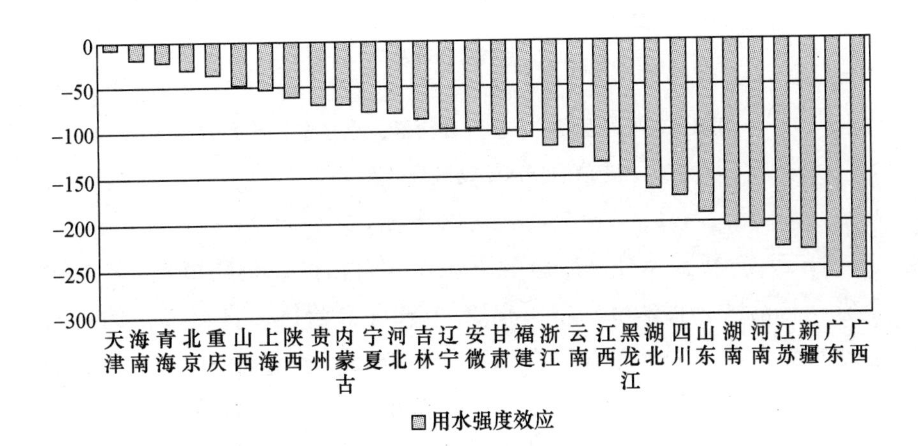

图 6-9　中国 30 个省（自治区、直辖市）水足迹变动的用水强度效应（亿 m^3）

第三，分析各地区用水强度效应较大的行业发现，农业、建筑业、其他服务业等行业的用水强度效应要明显大于其他行业的用水强度效应，显示了农业、建筑业、其他服务业水足迹下降受用水强度效应的影响较为显著。

（2）技术变动效应。图 6-10 为中国 30 个省（自治区、直辖市）水足迹变动的技术变动效应，分析图 6-10 可得以下几点结论：

第一，绝大部分省（自治区、直辖市）水足迹变动的技术变动效应为正，显示了大部分省（自治区、直辖市）的技术变动效应使得省（自治区、直辖市）2002—2007 年的水足迹呈现一定程度的上升趋势，说明技术变动效应不利于水足迹的减小。

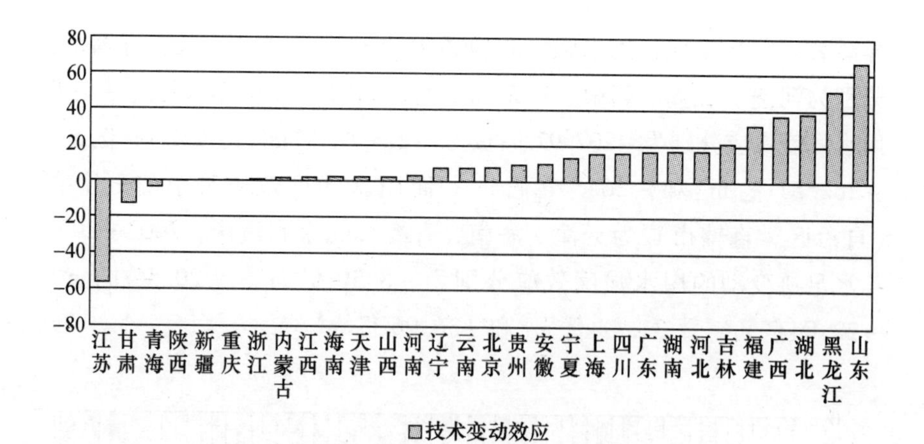

图6-10　中国30个省（自治区、直辖市）水足迹变动的技术变动效应（亿 m^3）

第二，分析技术变动效应为正的省（自治区、直辖市）。中国30个省（自治区、直辖市）中，有26个省（自治区、直辖市）的技术变动效应为正，占全部省（自治区、直辖市）数量的86.7%。26个技术变动效应为正的省（自治区、直辖市），技术变动效应平均值为15.42亿 m^3，其中，山东、黑龙江、湖北等省（自治区、直辖市）是技术变动效应较大的省（自治区、直辖市），2002—2007年的水足迹技术变动效应分别为65.89亿 m^3、51.1亿 m^3、38.84亿 m^3，而浙江、重庆、新疆等省（自治区、直辖市）的水足迹技术变动效应则相对较小，技术变动效应接近于0。

第三，分析技术变动效应为负的省（自治区、直辖市）。中国30个省（自治区、直辖市）中，仅有为陕西、青海、甘肃、江苏4个省（自治区、直辖市）的技术变动效应为负，占全部省（自治区、直辖市）数量的13.7%，4个省（自治区、直辖市）的技术变动效应平均值为-18.43亿 m^3。陕西、青海、甘肃、江苏4个省（自治区、直辖市）对应的水足迹技术变动效应分别为-0.9亿 m^3、-3.12亿 m^3、-13.18亿 m^3 和-56.53亿 m^3，说明这4个省（自治区、直辖市）2002—2007年的技术变动使得水足迹呈现不同程度的下降。

（3）人口规模效应。图6-11为中国30个省（自治区、直辖市）

水足迹变动的人口规模效应，分析图 6－11 可得以下几点结论：

第一，类似于技术变动效应，绝大部分省（自治区、直辖市）的人口规模效应为正，显示了大部分省（自治区、直辖市）人口规模的变动使得水足迹呈现上升趋势。

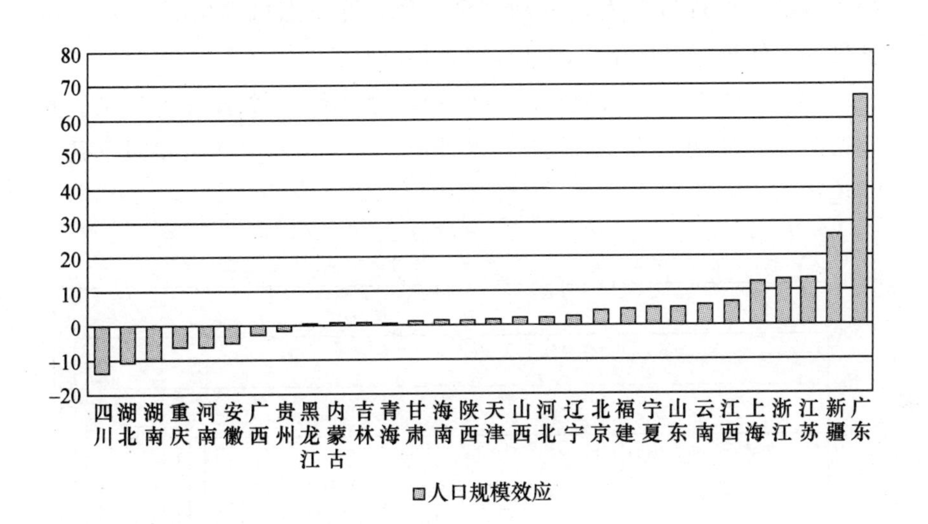

图 6－11　中国 30 个省（自治区、直辖市）水足迹变动的人口规模效应（亿 m^3）

第二，分析人口规模效应为正的省（自治区、直辖市）。数据显示，有 22 个省（自治区、直辖市）的人口规模效应为正，占所有省（自治区、直辖市）73.33%。22 个人口规模效应为正的省（自治区、直辖市），人口规模效应的平均值为 8.22 亿 m^3，仅有广东（66.64 亿 m^3）、新疆（26.23 亿 m^3）、江苏（13.29 亿 m^3）、浙江（13.23 亿 m^3）和上海（12.47 亿 m^3）五个省（自治区、直辖市）的人口规模效应大于平均值，而吉林、内蒙古、黑龙江等省（自治区、直辖市）的人口规模效应仅有 0.91 亿 m^3、0.89 亿 m^3、0.48 亿 m^3，显示了人口规模效应为正的省（自治区、直辖市）存在较大的差异。

第三，分析人口规模效应为负的省（自治区、直辖市）。分析发现，贵州、广西、安徽、河南、重庆、湖南、湖北、四川 8 个省（自治区、直辖市）的人口规模效应为负，分别为 －1.70 亿 m^3、－2.83

亿 m³、-5.23 亿 m³、-6.23 亿 m³、-6.31 亿 m³、-9.94 亿 m³、-10.78 亿 m³ 和 -13.63 亿 m³，即这些省（自治区、直辖市）的人口规模变动使得省（自治区、直辖市）的水足迹呈现下降趋势。

需要指出的是，30 个省（自治区、直辖市）水足迹变动人口规模效应的正负符号与人口变动完全一致，这一点可以由式（6-22）从理论上体现，又由本书的计算结果得以验证。

（4）人均最终需求效应。图 6-12 为中国 30 个省（自治区、直辖市）水足迹变动的人均最终需求效应，分析图 6-12 可得以下几点结论：

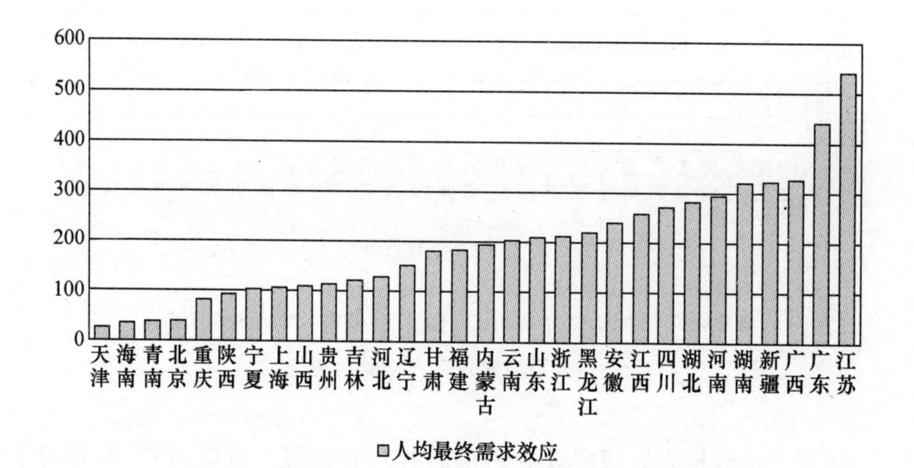

图 6-12　中国 30 个省（自治区、直辖市）水足迹变动的人均最终需求效应（亿 m³）

第一，与水足迹变动的用水强度效应相反，30 个省（自治区、直辖市）水足迹变动的人均最终需求效应均为正值，说明 30 个省（自治区、直辖市）人均最终需求的变动使得水足迹均呈现增长趋势。

第二，分析具体省（自治区、直辖市）来看，水足迹变动的人均最终需求效应大于 300 亿 m³ 的省（自治区、直辖市）有江苏、广东、广西、新疆、湖南 5 个省（自治区、直辖市），人均最终需求效应分别为 540.60 亿 m³、440.76 亿 m³、324.27 亿 m³、321.90 亿 m³、320.62

亿 m³；而水足迹变动的人均最终需求效应小于 100 亿 m³ 的省（自治区、直辖市）有陕西、重庆、北京、青海、海南和天津 6 个省（自治区、直辖市），人均最终需求效应分别为 92.47 亿 m³、81.12 亿 m³、39.07 亿 m³、38.54 亿 m³、36.02 亿 m³ 和 24.62 亿 m³。其余的 19 个省（自治区、直辖市）的人均最终需求效应均介于 100 亿—300 亿 m³ 之间。

（5）最终需求结构效应。图 6－13 为中国 30 个省（自治区、直辖市）水足迹变动的最终需求结构效应，分析图 6－13 可得以下几点结论：

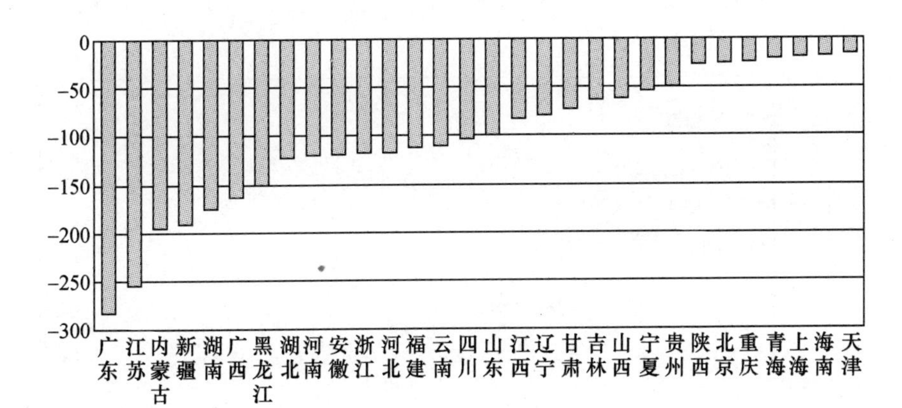

图 6－13　中国 30 个省（自治区、直辖市）水足迹变动的最终需求结构效应（亿 m³）

第一，与用水强度效应相同，中国 30 个省（自治区、直辖市）2002—2007 年水足迹变动的最终需求结构效应均为负值，显示了最终需求结构的变动使得各省（自治区、直辖市）的水足迹呈现下降趋势。

第二，分析具体省（自治区、直辖市）来看，湖南、新疆、内蒙古、江苏和广东是最终需求结构效应最大的 5 个省（自治区、直辖市），2002—2007 年水足迹变动的最终需求结构效应分别为 －176.1 亿 m³、－190.47 亿 m³、－195.17 亿 m³、－254.42 亿 m³ 和 －282.88 亿 m³；

天津、海南、上海、青海和重庆 5 省（自治区、直辖市）是最终需求结构效应最小的 5 个省（自治区、直辖市），2002—2007 年水足迹变动的最终需求结构效应分别为 －15.73 亿 m^3、－18.66 亿 m^3、－19.75亿 m^3、－21.03 亿 m^3 和 －24.79 亿 m^3。

2. 生产系统影响效应与消费系统影响效应的对比

利用式（6－27）和式（6－28）分别计算中国 30 个省（自治区、直辖市）2002—2010 年水足迹变动的生产系统影响效应与最终需求系统影响效应。

图 6－14 为 30 个省（自治区、直辖市）2002—2007 年水足迹变动的生产系统影响效应与最终需求系统影响效应，分析图 6－14 发现：

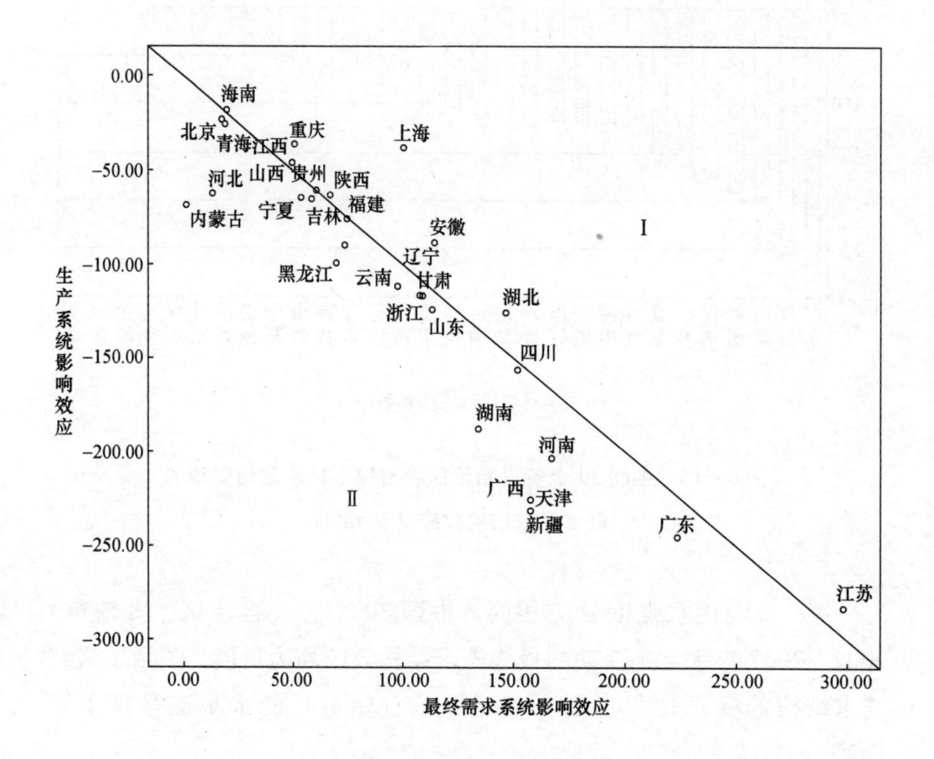

图 6－14　30 个省（自治区、直辖市）2002—2007 年水足迹变动的生产系统影响效应与最终需求系统影响效应（亿 m^3）

第一，从水足迹变动的生产系统影响效应和最终需求系统影响效应的符号看，30个省（自治区、直辖市）表现出完全一致性。具体来看，中国30个省（自治区、直辖市）水足迹变动的生产系统影响效应均为负值，说明各省（自治区、直辖市）生产系统变动（包括直接用水系数的变动和列昂惕夫逆矩阵的变动）使得水足迹在2002—2007年呈现下降趋势；而30个省（自治区、直辖市）水足迹变动的最终需求影响效应则均为正值，说明各省（自治区、直辖市）最终需求系统变动（包括人口规模变动、人均最终需求变动以及最终需求结构变动）使得水足迹在2002—2007年呈现上升趋势。

第二，对各省（自治区、直辖市）水足迹变动的生产系统影响效应，生产系统影响效应较大的省（自治区、直辖市）有河南、广西、天津、新疆、广东和江苏等，它们的生产系统影响效应分别为－204.86亿m^3、－226.83亿m^3、－232.40亿m^3、－232.40亿m^3、－246.19亿m^3和－284.99亿m^3；而海南、北京、青海、重庆、上海等省（自治区、直辖市）水足迹变动的生产系统影响效应较小。

第三，对各省（自治区、直辖市）水足迹变动的最终需求影响效应，最终需求系统影响效应较大的省（自治区、直辖市）有江苏、广东、河南、天津和新疆，最终需求系统影响效应分别为299.46亿m^3、224.52亿m^3、167.49亿m^3、157.67亿m^3和157.67亿m^3，而海南、青海、北京、河北和内蒙古等省（自治区、直辖市）的最终需求系统影响效应较小。

第四，从生产系统影响效应和最终需求系统影响效应对比看。图6－14可分为两部分，斜线右上部分表示象限Ⅰ，斜线左下部分表示象限Ⅱ。分析发现，有10个省（自治区、直辖市）落在象限Ⅰ，这些省（自治区、直辖市）水足迹变动的生产系统影响效应绝对值要小于其最终需求系统的影响效应，从而使得两种效应加总的水足迹变动为正，即2002—2007年的水足迹呈现上升趋势，10个省（自治区、直辖市）为上海、安徽、湖北、江苏、重庆、陕西、山西、江西、海南、贵州；有20个省（自治区、直辖市）落在象限Ⅱ，这些省（自治区、直辖市）水足迹变动的生产系统影响效应绝对值要大于其最终需求系统的影响效应，从而使得两种效应加总的水足迹变动为负，即2002—2007年的水足迹呈现下降趋势，代表省（自治区、直辖市）

有福建、四川、北京、青海、吉林、浙江、甘肃、山东、宁夏等。

第三节 虚拟水净出口变动的结构分解分析

一 基于全国的分析

1. 不同影响因素对中国虚拟水净出口变动的影响

表 6－3 中国虚拟水净出口变动结构分解

		2002—2005 年	2005—2007 年	2007—2010 年
贡献值（亿 m^3）	用水强度效应	-11.77	-10.43	-8.22
	技术变动效应	42.50	-38.00	-29.30
	净出口规模效应	87.70	231.01	-72.13
	净出口结构效应	-82.31	1.82	-139.25
	总效应	36.13	184.40	-248.91
贡献率（%）	用水强度效应	-33	-6	3
	技术变动效应	118	-21	12
	净出口规模效应	243	125	29
	净出口结构效应	-228	1	56

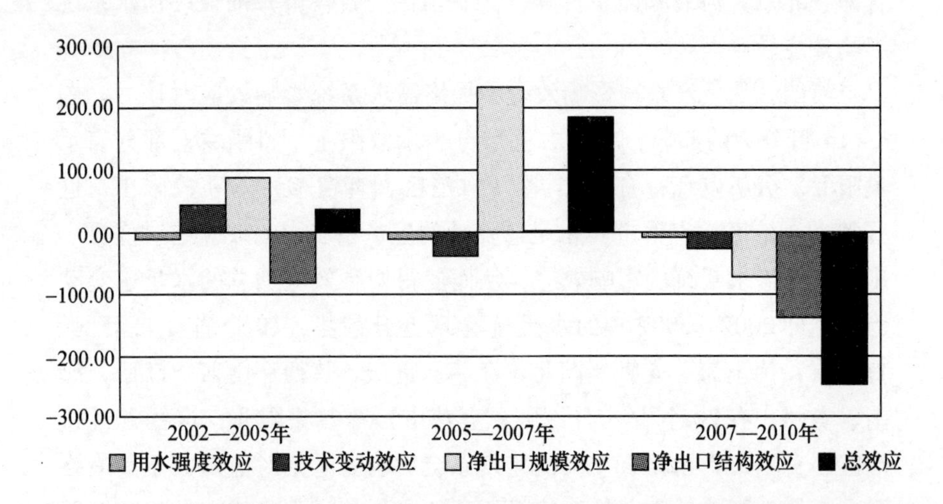

图 6－15 中国 2002—2010 年三阶段虚拟水净出口变动的结构分解（亿 m^3）

分别计算2002—2005年、2005—2007年和2007—2010年中国虚拟水净出口变动的不同因素的影响效应，表6－3为中国虚拟水净出口变动结构分解，图6－15为中国2002—2010年三阶段虚拟水净出口变动的结构分解。对表6－3和图6－15进行分析发现，中国虚拟水净出口变动呈现先上升后下降的趋势：2002—2005年和2005—2007年，中国虚拟水净出口分别上升了36.13亿m^3和184.40亿m^3，而由2007—2010年，中国虚拟水净出口表现为下降，虚拟水净出口下降了248.91亿m^3。

图6－15显示，不同影响因素在虚拟水净出口变动的过程中在影响绝对值和影响方向上差异较大。用水强度效应在三个时间段均为负值，说明了用水强度在2002—2005年、2005—2007年、2007—2010年三个阶段在不断减小中国虚拟水净出口总量，使得虚拟水净出口总量分别下降了11.77亿m^3、10.43亿m^3、8.22亿m^3，显示了中国各行业用水效率的提高对降低虚拟水净出口的有效作用。技术变动效应在不同时间段对中国水足迹的变动表现出不同的影响，2002—2005年，技术变动效应使中国虚拟水净出口增加了42.50亿m^3，显示了这段时间经济总体的技术变动并没有使虚拟水净出口呈现出降低趋势，而2005—2007年和2007—2010年两个时间段，技术变动效应使得中国水足迹分别降低了38.00亿m^3和29.30亿m^3，显示出这两段时间内，技术变动对降低中国虚拟水净出口呈现出良好的影响。中国净出口规模在2002—2010年呈现出先上升又下降的趋势，2002年、2005年、2007年和2010年的净出口贸易额分别为2612.87亿元、6441.11亿元、21520.44亿元和12324.10亿元，这也使得净出口规模效应在虚拟水变动过程中表现出先上升又下降的特点：2002—2005年、2005—2007年，净出口规模效应分别使得中国虚拟水净出口增加了87.70亿m^3和231.01亿m^3；而2007—2010年，净出口规模效应使中国虚拟水净出口降低了72.13亿m^3。净出口结构效应体现了贸易净出口在不同部门上的分配比例，若净出口在用水消耗较大的部门分配比例较大，则虚拟水净出口整体较大，反之，若净出口在用水消耗较小的部门分配比例较小，则虚拟水净出口整体较小。净出口结构效应使得中国虚拟水净出口在2002—2005年降低82.31亿m^3，在2005—

2007 年间上升了 1.82 亿 m³，在 2007—2010 年间下降了 139.29 亿 m³。

2. 不同影响因素对中国各行业水足迹变动的影响

行业虚拟水净出口的变动是用水强度效应、技术变动效应、净出口规模变动效应和净出口结构效应综合的结果。对各行业虚拟水净出口变动进行进一步分解对降低各行业虚拟水净出口具有明确的现实意义。下面，基于式（6－32）至式（6－35），对虚拟水净出口变动进行结构分解分析。

（1）用水强度效应。图 6－16 为中国 29 个行业 2002—2010 年虚拟水净出口变动的用水强度效应。图 6－16 显示，用水强度效应对中国不同行业虚拟水变动表现出不同的影响作用，这既体现在影响力绝对值大小上，又体现在影响方向上。

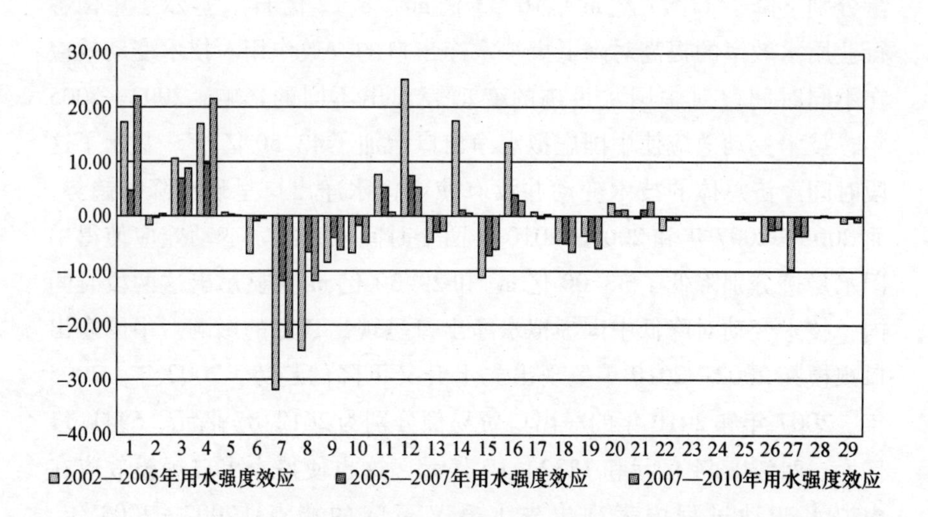

图 6－16　中国 29 个行业 2002—2010 年虚拟水净出口变动的用水强度效应（亿 m³）

从用水强度效应大小来看，农业，石油和天然气开采业，金属矿采选业，纺织业，纺织服装鞋帽皮革羽绒及其制品业，木材加工及家具制造业，造纸印刷及文教体育用品制造业，石油加工、炼焦及核燃料加工业，化学工业，交通运输仓储和邮政业，批发和零售业等行业虚拟水净出口变动受用水强度的影响较大。

从用水强度效应的影响方向来看，农业，石油和天然气开采业，金属矿采选业，化学工业，通用、专用设备制造业等行业虚拟水净出口的用水强度效应为正，说明了这些行业直接用水系数的变化导致了虚拟水净出口的增加；纺织业，纺织服装鞋帽皮革羽绒及其制品业，木材加工及家具制造业，造纸印刷及文教体育用品制造业，金属制品业，电气机械及器材制造业，通信设备、计算机及其他电子设备制造业等行业虚拟水净出口的用水强度效应为负，说明了这些行业直接用水系数的变化导致了虚拟水净出口的减少。

（2）技术变动效应。图 6 - 17 为中国 29 个行业 2002—2010 年虚拟水净出口变动的技术变动效应，分析图 6 - 17 可得以下几点结论：

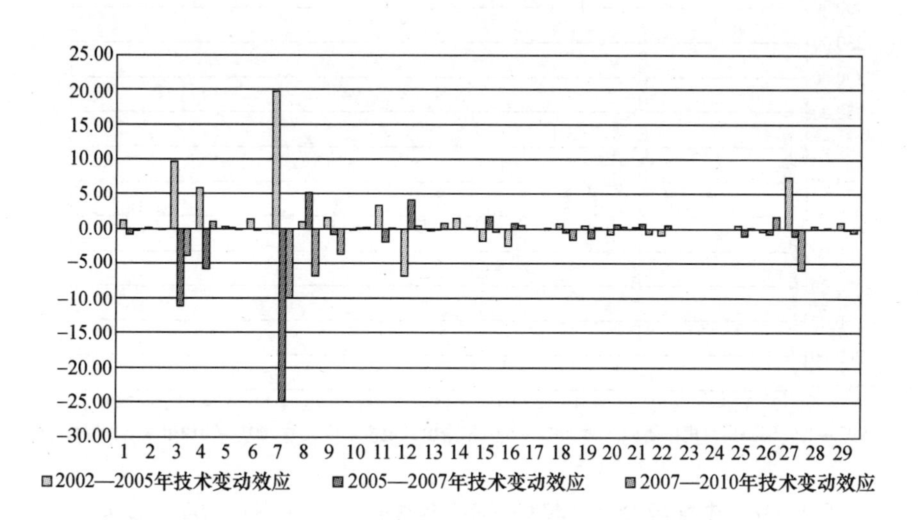

图 6 - 17　中国 29 个行业 2002—2010 年虚拟水净出口变动的技术变动效应（亿 m^3）

第一，行业比较来看石油和天然气开采业、金属矿采选业、纺织业、纺织服装鞋帽皮革羽绒及其制品业、化学工业、批发和零售业等行业虚拟水净出口变动受技术变动影响显著；而大部分重工业制造业虚拟水净出口的变动受技术变动的影响较小。

第二，不同时间段的虚拟水净出口技术变动效应有所不同。

2002—2005 年，有 9 个行业的虚拟水技术变动效应为负；2005—2007 年，有 18 个行业的虚拟水技术变动效应为负；2007—2010 年，有 14 个行业的虚拟水技术变动效应为负。此外，对特定行业来说，没有任何一个行业在 2002—2005 年、2005—2007 年以及 2007—2010 年的虚拟水净出口的技术变动效应符号相同，显示了不同时间段各行业虚拟水净出口技术变动效应的巨大差异。

（3）净出口规模效应。虚拟水净出口的规模效应体现了贸易净出口对虚拟水净出口变化的影响。一般来说，在其他条件保持不变的情况下，虚拟水净出口与贸易净出口成正比：虚拟水净出口随贸易净出口的增加而上升，虚拟水净出口随贸易净出口的减少而降低。

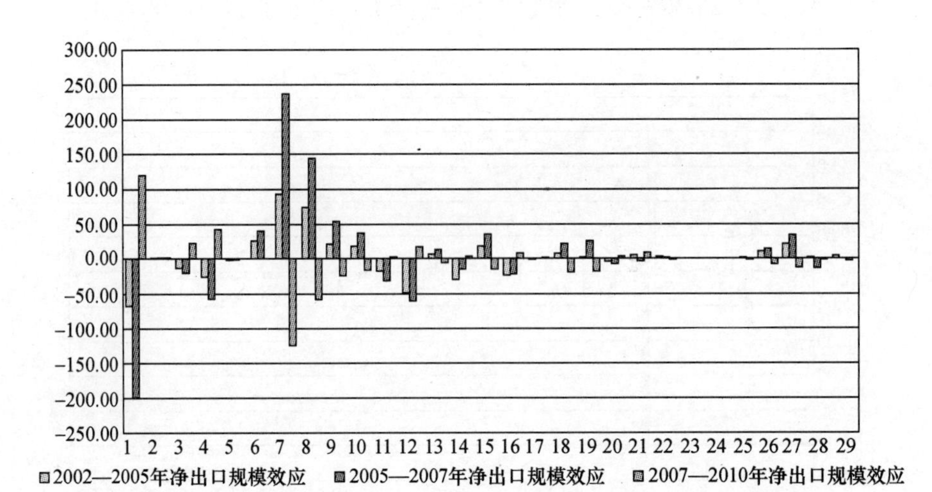

图 6－18　中国 29 个行业 2002—2010 年虚拟水净出口规模效应（亿 m^3）

图 6－18 为中国 29 个行业 2002—2010 年虚拟水净出口规模效应，分析图 6－18 可得以下几点结论：

第一，受净出口规模效应影响最大的三个行业为农业、纺织业、纺织服装鞋帽皮革羽绒及其制品业，这三个行业 2002—2010 年三个时间段虚拟水净出口的规模效应平均值分别为 －49.38 亿 m^3、68.57 亿 m^3 和 53.41 亿 m^3，这三个行业也是我国对外贸易量较大的行业，它们的虚拟水净出口受贸易规模的变动影响显著。此外，石油和天然气开采业，金属矿采选业，非金属矿及其他矿采选业，食品制造及烟草加工业，木材加工及家具制造业，造纸印刷及文教体育用品制造业，石油加工、炼焦及核燃料加工业，化学工业等行业虚拟水净出口受净出口规模效应的影响也较大。

第二，不同行业类别的净出口规模效应表现出不同特点。轻工业和服务业的虚拟水净出口规模效应表现出相同特点：2002—2005 年的规模效应和 2005—2007 年的规模效应为正值，而 2007—2010 年的规模效应为负值；农业、能源开采、部分重工业制造业虚拟水净出口规模效应表现出相反的特点：2002—2005 年的规模效应和 2005—2007 年的规模效应为负值，而 2007—2010 年的规模效应为正值。不同行业类别的净出口规模效应表现出不同特点显示出不同行业类型对外贸易变动的不同。

（4）净出口结构效应。净出口结构效应反映的是贸易净出口在各部门的分布情况对虚拟水净出口的影响。

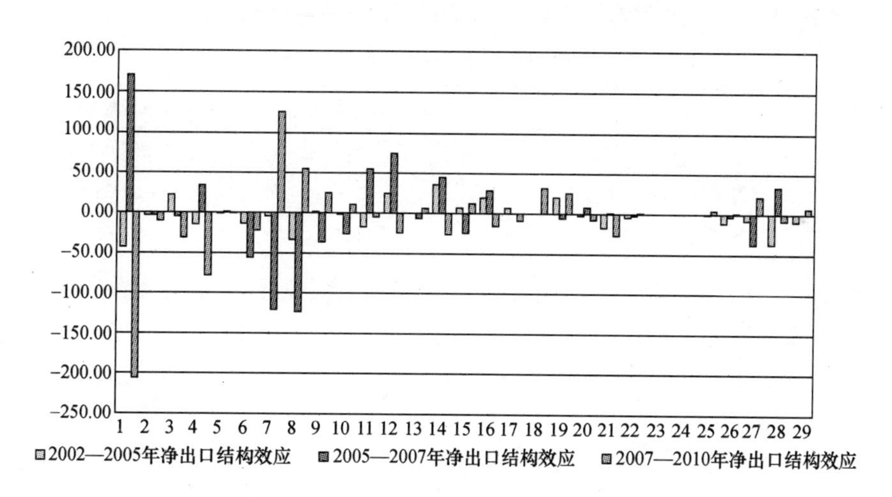

图 6－19　中国 29 个行业 2002—2010 年虚拟水净出口变动的结构效应（亿 m³）

图 6－19 为中国 29 个行业 2002—2010 年虚拟水净出口变动的结构效应，分析图 6－19 可得以下几点结论：

第一，虚拟水净出口变动的结构效应较大的行业有农业、轻工业、化工行业和部分服务业，而重工业制造业的虚拟水净出口受结构效应影响相对较小。

第二，从不同时间段看，结构效应对不同行业的虚拟水净出口的影响也差别较大。2002—2005年，虚拟水净出口结构效应为负的行业集中在农业、轻工业和服务业，而大部分重工业的结构效应为正；2005—2007年，农业的净出口结构效应为正，大部分轻工业的净出口结构效应为负，其他行业的结构效应没有表现出明显的共性；2007—2010年，农业、能源开采业和部分重工业的虚拟水净出口结构效应为负，轻工业、部分重工业和服务业的虚拟水净出口结构效应为正。

3. 生产系统影响效应与净出口系统影响效应的对比

利用式（6-38）和式（6-39）分别计算中国29个行业2002—2010年虚拟水净出口变动的生产系统影响效应与净出口系统影响效应。

表6-4　中国虚拟水净出口变动的生产系统影响效应与净出口系统影响效应

单位：亿 m^3

行业	生产系统影响效应	净出口系统影响效应
农业	51.74	-233.93
煤炭开采和洗选业	3.39	-14.31
石油和天然气开采业	52.92	-57.68
金属矿采选业	79.55	-129.57
非金属矿及其他矿采选业	1.44	-1.78
食品制造及烟草加工业	-2.35	-30.61
纺织业	-68.71	192.31
纺织服装鞋帽皮革羽绒及其制品业	-41.17	56.57
木材加工及家具制造业	-19.24	39.61
造纸印刷及文教体育用品制造业	-12.39	20.42
石油加工、炼焦及核燃料加工业	5.91	-4.91
化学工业	32.47	-11.89
非金属矿物制品业	-12.15	16.12
金属冶炼及压延加工业	26.93	7.99

续表

行业	生产系统影响效应	净出口系统影响效应
金属制品业	-24.76	34.45
通用、专用设备制造业	22.76	-8.49
交通运输设备制造业	5.47	-5.26
电气机械及器材制造业	-29.10	54.05
通信设备、计算机及其他电子设备制造业	-21.30	58.50
仪器仪表及文化办公用机械制造业	5.66	-11.03
工艺品及其他制造业（含废品废料）	8.52	-37.23
电力、热力的生产和供应业	-5.22	0.87
燃气生产和供应业	0.00	0.00
水的生产和供应业	0.00	0.00
建筑业	-3.31	6.65
交通运输仓储和邮政业	-9.74	6.32
批发和零售业	-16.04	16.20
住宿和餐饮业	-2.88	-19.20
其他服务业	-4.89	3.93

表6-4为中国虚拟水净出口变动的生产系统影响效应与净出口系统影响效应。图6-20为中国虚拟水净出口变动的生产系统影响效应与净出口系统影响效应对比。对表6-4和图6-20进行分析可得以下几点结论：

第一，生产系统效应对不同行业虚拟水变动的影响差异较大。表6-4显示，有12个行业的生产系统效应大于0，生产系统效应最大的5个行业分别为金属矿采选业、石油和天然气开采业、农业、化学工业、金属冶炼及压延加工业，生产系统效应分别为79.55亿m^3、52.92亿m^3、51.74亿m^3、32.47亿m^3和26.93亿m^3；有15个行业[①]生产系统效应小于0，生产系统效应小于0中排名前五的行业为纺织业，纺织服装鞋帽皮革羽绒及其制品业，电气机械及器材制造业，金属制品业，通信设备、计算机及其他电子设备制造业，既有轻

① 水的生产和供应业、燃气生产和供应业的生产系统效应和净出口系统效应均为0。

工业又有重工业，这五个行业的生产系统效应分别为 -68.71 亿 m^3、-41.17 亿 m^3、-29.10 亿 m^3、-24.76 亿 m^3 和 -21.30 亿 m^3。

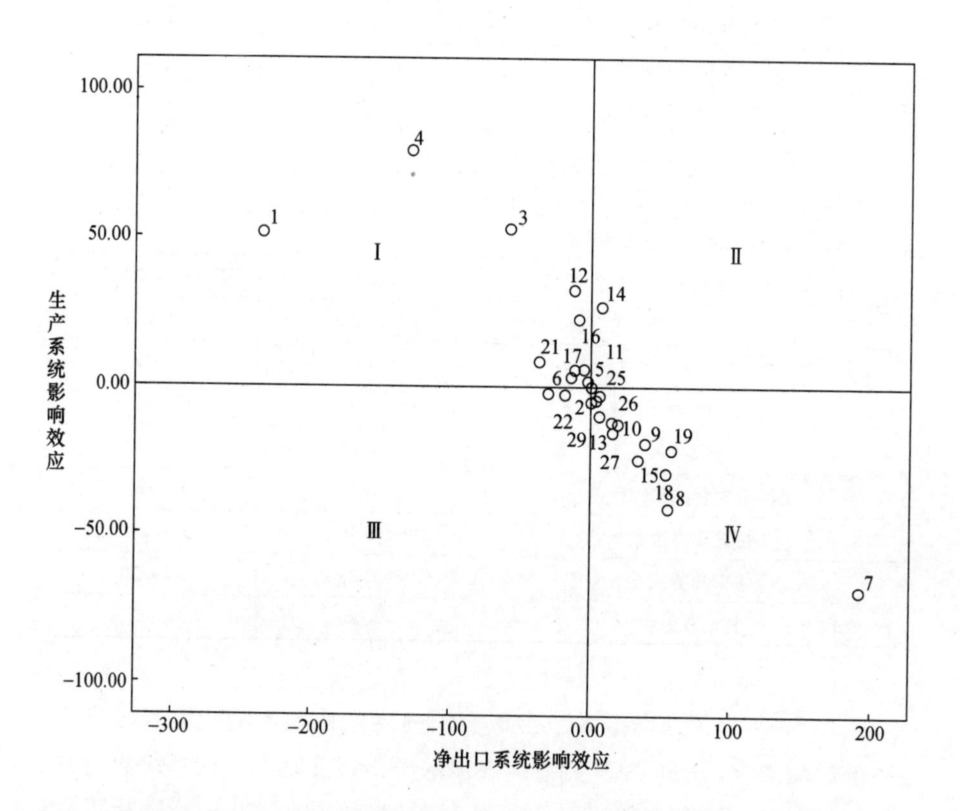

图 6-20　中国虚拟水净出口变动的生产系统影响效应与净出口系统影响效应对比（亿 m^3）

第二，净出口系统效应对不同行业虚拟水变动的影响差异也较大。表 6-4 显示，有 14 个行业的净出口系统效应大于 0，净出口系统效应较大的行业有纺织业，通信设备、计算机及其他电子设备制造业，纺织服装鞋帽皮革羽绒及其制品业，电气机械及器材制造业，木材加工及家具制造业，它们的净出口系统效应分别为 192.31 亿 m^3、58.50 亿 m^3、56.57 亿 m^3、54.05 亿 m^3 和 39.61 亿 m^3；有 13 个行业的虚拟水净出口系统效应小于 0，净出口系统效应小于 0 中排名靠前的行业有农业、金属矿采选业、石油和天然气开采业、工艺品及其他制造业（含废品废料）、食品制造及烟草加工业，它们的净出口系统效应分别为 -233.93 亿 m^3、-129.57 亿 m^3、-57.68 亿 m^3、-37.23亿 m^3 和 -30.61 亿 m^3。

第三，大部分行业的生产系统影响效应和净出口系统影响效应方向相反。图6-20分为四个象限，象限Ⅰ表示净出口系统影响效应为负，而生产系统影响效应为正；象限Ⅱ表示净出口系统影响效应为正，生产系统影响效应也为正；象限Ⅲ表示净出口系统影响效应和生产系统影响效应均为负；象限Ⅳ表示净出口系统影响效应为正，而生产系统影响效应为负。总体来看，大部分行业落到了象限Ⅰ和象限Ⅳ中。

具体来看，落在象限Ⅰ里面的行业有农业，石油和天然气开采业，金属矿采选业，化学工业，通用、专用设备制造业，交通运输设备制造业等，显示了这些行业2002—2010年虚拟水净出口的变化中，生产系统的影响效应（包括直接用水系数的变化和技术变动）使得虚拟水净出口量增加，而净出口系统的影响效应（包括净出口规模和净出口结构）则使得虚拟水净出口有所下降；落在象限Ⅱ的行业仅有金属冶炼及压延加工业，说明金属冶炼及压延加工业2002—2010年的虚拟水净出口的变动中，生产系统的影响效应和净出口系统的影响效应均呈现正向影响；落在象限Ⅲ的行业有食品制造及烟草加工业、住宿和餐饮业，说明这两个行业2002—2010年的虚拟水净出口的变动中，生产系统的影响效应和净出口系统的影响效应均使得虚拟水净出口呈现下降趋势；落在象限Ⅳ中的行业有纺织业，纺织服装鞋帽皮革羽绒及其制品业，木材加工及家具制造业，造纸印刷及文教体育用品制造业，非金属矿物制品业，金属制品业，电气机械及器材制造业，通信设备、计算机及其他电子设备制造业，建筑业，交通运输仓储和邮政业，批发和零售业，其他服务业，主要为轻工业、部分重工业和大部分服务业，说明这些行业2002—2010年的虚拟水净出口的变动中，生产系统的影响效应使得虚拟水净出口量降低，而净出口系统的影响效应则使得虚拟水净出口增加。

二　基于省（自治区、直辖市）的分析

利用式（6-20）至式（6-24），分别计算中国30个省（自治

区、直辖市）2002—2007年水足迹变动的用水强度效应、技术变动效应、净出口规模效应及净出口结构效应，结果如表6－5所示。

表6－5　2002—2007年30个省（自治区、直辖市）虚拟水净出口变动的结构分解　单位：亿 m^3

地区	用水强度效应	技术变动效应	净出口规模效应	净出口结构效应	总效应
北京	17.57	－2.54	21.98	－36.72	0.29
天津	3.15	－0.81	1.48	－8.30	－4.49
河北	－88.35	19.07	27.86	74.54	33.12
山西	3.28	－2.22	7.72	－15.26	－6.47
内蒙古	－91.03	9.37	128.05	8.23	54.62
辽宁	－16.34	0.05	14.68	22.47	20.86
吉林	－25.42	6.67	－916.71	919.80	－15.67
黑龙江	－103.05	－3.89	187.45	－16.46	64.05
上海	28.33	10.92	57.34	－161.09	－64.51
江苏	17.38	26.63	－16.46	－38.74	－11.18
浙江	3.61	－3.28	0.00	－2.37	－2.03
安徽	－48.45	13.48	－110.66	129.96	－15.68
福建	－12.05	5.17	10.48	1.20	4.80
江西	－6.04	－8.09	105.08	－119.15	－28.20
山东	13.22	21.38	115.26	－205.18	－55.31
河南	－39.90	－16.89	119.06	－38.33	23.93
湖北	－23.83	6.29	－17.82	20.67	－14.69
湖南	－151.06	－5.12	233.73	－17.25	60.31
广东	46.61	20.65	－57.52	－19.91	－10.17
广西	－154.68	0.28	104.99	107.98	58.56
海南	－8.82	1.80	－86.90	95.47	1.55
重庆	7.01	2.67	－11.11	－2.68	－4.11
四川	－43.71	4.74	56.89	－16.38	1.53
贵州	－18.95	－1.08	14.08	15.03	9.08
云南	－14.44	1.07	27.86	－6.75	7.74

续表

地区	用水强度效应	技术变动效应	净出口规模效应	净出口结构效应	总效应
陕西	-1.95	-7.40	2.96	10.59	4.20
甘肃	6.14	-4.14	0.91	4.85	7.76
宁夏	-16.01	8.11	6.03	4.18	2.31
青海	-2.97	0.92	1.52	7.88	7.35
新疆	-298.27	-71.16	-11.49	475.78	94.86

1. 不同影响因素对水足迹变动影响的区域比较

（1）用水强度效应。图6-21为中国30个省（自治区、直辖市）虚拟水净出口变动的用水强度效应，显示了各省（自治区、直辖市）由于直接用水系数的变动导致的虚拟水净出口的变动，分析图6-21可得以下几点结论：

第一，总体来看，30个省（自治区、直辖市）虚拟水净出口变动的用水强度效应存在显著差异，这一点从图6-21表示的各省（自治区、直辖市）颜色差异上可以得到体现；此外，绝大部分省（自治区、直辖市）2002—2007年虚拟水净出口变动的用水强度效应为负，显示了大部分省（自治区、直辖市）用水效率的提高有利于虚拟水净出口的下降；从不同方向用水强度的大小看，用水强度为负的省（自治区、直辖市）的绝对值要大于用水强度为正的省（自治区、直辖市）的值。

第二，分析图6-21发现，用水强度效应为正的省（自治区、直辖市）共有10个，仅占全部省（自治区、直辖市）的33.3%，这些省（自治区、直辖市）虚拟水变动的用水强度效应介于3.15亿—46.61亿m^3之间。其中，用水强度效应大于20亿m^3的有上海和广东两个地方，用水强度效应分别为28.33亿m^3和46.61亿m^3，天津、山西、浙江、甘肃、重庆的用水强度效应相对较小，均小于10亿m^3。

第三，用水强度效应为负的省（自治区、直辖市）有20个，占全部省（自治区、直辖市）的66.7%。其中，新疆、广西、湖南、黑龙江4省（自治区、直辖市）是用水强度效应较大的省（自治区、直辖市），用水强度效应分别为-298.27亿m^3、-154.68亿m^3、

-151.06亿 m^3、-103.05 亿 m^3，而海南、江西、青海、陕西的用水强度效应相对较小，绝对值均小于10 亿 m^3。

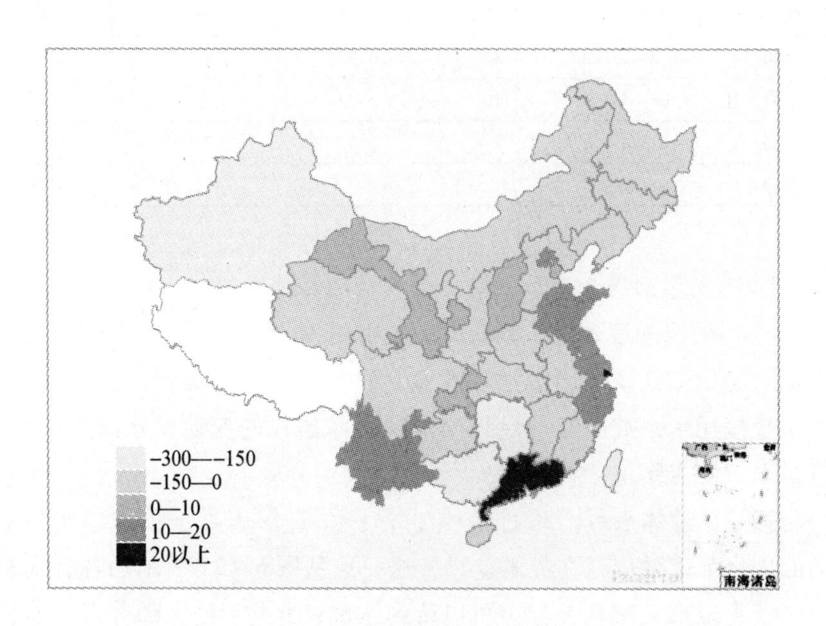

图6-21　中国30个省（自治区、直辖市）虚拟水净出口变动的用水强度效应（亿 m^3）

（2）技术变动效应。图6-22为中国30个省（自治区、直辖市）虚拟水净出口变动的技术变动效应，显示了各省（自治区、直辖市）由于技术变动（列昂惕夫逆矩阵的变动）导致的虚拟水净出口的变动，分析图6-22可得以下几点结论：

第一，大部分省（自治区、直辖市）的虚拟水净出口变动的技术变动效应大于0，显示了技术变动使大部分省（自治区、直辖市）的虚拟水净出口呈现上升趋势，这一点与虚拟水变动的用水强度效应相反。

第二，虚拟水净出口变动的技术变动效应为负的省（自治区、直辖市）共有12个，这些省（自治区、直辖市）的技术变动效应均集中在-0.81亿—-71.16亿 m^3 之间，技术变动效应最大的省区新疆（-71.16亿 m^3）是技术变动效应最小的省（自治区、直辖市）天津

（-0.81 亿 m^3）的 87.85 倍，显示了技术变动效应小于 0 省（自治区、直辖市）间的巨大差异。虚拟水净出口变动的技术变动效应为负的省（自治区、直辖市）还有河南、江西、陕西、湖南、甘肃、黑龙江、浙江、北京、山西、贵州，对应的技术变动效应分别为 -16.89 亿 m^3、-8.09 亿 m^3、-7.40 亿 m^3、-5.12 亿 m^3、-4.14 亿 m^3、-3.89 亿 m^3、-3.28 亿 m^3、-2.54 亿 m^3、-2.22 亿 m^3、-1.08 亿 m^3。

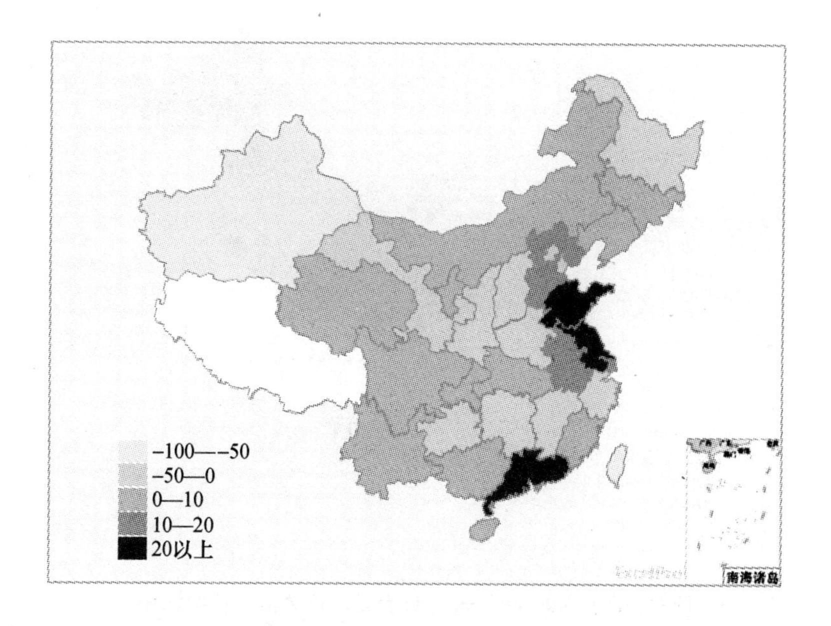

图 6-22　中国 30 个省（自治区、直辖市）虚拟水净出口变动的技术变动效应（亿 m^3）

第三，虚拟水净出口变动的技术变动效应为正的省（自治区、直辖市）共有 18 个，所有省（自治区、直辖市）的技术变动效应集中于 0.05 亿—26.63 亿 m^3，省（自治区、直辖市）间技术变动效应的差异并没有技术变动效应为负的省（自治区、直辖市）间的差异显著。广东（20.65 亿 m^3）、山东（21.38 亿 m^3）、江苏（26.63 亿 m^3）等是技术变动效应较大的省（自治区、直辖市），技术变动效应均大于 20 亿 m^3，而辽宁、广西、青海、云南、海南、重庆、四川等是技术变动效应较小的省（自治区、直辖市），技术变动效应均小于5亿m^3。

（3）净出口规模效应。图6-23为中国30个省（自治区、直辖市）虚拟水净出口变动的规模效应，显示了各省（自治区、直辖市）由于净出口规模的变动导致的虚拟水净出口的变动，分析图6-23可得以下几点结论：

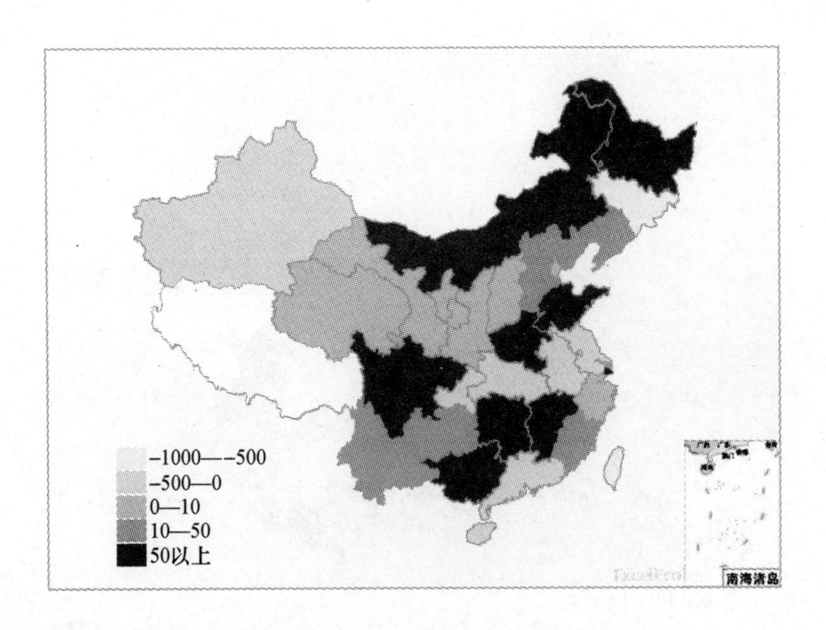

图6-23　中国30个省（自治区、直辖市）虚拟水净出口变动的规模效应（亿m^3）

第一，中国大部分省（自治区、直辖市）虚拟水净出口变动的规模效应为正，意味着由于净出口规模的变动，大部分省（自治区、直辖市）2002—2007年的虚拟水净出口呈现上升趋势，这一点与我国2002—2007年净出口贸易显著增长的事实相符。

第二，规模效应小于0的省（自治区、直辖市）共有8个，这些省（自治区、直辖市）虚拟水变动的规模效应介于-916.71亿—-11.11亿m^3之间，平均值为-153.58亿m^3。其中，规模效应最大的省（自治区、直辖市）为吉林（-916.71亿m^3），规模效应最小的省（自治区、直辖市）为重庆（-11.11亿m^3）。需要指出的是，除了吉林外，其余7个省（自治区、直辖市）的规模效应均小于平均值，说明了规模效应为负的省区分布并不均衡，差异较大。规模效应小于-20亿m^3的省（自治区、直辖市）有湖北、江苏、新疆、重庆，对应的规模效应分别为-17.82亿m^3、-16.46亿m^3、-11.49亿m^3、-11.11亿m^3。

第三，规模效应大于0的省（自治区、直辖市）共有22个，这些省（自治区、直辖市）虚拟水变动的规模效应介于0亿—233.73亿m^3。其中，规模效应大于100亿m^3的省（自治区、直辖市）有广西、江西、山东、河南、内蒙古、黑龙江、湖南，对应的规模效应分别为104.99亿m^3、105.08亿m^3、115.26亿m^3、119.06亿m^3、128.05亿m^3、187.45亿m^3、233.73亿m^3；规模效应小于10亿m^3的省（自治区、直辖市）有浙江、甘肃、天津、青海、陕西、宁夏、山西，对应的规模效应分别为0.00亿m^3、0.91亿m^3、1.48亿m^3、1.52亿m^3、2.96亿m^3、6.03亿m^3、7.72亿m^3。

（4）净出口结构效应。图6-24为中国30个省（自治区、直辖市）虚拟水净出口变动的结构效应，显示了各省（自治区、直辖市）由于净出口结构的变动导致虚拟水净出口的变动，分析图6-24可得以下几点结论：

第一，虚拟水净出口变动结构效应为正的地区集中在中西部地区，而东部地区的虚拟水净出口变动的结构效应大多为负，说明了2002—2007年，中西部地区由于净出口结构的变动使得虚拟水净出口呈现上升趋势，而东部地区由于净出口结构的变动导致虚拟水净出口呈现下降趋势。

第二，虚拟水净出口变动结构效应为负的省（自治区、直辖市）有15个，这些省（自治区、直辖市）虚拟水变动的结构效应介于-205.18亿—-2.37亿m^3之间，显示了不同省（自治区、直辖市）结构效应存在巨大差异。具体地看，山东是结构效应为负的省（自治区、直辖市）中结构效应最大的，为-205.18亿m^3，是唯一的结构效应大于-200亿m^3的省；上海、江西的结构效应也较大，均大于-100亿m^3；天津、云南、重庆、浙江等省（自治区、直辖市）的结构效应较小（均介于-10亿—-0亿m^3之间），对应的结构效应分别为-8.30亿m^3、-6.75亿m^3、-2.68亿m^3、-2.37亿m^3。

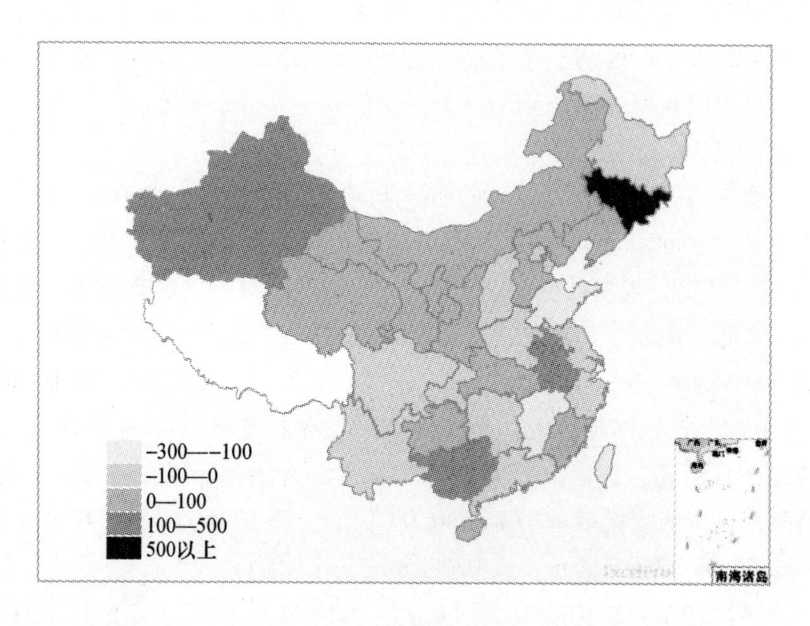

图6-24 中国30个省（自治区、直辖市）虚拟水净出口变动的结构效应（亿m^3）

第三，虚拟水净出口变动结构效应为正的省（自治区、直辖市）有15个，这些省（自治区、直辖市）虚拟水变动的结构效应介于1.2亿—919.80亿m^3。吉林是虚拟水净出口变动结构效应最大的省，结构效应为919.80亿m^3，也是唯一的虚拟水净出口变动结构效应大于500亿m^3的省，福建是虚拟水净出口变动结构效应最小的省，虚拟水净出口变动结构效应仅为1.2亿m^3；此外，虚拟水净出口变动结构效应大于100亿m^3的省（自治区、直辖市）还有广西、安徽、新疆，对应的结构效应分别为107.98亿m^3、129.96亿m^3、475.78亿m^3。福建、宁夏、甘肃、青海、内蒙古5省（自治区、直辖市）的虚拟水净出口变动结构效应较小，均小于10亿m^3，对应的结构效应分别为1.20亿m^3、4.18亿m^3、4.85亿m^3、7.88亿m^3和8.23亿m^3。

2. 生产系统影响效应与净出口系统影响效应的对比

利用式（6-27）和式（6-28）分别计算中国30个省（自治

区、直辖市）2002—2010 年水足迹变动的生产系统影响效应与净出口系统影响效应。

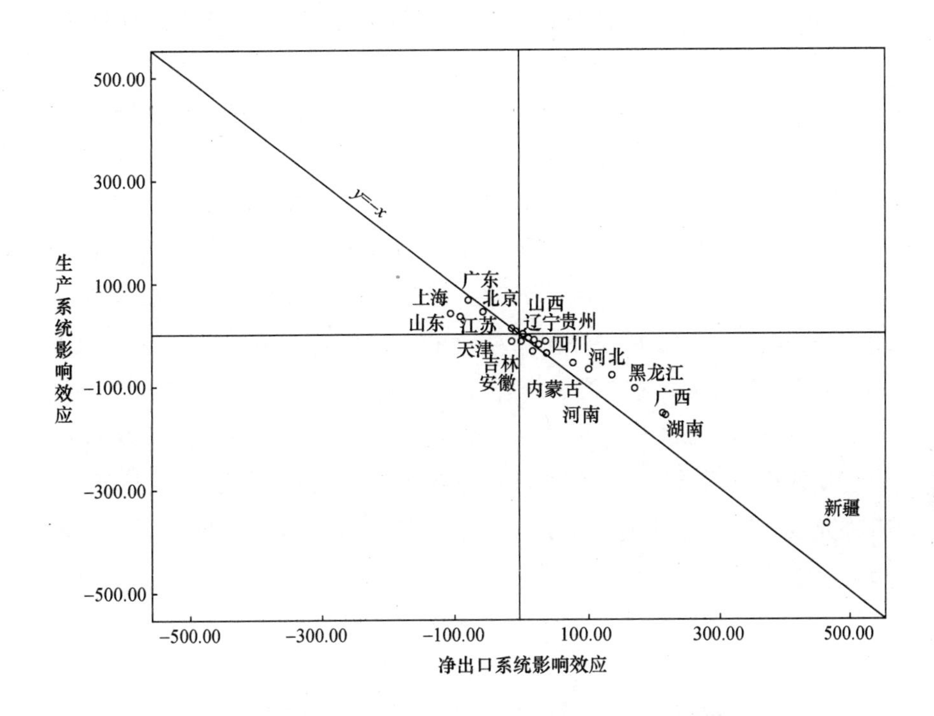

图 6－25　30 个省（自治区、直辖市）虚拟水出口变动的生产系统影响效应与净出口系统影响效应对比（亿 m^3）

图 6－25 为 30 个省（自治区、直辖市）虚拟水出口变动的生产系统影响效应与净出口系统影响效应对比，分析图 6－25 可得以下几点结论：

第一，从不同省（自治区、直辖市）的分布看，大部分省（自治区、直辖市）落在左上角象限（净出口系统影响效应小于 0，生产系统影响效应大于 0）和右下角象限（净出口系统影响效应大于 0，生产系统影响效应小于 0），仅有甘肃落在右上角象限、江西落在左下角象限，说明大部分省（自治区、直辖市）的净出口系统影响效应和生产系统影响效应对虚拟水净出口的变动表现出不同的影响方向。具体看，净出口系统影响效应小于 0、生产系统影响效应大于 0 的省

（自治区、直辖市）包括广东、上海、山东、江苏等省（自治区、直辖市），净出口系统影响效应大于0、生产系统影响效应小于0的省（自治区、直辖市）包括新疆、湖南、广西、黑龙江、湖南、内蒙古、河南等省（自治区、直辖市）。

第二，对虚拟水净出口变动的生产系统影响效应，大于0的有10个省（自治区、直辖市），最大的为广东（67.26亿 m^3），最小的为浙江（0.34亿 m^3），平均值为23.91亿 m^3。广东、江苏、上海、山东是虚拟水净出口变动的生产系统影响效应大于30亿 m^3 的省（自治区、直辖市），北京、重庆、天津、甘肃、山西的生产系统影响效应均小于20亿 m^3。虚拟水净出口变动的生产系统影响效应小于0的省（自治区、直辖市）有20个，最大的为新疆（-369.43亿 m^3），最小的为青海（-2.05亿 m^3），平均值为-60.10亿 m^3；虚拟水净出口变动的生产系统影响效应大于-100亿 m^3 的省（自治区、直辖市）有黑龙江、广西、湖南、新疆，小于-10亿 m^3 的省（自治区、直辖市）有青海、福建、海南、宁夏、陕西。

第三，对虚拟水净出口变动的净出口系统影响效应，大于0的省（自治区、直辖市）有20个，最大的为新疆（464.29亿 m^3），最小的为湖北（2.86亿 m^3），新疆是湖北的162.3倍，显示了省（自治区、直辖市）间虚拟水净出口变动的净出口系统影响效应巨大差异。除了新疆，虚拟水净出口变动的净出口系统影响效应大于100亿 m^3 的有湖南、广西、黑龙江、内蒙古和河北，净出口系统影响效应分别为216.48亿 m^3、212.96亿 m^3、170.98亿 m^3、136.29亿 m^3 和102.40亿 m^3，而青海、海南、甘肃、吉林、湖北等省（自治区、直辖市）的净出口系统影响效应较小，均小于10亿 m^3；虚拟水净出口变动的净出口系统影响效应小于0的省（自治区、直辖市）有10个，所有省（自治区、直辖市）介于-2.37亿—-103.75亿 m^3，上海（-103.75亿 m^3）是唯一的净出口系统影响效应大于-100亿 m^3 的地区，而浙江（-2.37亿 m^3）、天津（-6.82亿 m^3）、山西（-7.53亿 m^3）是净出口系统影响效应小于-10亿 m^3 的三个省（自治区、直辖市）。

第四，从各省（自治区、直辖市）生产系统影响效应与净出口系统影响效应的对比看。函数 $y=-x$ 将图 6－25 分为两部分：右上部分与左下部分。分析发现，右上部分省（自治区、直辖市）的生产系统影响效应与净出口系统影响效应相加均为正，表示生产系统影响效应与净出口系统影响效应的综合效应使得虚拟水净出口上升，一共有 16 个省（自治区、直辖市）落入右上部分，代表省（自治区、直辖市）有新疆、黑龙江、湖南、广西、内蒙古、河北、河南等；左下部分省（自治区、直辖市）的生产系统影响效应与净出口系统影响效应相加均为负，表示生产系统影响效应与净出口系统影响效应的综合效应使得虚拟水净出口下降，一共有 12 个省（自治区、直辖市）位于左下部分，代表省（自治区、直辖市）有江苏、湖北、吉林、安徽、山东、上海等。

第四节　本章小结

建立于投入产出基础上的结构分解分析是研究环境变化驱动因素的有效方法。本章利用结构分解分析，对中国及 30 个省（自治区、直辖市）水足迹变动的影响因素、虚拟水净出口变动的影响因素进行了分析，将水足迹变动的驱动因素分解为用水强度效应、技术变动效应、人口规模效应、人均消费水平效应以及最终需求结构效应，将虚拟水净出口变动的驱动因素分解为用水强度效应、技术变动效应、净出口规模效应以及净出口结构效应，经过分析得出以下几点结论。

一　水足迹变动的结构分解

第一，不同影响因素在中国水足迹变动的过程中在影响大小和影响方向上差异较大。其中，用水强度效应在三个时间段均为负值，技术变动效应在不同时间段对中国水足迹的变动表现出不同的影响，人口规模效应在不同时间段始终增加中国水足迹，人均消费水平效应对中国水足迹变动的影响与人口规模效应相同，对水足迹的增加表现出促进作用，最终需求结构效应对中国水足迹的变动也呈现正向作用。

第二，从不同影响因素对中国行业水足迹变动影响看，用水强度效应对农业、食品制造及烟草加工业、建筑业、其他服务业水足迹变动的影响较大，能源开采及大部分轻工业水足迹变动受用水强度效应的影响较小；技术变动效应对建筑业，其他服务业，食品制造及烟草加工业，电力、热力的生产和供应业等行业水足迹变动的影响最大，对采矿业和大部分制造业则影响较小；人口规模效应对中国绝大部分行业的水足迹变动均呈现正向影响，影响较大的几个行业有农业、食品制造及烟草加工业、建筑业和其他服务业，而能源开采业、大部分制造业以及服务业水足迹变动的人口规模效应并不显著；农业、食品制造及烟草加工业、建筑业和其他服务业的水足迹变动受人均消费水平影响较大，大多数重工业制造业和服务业水足迹也受人均消费水平的影响较为显著；最终需求结构对 14 个行业水足迹变动表现负向影响，对 15 个行业水足迹变动表现正向影响。

第三，生产系统影响效应与最终需求系统影响效应对水足迹的变动呈现截然相反的情况。水足迹变动的生产系统影响效应均为负值，说明生产系统的变动对各行业水足迹均为负向影响，除了农业、纺织业、煤炭开采和洗选业两个行业外，各行业的最终需求系统影响效应均为正值，说明最终需求系统对各行业水足迹变动大多数为正向影响。

第四，从不同省（自治区、直辖市）水足迹变动的影响因素看，30 个省（自治区、直辖市）2002—2007 年水足迹变动的用水强度效应均为负值，绝大部分省（自治区、直辖市）水足迹变动的技术变动效应为正值，绝大部分省（自治区、直辖市）的人口规模效应为正值，30 个省（自治区、直辖市）水足迹变动的人均最终需求效应均为正值，30 个省（自治区、直辖市）2002—2007 年水足迹变动的最终需求结构效应均为负值。

第五，从 30 个省（自治区、直辖市）水足迹变动的生产系统与需求系统对比看，中国 30 个省（自治区、直辖市）水足迹变动的生产系统影响效应均为负值，而 30 个省（自治区、直辖市）水足迹变动的最终需求影响效应则均为正值，生产系统影响效应较大的省（自治区、直辖市）有河南、广西、天津、新疆、广东和江苏等，最终需求系统影响效应较大的省（自治区、直辖市）有江苏、广东、河南、天津和新疆等。

二　虚拟水净出口变动的结构分解

第一，不同影响因素在虚拟水净出口变动的过程中在影响绝对值和影响方向上差异较大。用水强度效应在三个时间段均为负值，技术变动效应在不同时间段对中国虚拟水净出口的变动表现出不同的影响，净出口规模效应在虚拟水变动过程中表现出先上升又下降的特点，净出口结构效应使得中国虚拟水净出口呈现先下降又上升，再下降的过程。

第二，农业，石油和天然气开采业等行业虚拟水净出口变动受用水强度的影响较大，金属矿采选业，纺织业，纺织服装鞋帽皮革羽绒及其制品业等行业虚拟水净出口变动受技术变动影响显著，而大部分重工业制造业虚拟水净出口的变动受技术变动的影响较小；受净出口规模效应影响最大的三个行业为农业、纺织业、纺织服装鞋帽皮革羽绒及其制品业；虚拟水净出口变动的结构效应较大的行业有农业、轻工业、化工行业和部分服务业，而重工业制造业的虚拟水净出口受结构效应影响相对较小。

第三，分析生产系统影响效应与净出口系统影响效应，生产系统效应对不同行业虚拟水变动的影响差异较大，净出口系统效应对不同行业虚拟水变动的影响差异也较大，大部分行业的生产系统影响效应和净出口系统影响效应方向相反。

第四，从不同省（自治区、直辖市）虚拟水净出口变动的影响因素看，绝大部分省（自治区、直辖市）2002—2007 年虚拟水净出口变动的用水强度效应为负；大部分省（自治区、直辖市）的虚拟水净出口变动的技术变动效应为正值，显示了技术变动使得大部分省（自治区、直辖市）的虚拟水净出口呈现上升趋势；中国大部分省（自治区、直辖市）虚拟水净出口变动的规模效应为正；虚拟水净出口变动结构效应为正的地区集中在中西部地区，而东部地区的虚拟水净出口变动的结构效应大多为负。

第五，从 30 个省（自治区、直辖市）虚拟水净出口变动的生产系统与净出口系统对比看，大部分省（自治区、直辖市）的净出口系统影响效应和生产系统影响效应对虚拟水净出口的变动表现出不同的影响方向；虚拟水净出口变动的生产系统影响效应较大的省（自治区、直辖市）有广东、江苏、上海、山东等；虚拟水净出口变动的净出口系统影响效应较大的省（自治区、直辖市）有湖南、广西、黑龙江、内蒙古和河北等。

第七章　完全消耗口径水资源之行业间虚拟水转移分析

本章基于投入产出分析的虚拟水转移矩阵测度方法计算中国2002年、2005年、2007年和2010年各年度经济系统内部的虚拟水转移情况，同时对不同省（自治区、直辖市）2007年行业间的虚拟水转移情况进行分析。目前，还没有对中国及中国各省（自治区、直辖市）虚拟水转移进行研究，只有马忠、张继良[52]对中国张掖市经济系统内部的虚拟水转移进行研究。从实践角度看，厘清中国经济系统内部各行业间虚拟水的流动情况，对中国水资源管理具有重要的参考价值。

第一节　经济系统内部虚拟水转移的测度方法

一　虚拟水净转移量

由第四章的分析可知，行业直接用水可以表示为：

$$w_j = q_j x_j \tag{7-1}$$

式（7－1）中，w_j 为行业 j 的生产过程中消耗的实体水，q_j 为行业 j 的直接用水系数，x_j 为行业 j 的总产出。

完全用水系数向量可以表示为：

$$H = Q \cdot (I - \hat{\varepsilon}A)^{-1} \tag{7-2}$$

式（7－2）中，Q 为直接用水系数，$(I-\hat{\varepsilon}A)^{-1}$ 为剔除中间进口品后的列昂惕夫逆矩阵。

由此，行业 j 的完全用水量可以表示为：

$$tw_j = h_j y_j \tag{7-3}$$

式（7－3）中，tw_j 为部门 j 的完全需水量，表示部门 j 为生产最终使用产品而对整个经济系统各部门的直接和间接需求水总量，h_j 为行业 j 的完全用水系数，y_j 为最终需求，包括居民消费、政府消费、固定资本形成总额和净出口之和。①

结合式（7－1）至式（7－3）以及投入产出模型 $X=(I-\hat{\varepsilon}A)^{-1}F$，得到：

$$TW = H \cdot F = Q(I-\hat{\varepsilon}A)^{-1}F = Q \cdot X = W \tag{7-4}$$

$$\sum_j tw_j = \sum_j h_j f_j = \sum_j q_j x_j = \sum_j w_j \tag{7-5}$$

式（7－5）表示，经济系统各行业为生产最终需求产品使用的用水总量等于各行业生产过程中的直接用水量之和。对某个具体产业来说，直接生产用水和为生产最终使用产品需要的用水不一定相等，两者间的关系可以表述为：产业生产过程中的直接生产用水在经济系统内部各产业部门生产需求中通过商品交易而流动。由此，直接生产用水与生产最终使用产品需要的用水量之间的差额就是产业部门间的虚拟水转移量。

对于 j 行业来说，j 行业虚拟水的净转移量可以表示为：

$$Dw_j = tw_j - w_j \tag{7-6}$$

式（7－6）中，Dw_j 为 j 行业转移到其他产业行业的虚拟水。若 $Dw_j>0$（j 行业完全用水量大于其直接用水量），说明了 j 行业在生产过程中通过购入其他行业的产品，输入了其他行业转移来的虚拟水；反之，若 $Dw_j<0$（j 行业完全用水量小于其直接用水量），说明了 j 行业通过提供给其他行业中间投入品，从而将虚拟水转移给其他行业。

事实上，式（7－1）表达的直接用水量是从生产者角度衡量的用水指标，式（7－3）表达的完全用水量是从消费者角度衡量的用水指

① 需要指出的是，净出口并不是贸易的出口直接减去进口，进口包括中间需求进口和最终需求进口，此处的进口应该为用于最终需求的进口。用于最终需求的进口为最终使用合计×（进口/进口＋总产出），最终使用合计为最终消费支出、资本形成总额、出口之和。由此，国内最终需求可以表示为最终使用合计－最终使用合计×［进口/（进口＋总产出）］＝最终使用合计×总产出/（进口＋总产出）。

标，用两者之间的差额表示的虚拟水转移也是从生产者和消费者角度考察的用水差额，这在温室气体排放所产生的责任共担方面已受到广泛的关注[94,111-118]。

二　虚拟水转移去向——虚拟水转移矩阵

对于虚拟水转移的去向，可以用行业间虚拟水转移矩阵来表示，令 $VW = H\hat{Y}$，$\hat{Y}$为投入产出表中最终需求列向量的对角化矩阵。矩阵 VW 中的元素 vw_{ij}表示 j 行业最终需求导致的 i 行业用水量的增加。矩阵 VW 减去其转移矩阵 VW^T 得：

$$TVW = VW - VW^T = \begin{bmatrix} 0 & tvw_{12} & \cdots & tvw_{1n} \\ tvw_{21} & 0 & \cdots & tvw_{2n} \\ \vdots & \vdots & \cdots & \vdots \\ tvw_{n1} & tvw_{n2} & \cdots & 0 \end{bmatrix} \tag{7-7}$$

式（7-7）中，TVW 主对角元素均为 0，表示各行业对自身的虚拟水转移均为 0。tvw_{ij}表示 j 行业最终需求所导致的 i 行业对 j 行业的虚拟水转移。各行加和 $\sum_j tvw_{ij}$ 表示 i 行业对经济系统的虚拟水净转移量；各列加和 $\sum_i tvw_{ij}$ 表示经济系统对 j 行业的虚拟水净转移量。由此可知，对 k 行业，k 行业的行和与列和一定互为相反数，$\sum_i tvw_{ik} + \sum_j tvw_{kj} = 0$，即经济系统对 k 行业虚拟水的净转移量一定等于 k 行业对经济系统虚拟水转移量的负数。

第二节　基于中国的实证分析

一　行业虚拟水净转移量分析

应用式（7-6）计算得到中国 2002—2010 年各行业的虚拟水净转移量，如表 7-1 所示。

图 7-1 为中国各行业虚拟水净转移量平均值（2002—2010 年），分析图 7-1 和表 7-1 可得以下几点结论：

表7-1　　中国2002—2010年各行业虚拟水净转移量①　　单位：亿 m^3

行业	2002年	2005年	2007年	2010年	平均值
农业	-1726.14	-2140.55	-2347.57	-2601.47	-2203.93
煤炭开采和洗选业	4.33	-22.87	-13.02	-23.15	-13.68
石油和天然气开采业	-1.62	-5.44	-6.21	-7.29	-5.14
金属矿采选业	-8.57	-0.08	-20.06	-19.70	-12.10
非金属矿及其他矿采选业	0.75	-2.53	-1.73	-1.51	-1.25
食品制造及烟草加工业	510.63	709.94	794.79	964.10	744.86
纺织业	116.04	169.17	200.57	148.71	158.62
纺织服装鞋帽皮革羽绒及其制品业	145.46	201.27	231.14	233.19	202.77
木材加工及家具制造业	37.73	46.92	86.96	73.70	61.33
造纸印刷及文教体育用品制造业	-13.82	-18.73	-50.85	-65.26	-37.17
石油加工、炼焦及核燃料加工业	-8.06	-21.69	-21.99	-31.36	-20.78
化学工业	12.77	-13.82	-2.05	-19.84	-5.73
非金属矿物制品业	8.60	1.91	-0.79	-1.56	2.04
金属冶炼及压延加工业	-64.09	-60.91	-48.27	-83.38	-64.16
金属制品业	32.30	26.73	39.76	23.56	30.59
通用、专用设备制造业	91.59	143.50	132.52	156.65	131.06
交通运输设备制造业	48.62	72.69	97.27	150.62	92.30
电气机械及器材制造业	43.45	70.36	94.26	125.09	83.29
通信设备、计算机及其他电子设备制造业	69.14	102.06	103.76	109.89	96.21
仪器仪表及文化办公用机械制造业	10.82	20.71	14.33	14.90	15.19
工艺品及其他制造业（含废品废料）	18.15	12.07	28.49	46.21	26.23
电力、热力的生产和供应业	-539.67	-689.47	-648.49	-589.38	-616.75

① 由于中国投入产出表存在一列“其他”的调整项，以保证各行业的总投入等于总产出，使得所有行业的虚拟水净转移量之和并不为0。各省（自治区、直辖市）投入产出表中的“其他”项基本为0，计算得到的全部行业虚拟水净转移量之和为0。

续表

行业	2002 年	2005 年	2007 年	2010 年	平均值
燃气生产和供应业	3.50	3.17	0.69	3.02	2.60
水的生产和供应业	1.06	-11.39	-3.68	-0.11	-3.53
建筑业	573.57	760.66	479.45	558.55	593.05
交通运输仓储和邮政业	40.95	58.85	40.34	37.55	44.42
批发和零售业	36.30	52.74	54.64	39.93	45.90
住宿和餐饮业	190.13	139.17	159.55	144.24	158.27
其他服务业	312.50	406.70	373.78	434.41	381.85

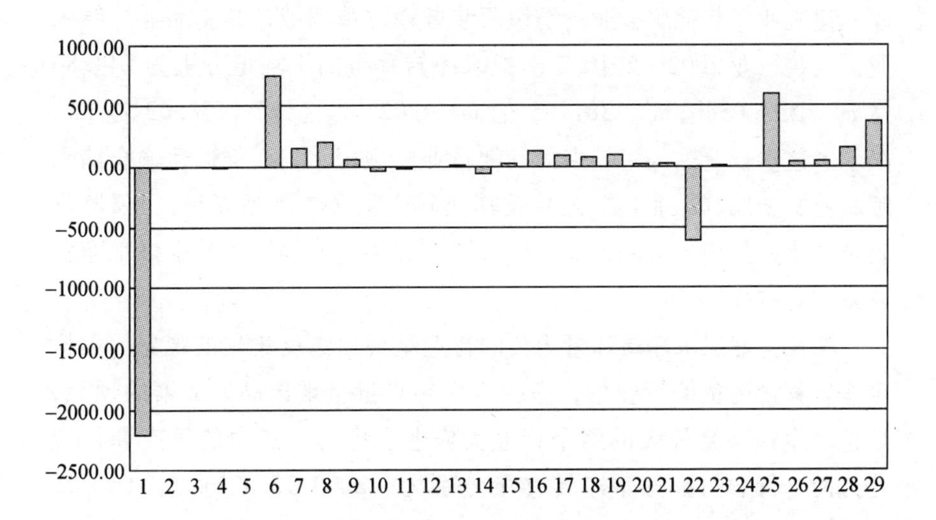

图 7-1　中国各行业虚拟水净转移量平均值

（2002—2010 年）（亿 m^3）

第一，绝大部分行业虚拟水净转移量为正，不同行业的虚拟水净转移方向有所差异。从虚拟水转移方向看，绝大部分行业的虚拟水净转移量为正，表示大部分行业通过商品交换的形式输入了其他行业的水资源。有 18 个行业的虚拟水净转移量为正，这些行业主要为轻工业制造业、重工业制造业和服务业；有 11 个行业的虚拟水净转移量为负，这些行业主要为农业、能源开采及加工业、能源供给业（如电力、热力的生产和供应业，水的生产和供应业）。

分析发现，虚拟水行业间转移具有显著的行业特点，即不同类型行业的虚拟水净转移状况差别较大：农业、能源开采及加工业、能源供给业直接用水量较多，但是消耗其他行业的中间投入品少，因此表现出虚拟水净转移量为负的特点，即向其他行业转移虚拟水；而轻工业制造业、重工业制造业和服务业等行业虽然直接用水较少，但是生产过程中用到了较多的农业等行业的中间投入品，因此表现出虚拟水净转移量为正的特点，即输入了其他行业转移来的虚拟水。

第二，虚拟水净转移量为正的行业以轻工业制造业为主。虚拟水净转移量为正的行业中，排名前 5 位的行业为食品制造及烟草加工业、建筑业、其他服务业、纺织服装鞋帽皮革羽绒及其制品业、纺织业，这些行业 2002—2010 年虚拟水净转移量的平均值分别为 744.86 亿 m^3、593.05 亿 m^3、381.85 亿 m^3、202.77 亿 m^3、158.62 亿 m^3，显示了这些行业输入了较多的其他行业的虚拟水，而交通运输仓储和邮政业、金属制品业、工艺品及其他制造业（含废品废料）、仪器仪表及文化办公用机械制造业、燃气生产和供应业等行业的虚拟水净转移量相对较少。

第三，虚拟水净转移量为负的行业呈现出高度集聚的现象。虚拟水净转移量为负的行业中，虚拟水净转移量呈现出高度集聚的现象，虚拟水净转移量最大的两个行业为农业和电力、热力的生产和供应业，两个行业的虚拟水净转移量分别为 -2203.93 亿 m^3、-616.75 亿 m^3，占全部虚拟水净转移量为负的行业之和的 94.52%，说明了农业及电力、热力的生产和供应业通过商品交换形式向别的行业转移了众多虚拟水。与此同时，能源开采业（非金属矿及其他矿采选业、石油和天然气开采业、金属矿采选业、煤炭开采和洗选业）的虚拟水净转移量则相对较少。

二　行业间虚拟水转移去向分析

对行业间虚拟水转移去向分析，应用式计算中国 2002 年、2005 年、2007 年和 2010 年虚拟水转移矩阵。为了分析方便，同时考虑到对不同类别行业的虚拟水转移具有相同的特点，将 29 个行业合并为 7

个行业，分别为：农业，能源开采业①，轻工业②，重工业③，水、电、燃气的生产供应业④，建筑业以及服务业。⑤ 中国七大行业间2002年、2005年、2007年和2010年虚拟水转移矩阵平均值如表7-2所示。

表7-2　　中国七大行业间虚拟水转移矩阵　　单位：亿 m^3

行业	农业	能源开采	轻工业	重工业	水、电、燃气的生产供应业	建筑业	服务业	净输出合计
农业	0.00	0.81	862.66	174.38	-19.93	208.24	308.37	1534.53
能源开采业	-0.81	0.00	2.44	13.66	-3.75	10.91	4.80	27.25
轻工业	-862.66	-2.44	0.00	-4.14	-78.42	13.72	32.39	-901.56
重工业	-174.38	-13.66	4.14	0.00	-212.64	66.24	30.55	-299.75
水、电、燃气的生产供应业	19.93	3.75	78.42	212.64	0.00	168.17	135.33	618.24
建筑业	-208.24	-10.91	-13.72	-66.24	-168.17	0.00	-6.96	-474.24
服务业	-308.37	-4.80	-32.39	-30.55	-135.33	6.96	0.00	-504.48
净输入合计	-1534.53	-27.25	901.56	299.75	-618.24	474.24	504.48	0.00

第一，总体来看，农业为最大的虚拟水输出行业，轻工业为最大虚拟水输入行业。从七大行业虚拟水转移方向看，农业、能源开采和水电燃气的生产供应业向外输出虚拟水，而轻工业、重工业、建筑

---

① 包括煤炭开采和洗选业、石油和天然气开采业、金属矿采选业、非金属矿及其他矿采选业。

② 包括食品制造及烟草加工业、纺织业、纺织服装鞋帽皮革羽绒及其制品业、木材加工及家具制造业、造纸印刷及文教体育用品制造业。

③ 包括石油加工、炼焦及核燃料加工业，化学工业，非金属矿物制品业，金属冶炼及压延加工业，金属制品业，通用、专用设备制造业，交通运输设备制造业，电气机械及器材制造业，通信设备、计算机及其他电子设备制造业，仪器仪表及文化办公用机械制造业，工艺品及其他制造业（含废品废料）。

④ 包括电力、热力的生产和供应业，燃气生产和供应业，水的生产和供应业。

⑤ 交通运输仓储和邮政业，批发和零售业，住宿和餐饮业，其他服务业。

业、服务业则输入了虚拟水；从七大行业虚拟水转移量大小看，农业、能源开采和水电燃气的生产供应业一共向外输出了2180.02亿m^3虚拟水，其中，农业输出了1534.53亿m^3，占输出虚拟水总量的70.39%，能源开采向外转移了27.25亿m^3虚拟水，占输出虚拟水总量的1.25%，水、电、燃气的生产供应业向外输出了618.24亿m^3虚拟水，占输出虚拟水总量的28.36%；轻工业、重工业、建筑业、服务业共输入2180.03亿m^3虚拟水，其中，轻工业输入了901.56亿m^3，占全部输入虚拟水的41.36%，重工业输入虚拟水299.75亿m^3，占输入虚拟水总量的13.75%，建筑业输入虚拟水474.24亿m^3，占输入虚拟水总量的21.75%，服务业输入虚拟水为504.48亿m^3，占输入虚拟水总量的23.14%。

不同行业间虚拟水的转移反映了行业间水资源相互依赖的关系。从分析结果看，轻工业、重工业、建筑业、服务业需要经济系统虚拟水的输入，对其他行业水资源存在依赖，而农业，能源开采和水、电、燃气的生产供应业则对经济系统输出虚拟水。此外，由于虚拟水转移依托于商品在不同行业间的交换和流通，轻工业、重工业、建筑业、服务业输入其他行业虚拟水的事实也说明这些行业需要依赖于农业，能源开采和水、电、燃气的生产供应业产品的供给，显示了农业，能源开采和水、电、燃气的生产供应业为整个国民经济的上游产业，突出体现了产业间的关联作用。

第二，农业虚拟水的主要转移去向为轻工业，而且逐年增加。

图7-2为农业虚拟水转移去向（2002—2010年），分析图7-2可得以下两点结论：

首先，农业虚拟水转移去向包括能源开采、轻工业、重工业、建筑业和服务业。2002—2010年，农业平均转移到能源开采业、轻工业、重工业、建筑业和服务业的虚拟水分别为0.81亿m^3、862.66亿m^3、174.38亿m^3、208.24亿m^3、308.37亿m^3。需要指出的是，2002—2010年，农业平均输入了水、电、燃气的生产供应业虚拟水19.93亿m^3。

其次，动态来看，农业转移到轻工业、重工业、服务业的虚拟水逐年增加。农业转移到轻工业的虚拟水由2002年的669.60亿m^3

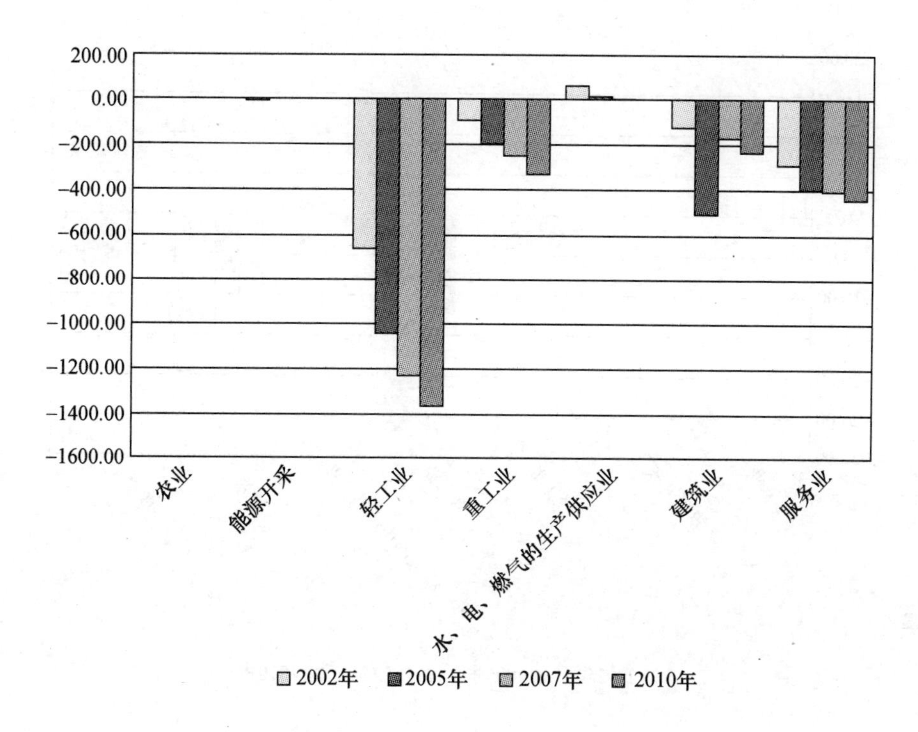

图 7－2　农业虚拟水转移去向（2002—2010 年）（亿 m^3）

增加到 2010 年的 1368. 06 亿 m^3，增长率为 104. 3%；农业转移到重工业的虚拟水由 2002 年的 92. 00 亿 m^3 增加到 2010 年的 332. 62 亿 m^3，增长率为 261. 5%；农业转移到服务业的虚拟水由 2002 年的 126. 04 亿 m^3 增加到 2010 年的 234. 56 亿 m^3，增长率为 86. 1%。

第三，能源开采虚拟水转移去向主要为重工业和建筑业，而且逐渐上升。

图 7－3 为能源开采虚拟水转移去向（2002—2010 年），分析图 7－3发现，能源开采向轻工业、重工业、建筑业和服务业转移了虚拟水，而输入了农业和水、电、燃气的生产供应业的虚拟水。2002—2010 年，能源开采平均向轻工业、重工业、建筑业和服务业转移虚拟水－2. 44 亿 m^3、－13. 66亿 m^3、－10. 91 亿 m^3、－4. 80 亿 m^3，输入了农业和水、电、燃气的生产供应业的虚拟水分别 0. 81 亿 m^3 和 3. 75 亿 m^3。

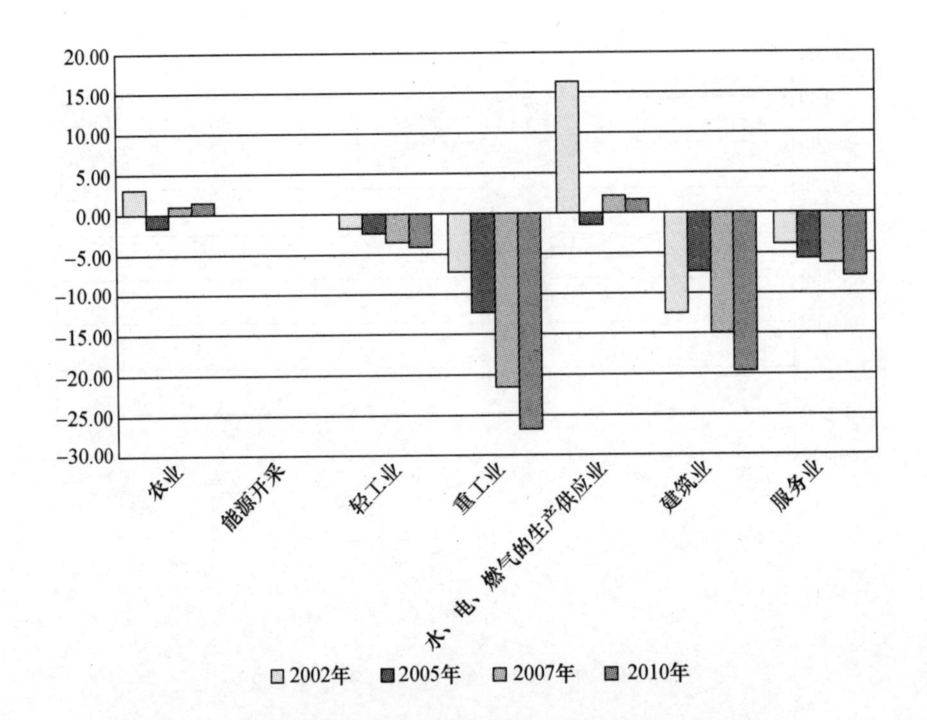

图7-3　能源开采虚拟水转移去向（2002—2010年）（亿m^3）

从动态来看，能源开采转移到各行业的虚拟水在逐渐上升。2002—2010年，能源开采转移到轻工业的虚拟水由1.83亿m^3增加到4.27亿m^3，增长率为133.3%；能源开采转移到重工业的虚拟水由7.23亿m^3增加到26.92亿m^3，增长率为272.3%；能源开采转移到建筑业的虚拟水由12.58亿m^3增加到19.62亿m^3，增长率为56.0%；能源开采转移到服务业的虚拟水由3.84亿m^3增加到8.06亿m^3，增长率为109.9%。

第四，轻工业输入了来自农业部门的最多的虚拟水转移。

图7-4为轻工业虚拟水转移去向（2002—2010年），分析图7-4发现，轻工业输入了来自农业，能源开采，重工业，水、电、燃气的生产供应业的虚拟水，而输出虚拟水到建筑业和服务业。2002—2010年，轻工业输入来自农业，能源开采，重工业，水、电、燃气的生产供应业的虚拟水分别为862.66亿m^3、2.44亿m^3、4.14亿m^3、78.42亿m^3，而输出虚拟水到建筑业和服务业分别为13.72亿m^3、

32.39 亿 m³。

尤其，轻工业对农业虚拟水转移存在显著的依赖性。2002—2010年，轻工业输入了来自农业的虚拟水分别为 669.60 亿 m³、1043.26 亿 m³、1232.38 亿 m³、1368.06 亿 m³，年均增长率为 9.34%。轻工业输入来自农业大量的虚拟水显示了轻工业与农业的紧密关系：轻工业在生产过程中需要较多的农产品作为中间投入，尤其是食品制造、纺织业等行业。

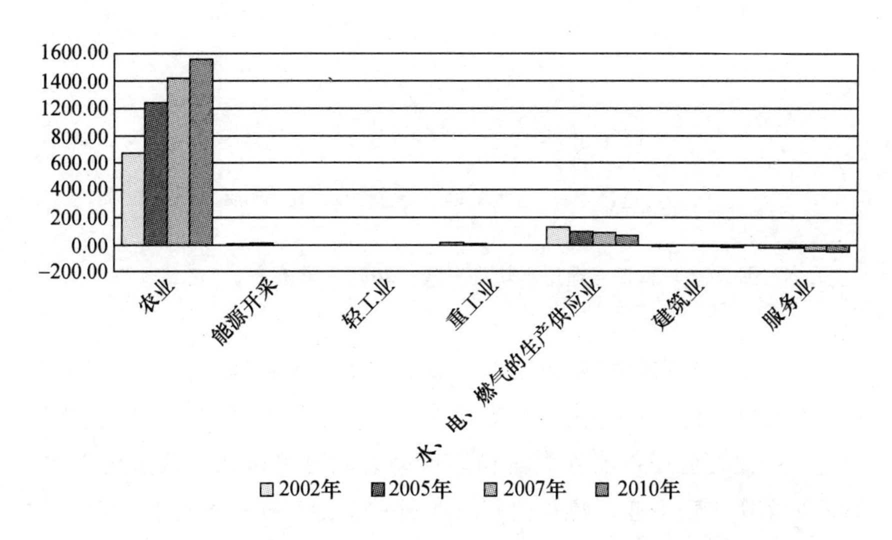

图 7－4 轻工业虚拟水转移去向（2002—2010 年）（亿 m³）

第五，重工业输入了主要来自农业和水、电、燃气的生产供应业的虚拟水，并向建筑业和服务业输出虚拟水。

图 7－5 为重工业虚拟水转移去向（2002—2010 年），分析图7－5发现，重工业输入了来自农业，能源开采，水、电、燃气的生产供应业的虚拟水，但是向轻工业、建筑业和服务业输出虚拟水。2002—2010 年，重工业平均输入来自农业，能源开采，水、电、燃气的生产供应业的虚拟水分别为 174.38 亿 m³、13.66 亿 m³、212.64 亿 m³，向轻工业、建筑业和服务业输出虚拟水平均为 4.14 亿 m³、66.24 亿 m³、30.55 亿 m³。

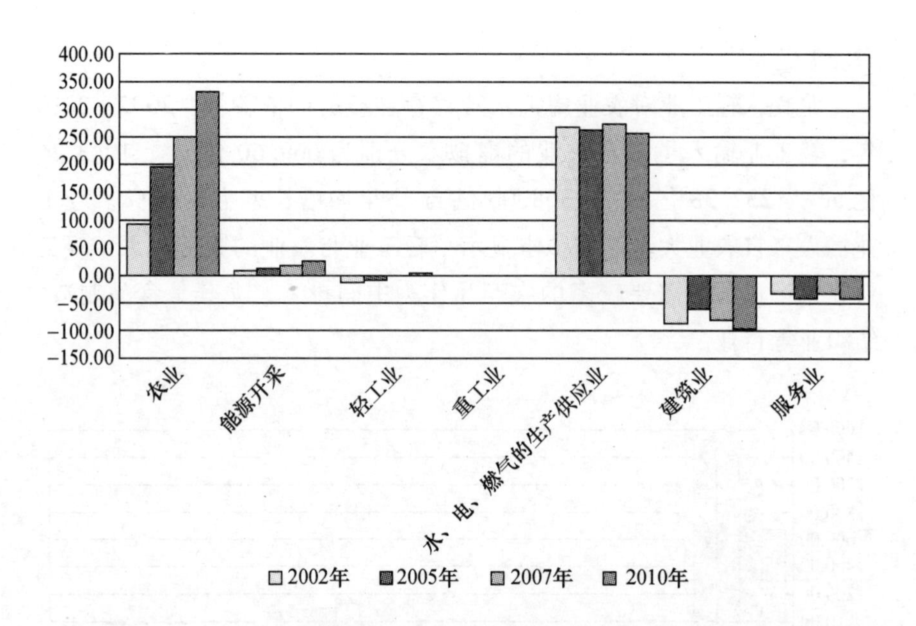

图 7-5　重工业虚拟水转移去向（2002—2010 年）（亿 m^3）

重工业虚拟水转移去向显示了重工业在国民经济各行业生产中起到重要的承接作用：农业，能源开采，水、电、燃气的生产供应业作为上游产业为重工业输入大量初级产品，同时也输入了众多虚拟水，重工业又作为轻工业、建筑业和服务业的上游产业，为这些产业提供了大量的中间投入品，同时转移虚拟水到这些行业。

第六，水、电、燃气的生产供应业向所有行业转移虚拟水，但是转移量存在一定程度的下降。

图 7-6 为水、电、燃气的生产供应业虚拟水转移去向（2002—2010 年），分析图 7-6 发现，2002—2010 年，水、电、燃气的生产供应业平均向农业、能源开采、轻工业、重工业、建筑业、服务业转移虚拟水 19.93 亿 m^3、3.75 亿 m^3、78.42 亿 m^3、212.64 亿 m^3、168.17 亿 m^3、135.33 亿 m^3，显示了水、电、燃气的生产供应业作为国民经济上游产业向其他行业转移众多的中间投入品。

从动态来看，2002—2010 年，水、电、燃气的生产供应业转移到其他行业的虚拟水存在一定程度的下降，其中，水、电、燃气的生产供应业转移到农业的虚拟水由 2002 年的 67.71 亿 m^3 下降到 2010 年的

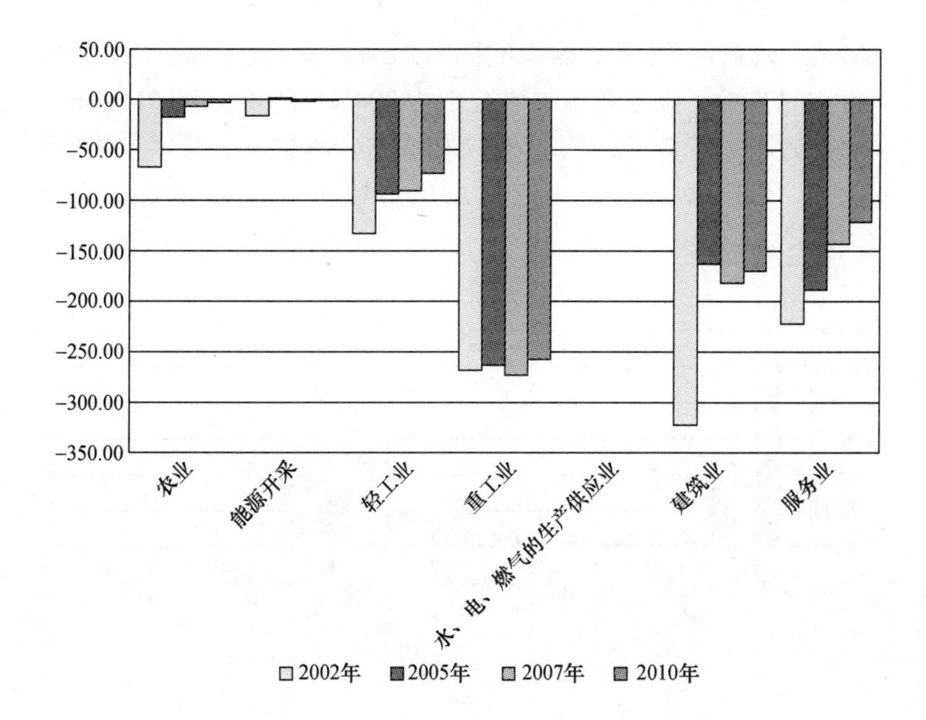

图 7-6　水、电、燃气的生产供应业虚拟水转移去向（2002—2010 年）（亿 m^3）

4.89 亿 m^3；水、电、燃气的生产供应业转移到能源开采的虚拟水由 2002 年的 16.29 亿 m^3 下降到 2010 年的 1.72 亿 m^3；水、电、燃气的生产供应业转移到轻工业的虚拟水由 2002 年的 132.91 亿 m^3 下降到 2010 年的 74.08 亿 m^3；水、电、燃气的生产供应业转移到重工业的虚拟水由 2002 年的 268.85 亿 m^3 下降到 2010 年的 256.41 亿 m^3；水、电、燃气的生产供应业转移到建筑业的虚拟水由 2002 年的 323.02 亿 m^3 下降到 2010 年的 170.43 亿 m^3；水、电、燃气的生产供应业转移到服务业的虚拟水由 2002 年的 222.45 亿 m^3 下降到 2010 年的 122.62 亿 m^3。

第七，建筑业输入了所有行业的虚拟水转移，以农业和水、电、燃气的生产供应业为主。

图 7-7 为建筑业虚拟水转移去向（2002—2010 年），分析图 7-7 发现，建筑业输入了其他六大行业的虚拟水转移。2002—2010 年，

建筑业平均输入了农业，能源开采，轻工业，重工业，水、电、燃气的生产供应业，服务业虚拟水分别为208.24亿 m^3、10.91亿 m^3、13.72亿 m^3、66.24亿 m^3、168.17亿 m^3、6.96亿 m^3，其中，农业和水、电、燃气的生产供应业的虚拟水输入占全部虚拟水输入的79.42%。

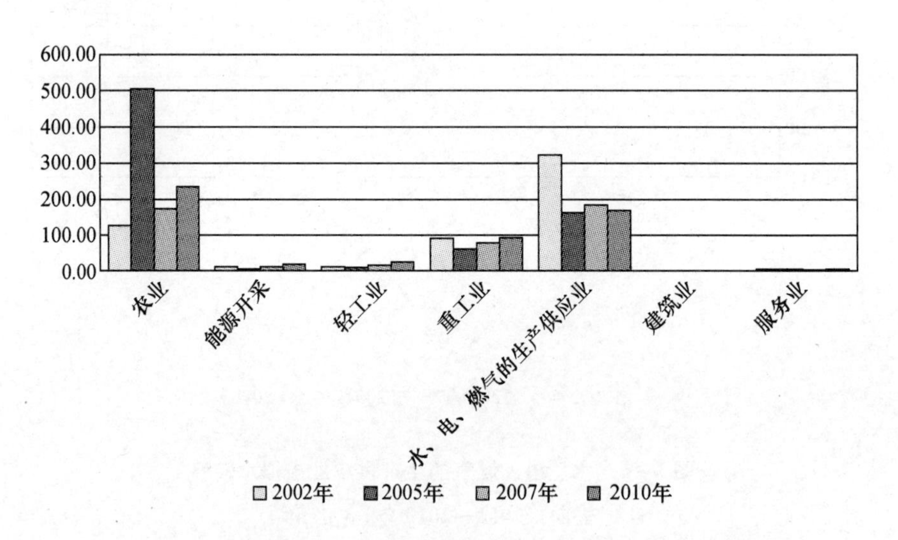

图7－7　建筑业虚拟水转移去向（2002—2010年）（亿 m^3）

从动态来看，不同年份农业和水、电、燃气的生产供应业转移虚拟水到建筑业的数量差别较大：农业2005年转移虚拟水到建筑业明显多于其他三个年份，水、电、燃气的生产供应业2002年转移虚拟水到建筑业则显著多于其他三个年份。其他行业不同时间转移虚拟水到建筑业差别并不显著。

第八，服务业输入除建筑业外其他行业的虚拟水，输入虚拟水以农业和水、电、燃气的生产供应业为主。

图7－8为服务业虚拟水转移去向（2002—2010年），分析图7－8发现，服务业输入农业，能源开采，轻工业，重工业，水、电、燃气的生产供应业等行业的虚拟水，而输出虚拟水到建筑业。2002—2010年，服务业平均输入农业，能源开采，轻工业，重工业，水、电、燃气的生产供应业的虚拟水分别为308.37亿 m^3、4.80亿 m^3、

32.39 亿 m^3、30.55 亿 m^3、135.33 亿 m^3，而输出虚拟水到建筑业为 6.96 亿 m^3。

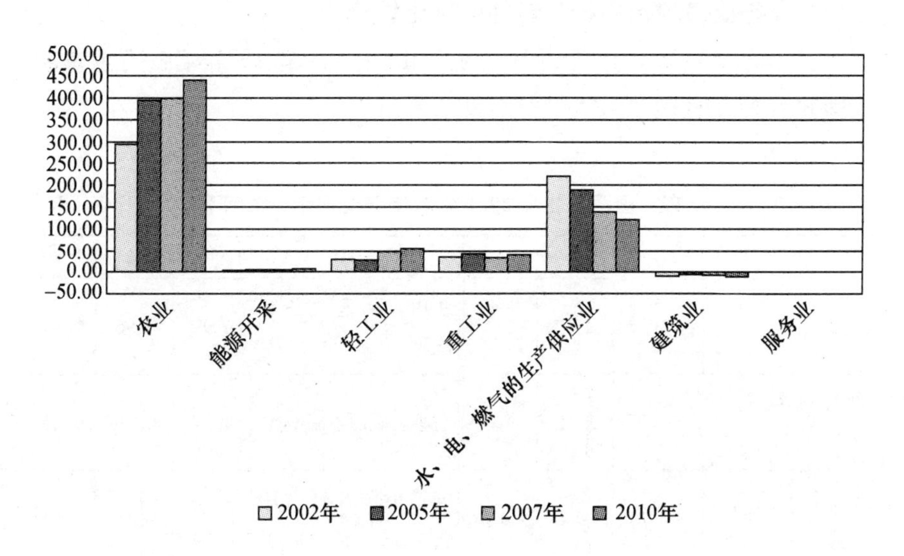

图7－8　服务业虚拟水转移去向（2002—2010年）（亿 m^3）

从动态来看，服务业输入来自农业的虚拟水呈现不断上升趋势，而农业输入来自水、电、燃气的生产供应业的虚拟水则逐渐下降。服务业输入来自能源开采、轻工业、重工业的虚拟水，输出到建筑业的虚拟水变动不大。

第三节　经济系统内部虚拟水转移的区域比较分析

与第三章相同，我们考察东中西部三个地区的经济系统内部虚拟水转移的区域差异。为了简便起见，选择广东省代表东部沿海地区，选择山西省代表中部地区，选择甘肃省代表西部地区，分析 2007 年①

① 由于2002年各省（自治区、直辖市）投入产出表没有调入，只有净调出，无法将最终需求部分的调入减去，分析暂不考虑2002年。

三个省（自治区、直辖市）各行业的虚拟水净转移量及各行业虚拟水转移去向。

一　行业虚拟水净转移量的区域比较分析

应用式（7－6）计算得到广东、山西、甘肃2007年各行业虚拟水净转移量，如表7－3和图7－9所示。

表7－3　　广东、山西、甘肃2007年各行业虚拟水净转移量 单位：亿m^3

行业	广东省	山西省	甘肃省	行业	广东省	山西省	甘肃省
农业	－110.78	－17.59	－21.35	通用、专用设备制造业	4.99	0.96	0.15
煤炭开采和洗选业	0.00	2.72	－0.13	交通运输设备制造业	4.27	0.19	0.03
石油和天然气开采业	－0.37	－0.01	－0.06	电气机械及器材制造业	10.00	0.15	0.04
金属矿采选业	－0.14	－0.42	－0.30	通信设备、计算机及其他电子设备制造业	12.46	0.01	0.02
非金属矿及其他矿采选业	－0.05	－0.08	0.00	仪器仪表及文化办公用机械制造业	1.79	0.01	0.00
食品制造及烟草加工业	51.21	5.79	10.78	工艺品及其他制造业（含废品废料）	1.51	－0.01	0.05
纺织业	2.58	0.67	0.53	电力、热力的生产和供应业	－65.74	－5.11	－5.94
纺织服装鞋帽皮革羽绒及其制品业	19.22	0.21	0.79	燃气生产和供应业	－0.18	0.17	0.01
木材加工及家具制造业	10.93	0.03	0.03	水的生产和供应业	－1.36	0.03	－0.03
造纸印刷及文教体育用品制造业	－3.83	0.34	－0.15	建筑业	27.83	5.34	5.10

续表

行业	广东省	山西省	甘肃省	行业	广东省	山西省	甘肃省
石油加工、炼焦及核燃料加工业	-0.22	1.04	0.16	交通运输仓储和邮政业	0.93	0.14	2.72
化学工业	2.82	-0.37	0.01	批发和零售业	2.18	-0.08	0.52
非金属矿物制品业	2.58	0.42	-0.06	住宿和餐饮业	17.02	1.00	1.97
金属冶炼及压延加工业	-0.48	1.15	2.40	其他服务业	10.49	2.56	2.90
金属制品业	0.44	0.17	0.00				

1. 虚拟水净转移方向在不同区域具有行业共性

图7-9为广东、山西、甘肃2007年各行业虚拟水净转移量，分析图7-9发现，特定行业在广东、山西、甘肃的虚拟水净转移方向相同，即不同地区虚拟水净转移具有行业共性。

广东、山西、甘肃三省在农业，石油和天然气开采业，金属矿采选业，非金属矿及其他矿采选业，电力、热力的生产和供应业等行业的虚拟水净转移量均为负值，显示了这些行业在这三个地区均向其他行业输出虚拟水；而广东、甘肃、山西三省在轻工业（如食品制造及烟草加工业、纺织业、纺织服装鞋帽皮革羽绒及其制品业、木材加工及家具制造业）、重工业（通用、专用设备制造业，交通运输设备制造业，电气机械及器材制造业，通信设备、计算机及其他电子设备制造业，仪器仪表及文化办公用机械制造业）、建筑业、服务业（交通运输仓储和邮政业，批发和零售业，住宿和餐饮业，其他服务业）的虚拟水净转移量均为正值，显示了这些行业在广东、山西、甘肃三省均输入了其他行业的虚拟水。

2. 东部地区的行业虚拟水净转移远大于中西部地区

图7-10为广东、山西、甘肃2007年各行业虚拟水净转移量比较，分析图7-10可知，广东省各行业的虚拟水净转移量远大于甘肃省和山西省。

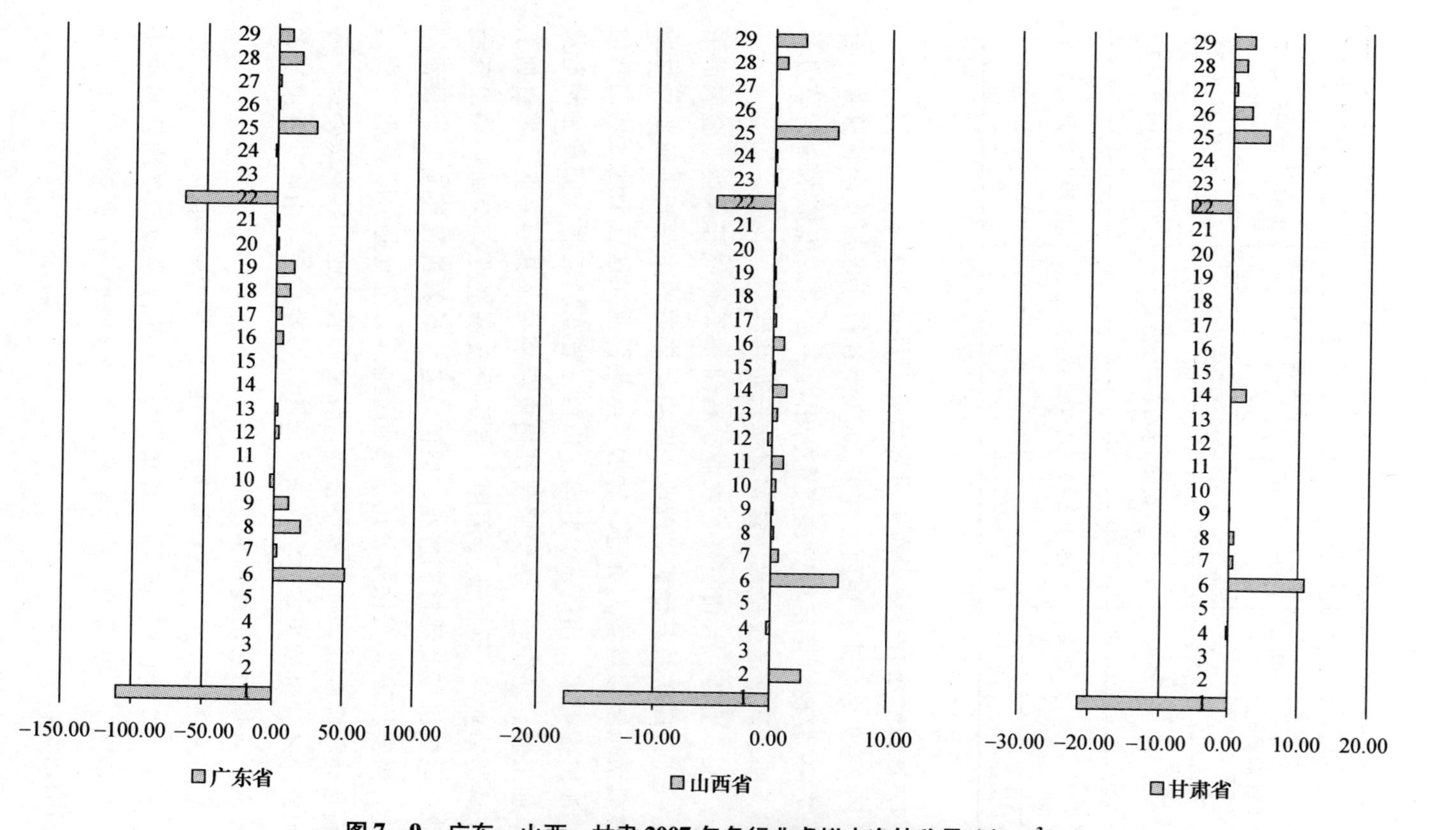

图7-9 广东、山西、甘肃2007年各行业虚拟水净转移量（亿m^3）

注：三个省（自治区、直辖市）各行业虚拟水净转移量横坐标大小不同。

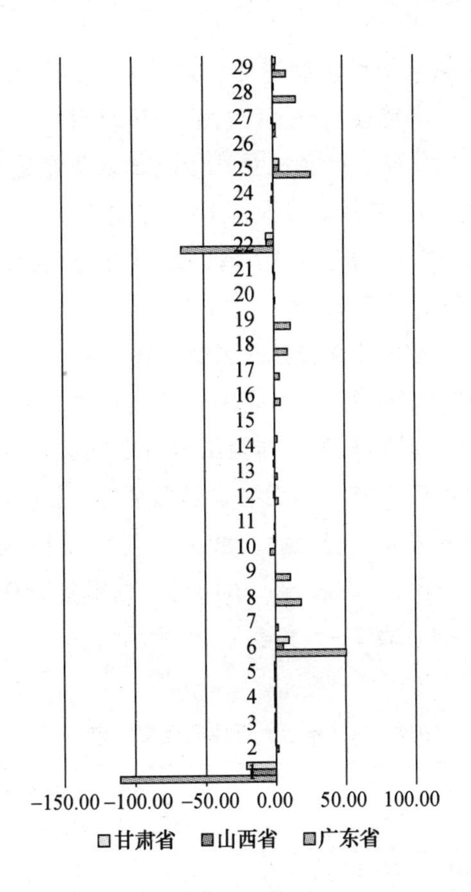

图7－10　广东、山西、甘肃2007年各行业虚拟水净转移量比较（亿 m^3）

对虚拟水净转移量为负的行业，农业与电力、热力的生产和供应业在三个省（自治区、直辖市）均为虚拟水净转移量较多的行业。数据显示，广东省2007年农业虚拟水净转移量为110.78亿 m^3，甘肃省和山西省的农业虚拟水净转移量分别为21.35亿 m^3、17.59亿 m^3，广东省农业虚拟水净转移量分别是甘肃省和山西省的5.19倍和6.30倍；广东省2007年电力、热力的生产和供应业虚拟水净转移量为65.74亿 m^3，甘肃省和山西省的电力、热力的生产和供应业虚拟水净转移量分别为5.94亿 m^3、5.11亿 m^3，广东省电力、热力的生产和供应业虚拟水净转移量分别是甘肃省和山西省的11.07倍和12.87倍。

对虚拟水净转移量为正的行业，食品制造及烟草加工业，通信设备、计算机及其他电子设备制造业，建筑业，其他服务业均为广东、甘肃、山西虚拟水净转移量较多的行业。2007 年，广东省食品制造及烟草加工业，通信设备、计算机及其他电子设备制造业，建筑业，其他服务业的虚拟水净转移量分别是山西省虚拟水净转移量的 90.90 倍、1033.91 倍、5.22 倍、4.10 倍，是甘肃省虚拟水净转移量的 24.34 倍、561.52 倍、5.46 倍、3.62 倍。

二 行业间虚拟水转移去向的区域比较分析

对行业间虚拟水转移去向，应用式分别计算广东省、山西省、甘肃省 2007 年虚拟水转移矩阵。与全国的行业间虚拟水转移分析相同，为了简便起见，将广东省、山西省、甘肃省 29 个行业合并为七大行业（农业，能源开采业，轻工业，重工业，水、电、燃气的生产供应业，建筑业和服务业）。广东省、山西省、甘肃省 2007 年虚拟水转移矩阵分别如表 7-4、表 7-5 和表 7-6 所示。

表 7-4　广东省 2007 年七大行业间虚拟水转移矩阵　单位：亿 m^3

	农业	能源开采	轻工业	重工业	水、电、燃气的生产供应业	建筑业	服务业
农业	0.00	0.03	73.88	10.83	-0.69	5.45	21.33
能源开采	-0.03	0.00	0.05	0.56	-0.16	0.11	0.04
轻工业	-73.88	-0.05	0.00	2.08	-11.09	0.60	2.24
重工业	-10.83	-0.56	-2.08	0.00	-28.19	1.94	-0.45
水、电、燃气的生产供应业	0.69	0.16	11.09	28.19	0.00	19.11	8.08
建筑业	-5.45	-0.11	-0.60	-1.94	-19.11	0.00	-0.63
服务业	-21.33	-0.04	-2.24	0.45	-8.08	0.63	0.00

表 7-5　山西省 2007 年七大行业间虚拟水转移矩阵　单位：亿 m^3

	农业	能源开采	轻工业	重工业	水、电、燃气的生产供应业	建筑业	服务业
农业	0.00	1.38	7.11	3.07	0.16	2.92	2.69
能源开采	-1.38	0.00	0.00	-0.10	-0.81	0.13	-0.06

续表

	农业	能源开采	轻工业	重工业	水、电、燃气的生产供应业	建筑业	服务业
轻工业	-7.11	0.00	0.00	-0.03	-0.07	0.05	0.11
重工业	-3.07	0.10	0.03	0.00	-1.77	0.94	0.02
水、电、燃气的生产供应业	-0.16	0.81	0.07	1.77	0.00	1.20	1.01
建筑业	-2.92	-0.13	-0.05	-0.94	-1.20	0.00	-0.10
服务业	-2.69	0.06	-0.11	-0.02	-1.01	0.10	0.00

表7-6　　甘肃省2007年七大行业间虚拟水转移矩阵　　单位：亿 m^3

	农业	能源开采	轻工业	重工业	水、电、燃气的生产供应业	建筑业	服务业
农业	0.00	0.02	11.96	0.72	-0.18	2.80	6.20
能源开采	-0.02	0.00	0.01	0.36	-0.01	0.13	0.03
轻工业	-11.96	-0.01	0.00	-0.02	-0.19	0.04	0.14
重工业	-0.72	-0.36	0.02	0.00	-2.54	0.62	0.16
水、电、燃气的生产供应业	0.18	0.01	0.19	2.54	0.00	1.45	1.64
建筑业	-2.80	-0.13	-0.04	-0.62	-1.45	0.00	-0.08
服务业	-6.20	-0.03	-0.14	-0.16	-1.64	0.08	0.00

分析表7-4、表7-5和表7-6各行业虚拟水转移去向发现，不同地区行业间虚拟水转移既存在很大的共性，又有区域特点。由于不同地区水资源禀赋、生产用水总量等差别较大，对不同地区各行业虚拟水转移进行大小比较分析没有实际意义，本节着眼于不同地区虚拟水转移去向的结构分析。

1. 不同地区农业虚拟水的主要转移去向均为轻工业

图7-11为广东、甘肃、山西2007年农业虚拟水转移去向，分析图7-11可得以下几点结论：

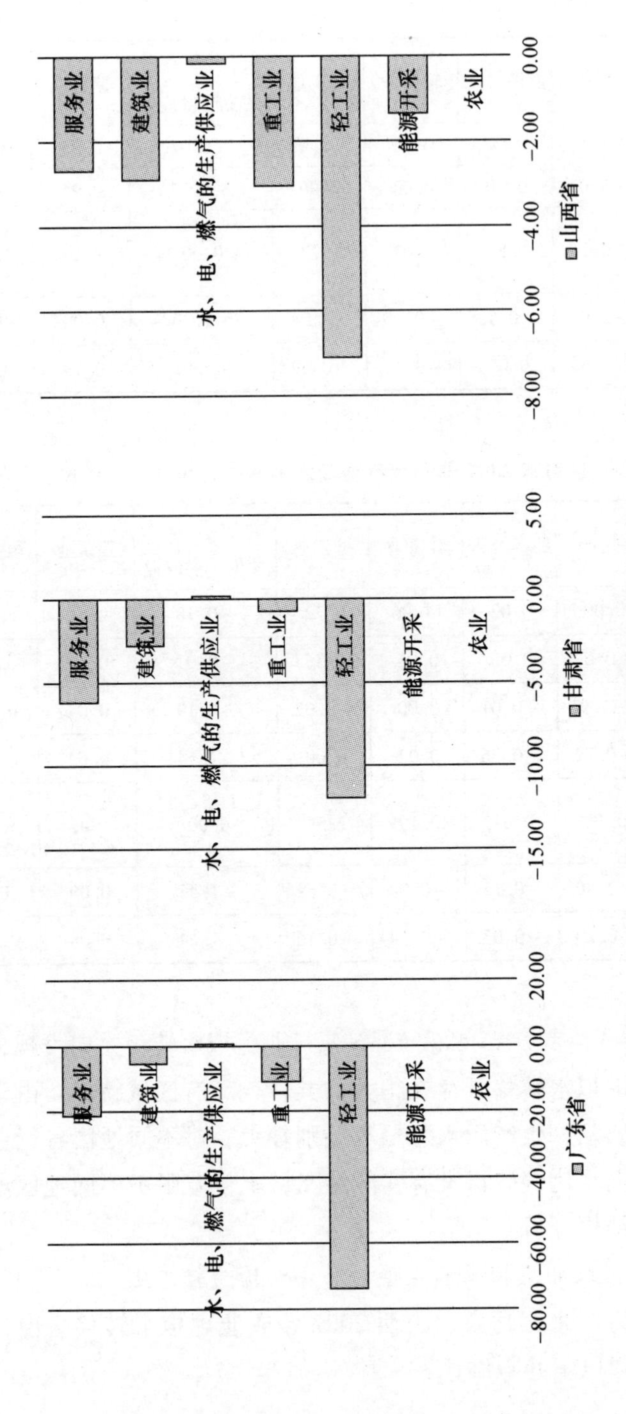

图 7-11 广东、甘肃、山西 2007 年农业虚拟水转移去向（亿 m^3）

注：三个省（自治区、直辖市）各行业虚拟水净转移量横坐标大小不同，重点考察各地区农业虚拟水转移结构。

第一，轻工业是农业虚拟水转移的主要方向。图 7－11 显示，广东省、甘肃省、山西省农业虚拟水转移的主要方向均为轻工业，三个省（自治区、直辖市）农业转移到轻工业的虚拟水占农业虚拟水向外转移总量的比重分别为 66.25%、41.03% 和 55.12%，这与全国的分析结论相同，显示了农业与轻工业之间紧密的行业关联关系。此外，三省（自治区、直辖市）的服务业也均是农业虚拟水转移的主要方向。

第二，不同省（自治区、直辖市）农业虚拟水转移存在一定的地区差异。分析发现，山西省重工业、能源开采、建筑业输入农业虚拟水转移显著多于①广东省和甘肃省，说明山西省农业与重工业、能源开采、建筑业的产业关联关系要比广东省和甘肃省紧密；广东省建筑业输入农业虚拟水转移比山西省和甘肃省要少，显示了广东省建筑业与农业的关系不如山西省和甘肃省；甘肃省重工业输入农业虚拟水转移要小于广东省和山西省，说明甘肃省重工业与农业的关系并不紧密。

2. 山西省能源开采的虚拟水转移去向与其他地区差别显著

图 7－12 为广东、山西、甘肃 2007 年能源开采虚拟水转移去向。分析图 7－12 得到的主要结论为：山西省能源开采的虚拟水转移去向与广东省和甘肃省差别显著。

第一，山西省的能源开采仅向建筑业输出了少量虚拟水，却输入了来自农业和水、电、燃气的生产供应业转移的大量虚拟水。分析显示，山西省能源开采输出虚拟水与输入虚拟水的比值为 1∶18，而广东和甘肃输出虚拟水与输入虚拟水的比值则分别为 4∶1 和 18∶1，显示了山西省能源开采严重依赖农业和水、电、燃气的生产供应业的状况，这与山西省能源大省的现状相符合。

第二，广东省和甘肃省能源开采向重工业和建筑业转移了大量虚拟水。分析显示，广东省和甘肃省能源开采均向轻工业、重工业、建筑业和服务业转移虚拟水，而重工业和建筑业所占比例均明显多于其他行业。

---

① 需要指出的是，此处的“多于”并不是真实数据多，而是相对值，是虚拟水转移结构的比较。

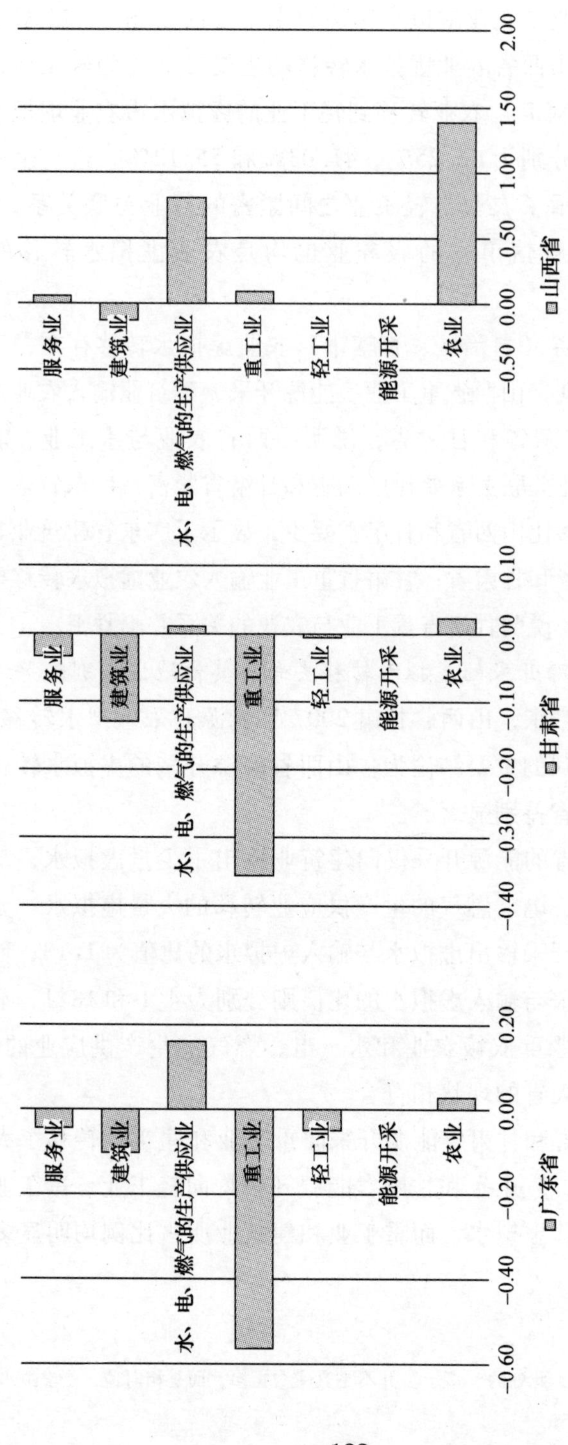

图 7-12 广东、山西、甘肃 2007 年能源开采虚拟水转移去向（亿 m^3）

注：三个省（自治区、直辖市）各行业虚拟水净转移量横坐标大小不同，重点考察各地区能源开采虚拟水转移结构。

广东、甘肃、山西2007年能源开采虚拟水转移去向显示，广东省和甘肃省能源开采是国民经济的上游产业，对其他产业发展起到重要的推动作用，而山西省的能源开采是国民经济的下游产业，对其他产业发展起到重要的拉动作用，也显示了广东、甘肃、山西三省（自治区、直辖市）不同的产业结构。

3. 不同地区轻工业均输入了来自农业部门的数量众多的虚拟水转移

图7-13为广东、甘肃、山西2007年轻工业虚拟水转移去向。分析图7-13发现，广东、甘肃、山西三省（自治区、直辖市）的轻工业均输入了来自农业部门的数量众多的虚拟水转移。

2007年，广东、甘肃、山西三省（自治区、直辖市）的轻工业输入了来自农业和水、电、燃气的生产供应业的虚拟水转移，其中，农业虚拟水转移占全部虚拟水转移的比重分别为86.94%、98.52%和98.89%，显示了不同地区农业对轻工业发展的重要性。与此同时，不同地区轻工业对其他产业虚拟水转移输出均不显著。

4. 不同地区重工业均输入来自农业和水、电、燃气的生产供应业的虚拟水转移，并向建筑业输出虚拟水

图7-14为广东、甘肃、山西2007年重工业虚拟水转移去向。分析图7-14发现，广东、甘肃、山西重工业均输入来自农业和水、电、燃气的生产供应业的虚拟水转移。2007年，广东、甘肃、山西重工业均输入来自农业和水、电、燃气的生产供应业的虚拟水转移占各省（自治区、直辖市）全部虚拟水输入的比重分别为92.64%、90.06%和100%。此外，山西省、甘肃省重工业转移到建筑业的虚拟水要大于广东省。

5. 水、电、燃气的生产供应业向几乎所有行业输出虚拟水，重工业、建筑业和服务业是主要的转移方向

图7-15为广东、甘肃、山西2007年水、电、燃气的生产供应业虚拟水转移去向，分析图7-15有以下两点结论：

第一，不同地区的水、电、燃气的生产供应业向几乎所有行业输出虚拟水转移。分析显示，仅有山西的水、电、燃气的生产供应业输入了来自农业的虚拟水转移。而重工业、建筑业和服务业是水、电、燃气的

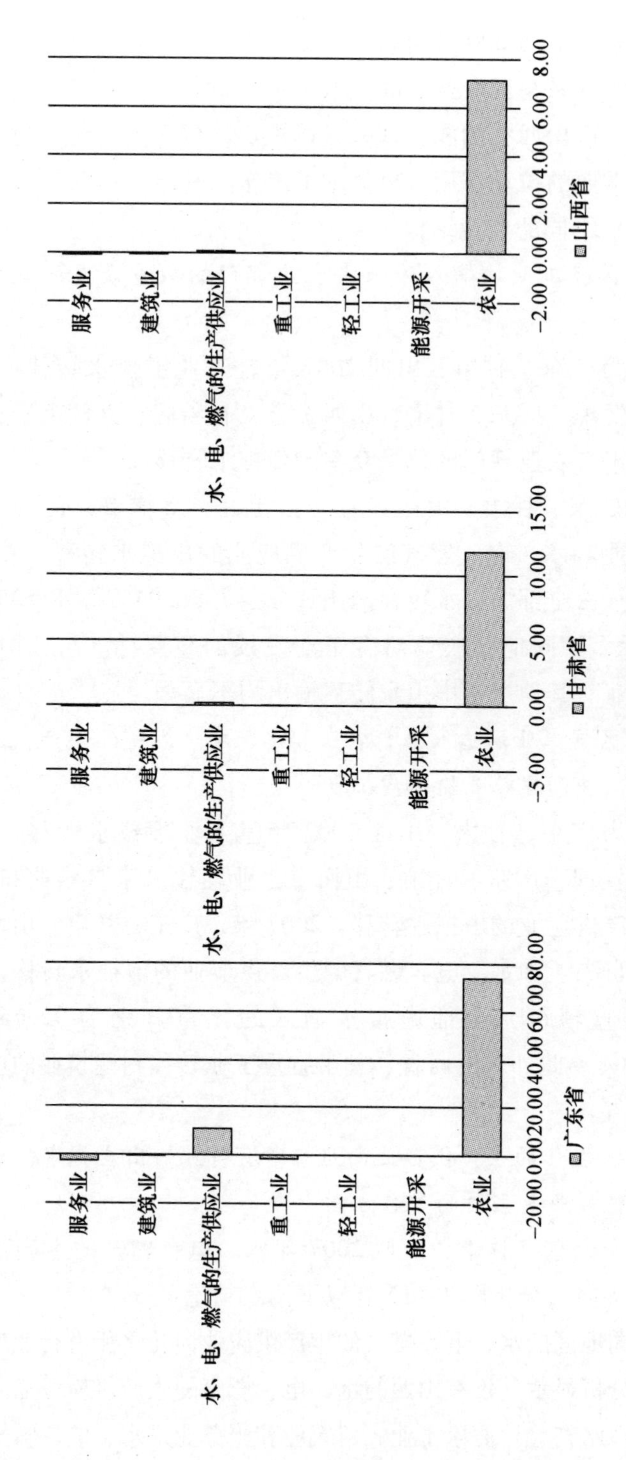

图7－13 广东、甘肃、山西2007年轻工业虚拟水转移去向（亿 m^3）

注：三个省（自治区、直辖市）各行业虚拟水净转移量横坐标大小不同，重点考察各地区轻工业虚拟水转移结构。

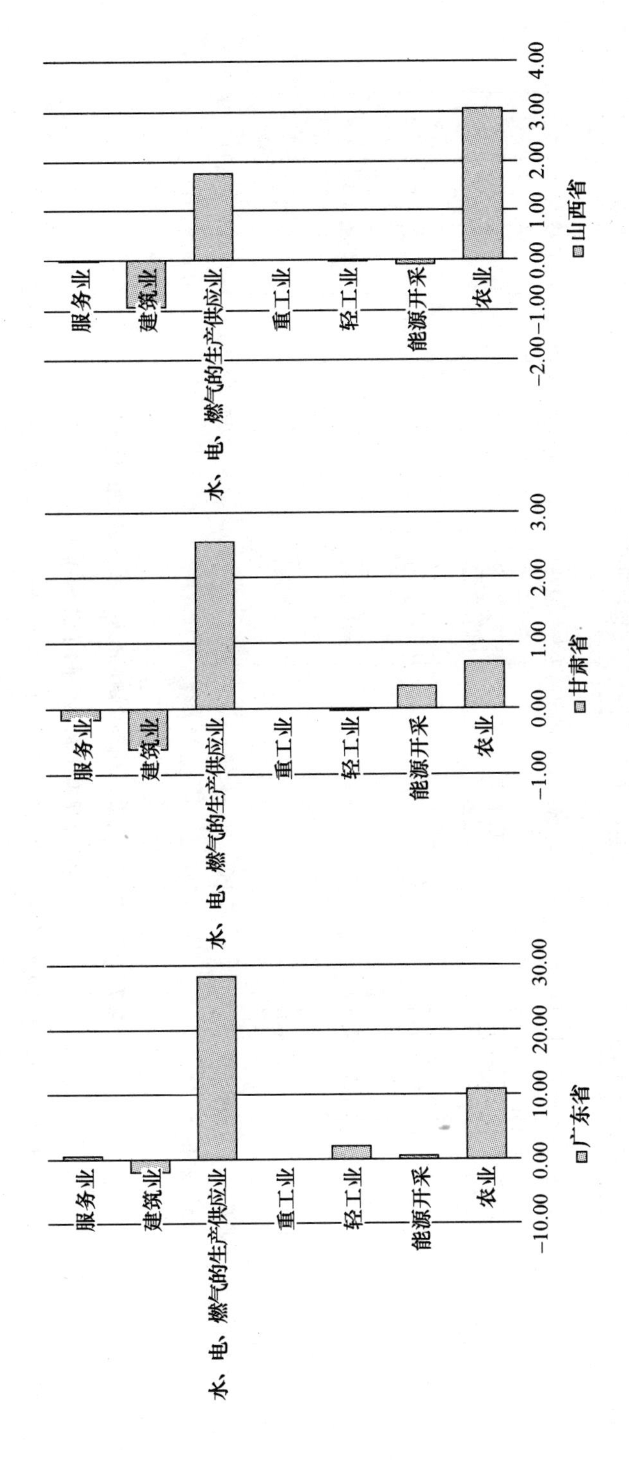

图7-14　广东、甘肃、山西2007年重工业虚拟水转移去向（亿m^3）

注：三个省（自治区、直辖市）各行业虚拟水净转移量横坐标大小不同，重点考察各地区重工业虚拟水转移结构。

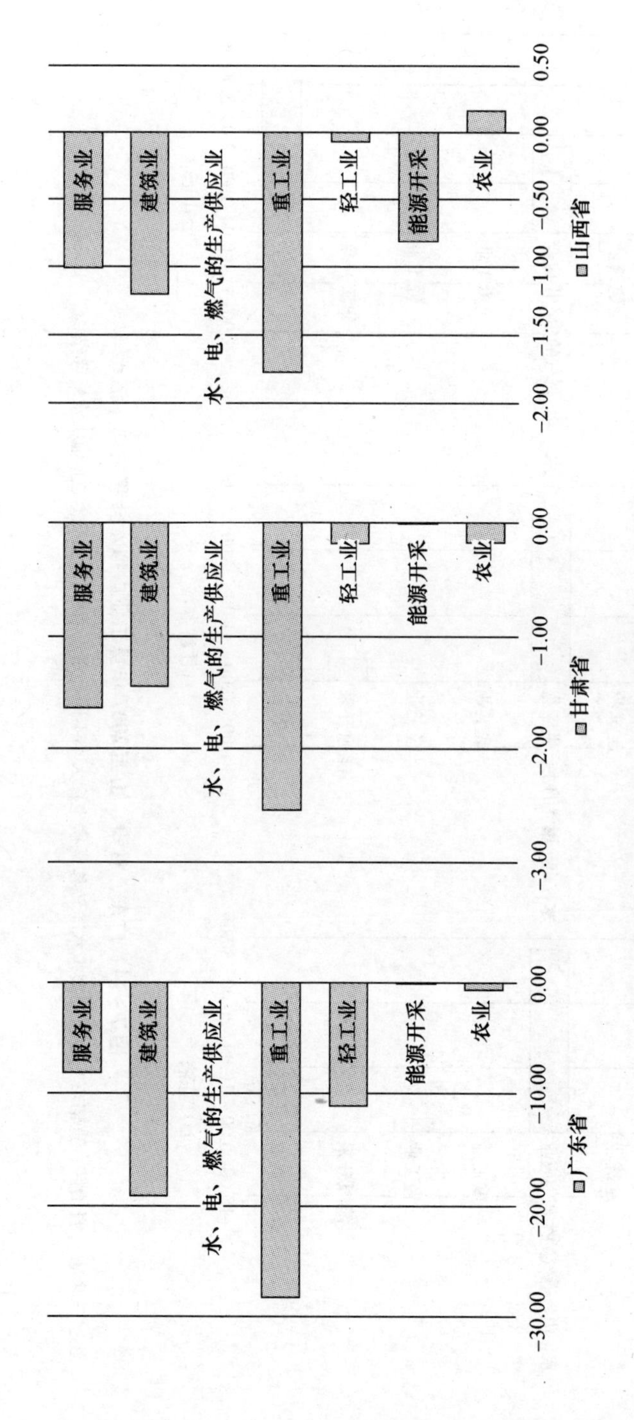

图7-15 广东、甘肃、山西2007年水、电、燃气的生产供应业虚拟水转移去向（亿m^3）

注：三个省（自治区、直辖市）各行业虚拟水净转移量横坐标大小不同，重点考察各地区水、电、燃气的生产供应业虚拟水转移结构。

生产供应业虚拟水转移的主要方向：广东、甘肃、山西的重工业、建筑业和服务业均输入了众多来自水、电、燃气的生产供应业的虚拟水转移。数据显示，三省（自治区、直辖市）的重工业、建筑业和服务业输入来自水、电、燃气的生产供应业的虚拟水转移之和占全部水、电、燃气的生产供应业的虚拟水比重分别为 82.25%、93.68% 和 81.89%，其中，重工业均为主要的虚拟水转移方向，显示了水、电、燃气的生产供应业与重工业间的紧密关系。

第二，水、电、燃气的生产供应业的地区差异。广东省轻工业输入来自水、电、燃气的生产供应业的虚拟水转移要大于山西省和甘肃省，显示了广东省轻工业对水、电、燃气的生产供应业的依赖；山西省能源开采输入来自水、电、燃气的生产供应业的虚拟水转移要大于广东省和甘肃省，同样显示了水、电、燃气的生产供应业对山西省能源开采的重要性。

6. 不同地区建筑业均输入了其他行业的虚拟水转移，不同地区建筑业虚拟水转移结构有所不同

图 7－16 为广东、甘肃、山西 2007 年建筑业虚拟水转移去向，分析图 7－16 可得以下两点结论：

第一，广东、甘肃、山西建筑业均输入了其他行业的虚拟水转移。2007 年，广东、甘肃、山西建筑业输入的虚拟水转移量分别为 27.83 亿 m^3、5.11 亿 m^3、5.34 亿 m^3。其中，三省（自治区、直辖市）建筑业输入来自能源开采、轻工业、服务业的虚拟水均占比较小。

第二，不同地区建筑业虚拟水转移结构有所不同。广东省建筑业虚拟水输入占比最高的为水、电、燃气的生产供应业（68.67%），农业占比位居第二（19.57%）；与广东省不同，甘肃省和山西省建筑业虚拟水输入占比最高的均为农业，分别为 54.71% 和 54.80%，占比第二的均为水、电、燃气的生产供应业，分别为 22.44% 和 28.29%。

7. 不同省（自治区、直辖市）服务业虚拟水转移去向结构基本相同

图 7－17 为广东、甘肃、山西 2007 年服务业虚拟水转移去向，分析图 7－17 发现，广东、甘肃、山西服务业虚拟水转移去向结构基本相同，这主要体现在两个方面：

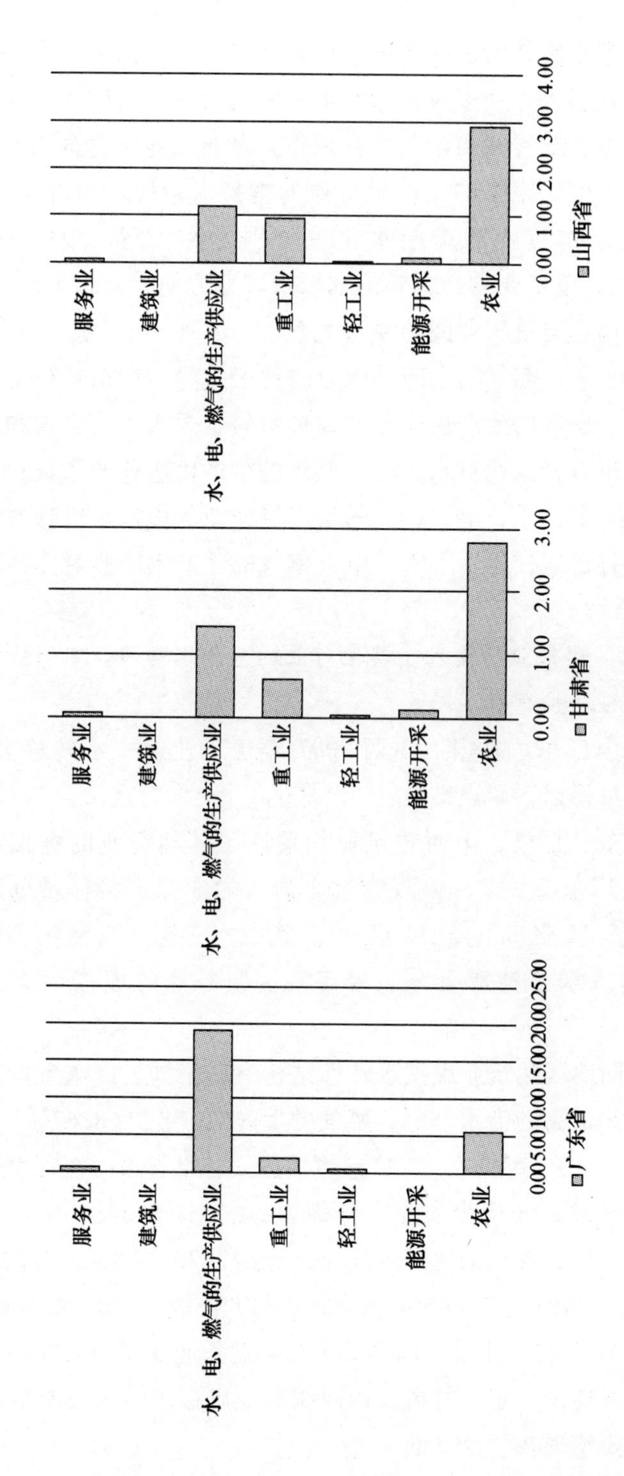

图7-16 广东、甘肃、山西2007年建筑业虚拟水转移去向（亿 m^3）

注：三个省（自治区、直辖市）各行业虚拟水净转移量横坐标大小不同，重点考察各地区建筑业虚拟水转移结构。

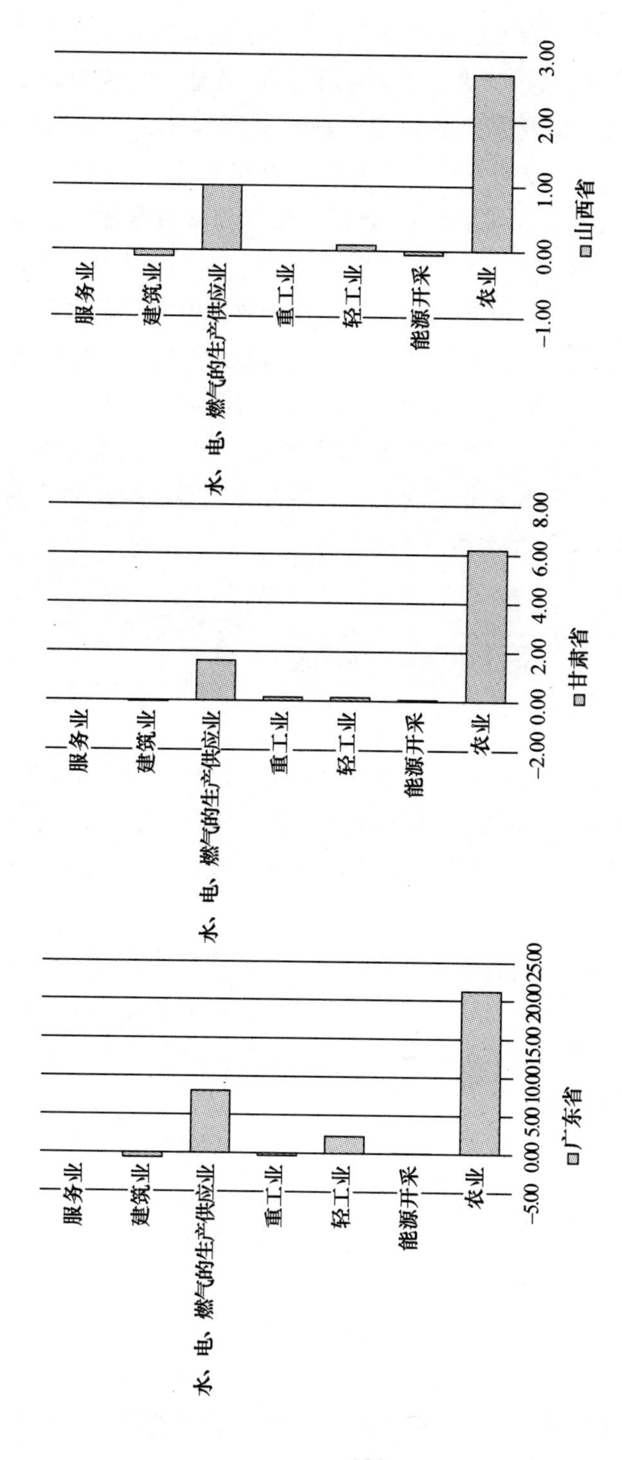

图7-17　广东、甘肃、山西2007年服务业虚拟水转移去向（亿 m^3）

注：三个省（自治区、直辖市）各行业虚拟水净转移量横坐标大小不同，重点考察各地区服务业虚拟水转移结构。

第一，三个省（自治区、直辖市）服务业主要输入来自其他行业虚拟水转移，仅有少量的虚拟水转移到其他行业。数据显示，2007年，广东、甘肃、山西服务业虚拟水输入分别为31.70亿m^3、8.18亿m^3、3.82亿m^3，虚拟水输出分别为1.09亿m^3、0.16亿m^3、0.08亿m^3，三省（自治区、直辖市）虚拟水输入与虚拟水输出比重分别为29∶1、51∶1、48∶1。

第二，三个省（自治区、直辖市）服务业虚拟水转移来源中，农业和水、电、燃气的生产供应业均为主要的转移来源。2007年，广东、甘肃、山西农业输入到服务业的虚拟水占服务业全部虚拟水输入的比重分别为67.29%、75.79%和70.42%，而三省区水、电、燃气的生产供应业输入到服务业的虚拟水占服务业全部虚拟水输入的比重分别为25.49%、20.05%和26.44%。

第四节　本章小结

基于投入产出分析技术，本章对中国2002年、2005年、2007年和2010年各年度经济系统内部的虚拟水转移情况以及不同省（自治区、直辖市）2007年的虚拟水转移情况进行分析。本章的主要结论如下：

第一，对中国行业虚拟水净转移量分析发现，绝大部分行业虚拟水净转移量为正，不同行业的虚拟水净转移方向有所差异；虚拟水净转移量为正的行业以轻工业制造业为主；虚拟水净转移量为负的行业呈现出高度集聚的现象。

第二，对中国行业间虚拟水转移去向分析发现，总体来看，农业为最大的虚拟水输出行业，轻工业为最大虚拟水输入行业；农业虚拟水的主要转移去向为轻工业，而且逐年增加；能源开采虚拟水转移去向主要为重工业和建筑业，而且逐渐上升；轻工业输入了来自农业部门的众多虚拟水转移；重工业主要输入了来自农业和水、电、燃气的生产供应业的虚拟水，并向建筑业和服务业输出虚拟水；水、电、燃气的生产供应业向所有行业转移虚拟水，但是转移量存在一定程度的下降；建筑业输入了所有行业的虚拟水转移，以农业和水、电、燃气的生产供应业为主；服务业输入除建筑业外其他行业的虚拟水，输入虚拟水以农业和水、电、燃气的生产供应业为主。

第三，对不同省（自治区、直辖市）行业虚拟水净转移量分析发现，虚拟水净转移方向在不同区域具有行业共性；东部地区的行业虚拟水净转移远大于中西部地区。

第四，对不同省（自治区、直辖市）行业间虚拟水转移去向分析发现，不同地区农业虚拟水的主要转移去向均为轻工业；山西省能源开采的虚拟水转移去向与其他地区差别显著；不同地区轻工业均输入了来自农业部门的众多虚拟水转移；不同地区重工业均输入来自农业和水、电、燃气的生产供应业的虚拟水转移，并向建筑业输出虚拟水；水、电、燃气的生产供应业向几乎所有行业输出虚拟水，重工业、建筑业和服务业是主要的转移方向；不同地区建筑业均输入了其他行业的虚拟水转移，不同地区建筑业虚拟水转移结构有所不同；不同省（自治区、直辖市）服务业虚拟水转移去向结构基本相同。

第八章　完全消耗口径水资源之区域间虚拟水转移分析

区域间虚拟水转移是通过区域间贸易实现的，是虚拟水研究的重点内容。对一个国家来说，了解内部不同区域的虚拟水转移状况有利于全面了解本国虚拟水贸易，对不同地区虚拟水战略的制定具有重要的现实意义，尤其是对中国这样区域水资源严重不平衡的国家更是意义非凡。

基于投入产出的区域间关联研究主要应用 MRIO 模型进行分析，研究内容涉及区域间碳排放[17-18,119-120]、水资源[60,67,121]、生态足迹[122-123]等方面。目前，应用 MRIO 模型研究虚拟水问题涉及[26,121]澳大利亚区域间虚拟水转移、西班牙区域间虚拟水转移等，针对中国区域间虚拟水转移研究，目前仅有 Chao ZHANG、Laura Diaz Anadon[124]利用中国 2007 年 30 个省（自治区、直辖市）地区间投入产出表进行。

本章基于水资源扩展型 MRIO 模型，利用 2002 年、2007 年中国八大区域投入产出表，对中国八大区域水足迹进行计算，然后对区域间虚拟水转移及变动进行分析。

第一节　中国虚拟水区域间转移测度的数据与方法

一　2002 年、2007 年中国八大区域投入产出表

本章数据由两部分组成：2002 年、2007 年中国八大区域投入产出表[125]和 2002 年、2007 年中国 29 个行业用水数据。

2002 年、2007 年中国八大区域投入产出表由国家信息中心与国家统计局核算司合作编制完成，采用 Chenery—Moses 模型，通过典型调查和模型估算相结合的方法研制得到，是目前中国最新的、较为权威的能够反映我国区域间经济、贸易联系的投入产出表，在区域经济发展研究及区域能源环境联系等方面具有广泛的应用价值[126]。

2002 年、2007 年中国八大区域投入产出表根据产业结构的相似性和经济发展水平及地域等关系将我国划分为八大区域，分别为：东北区域（黑龙江、吉林、辽宁）、京津区域（北京、天津）、北部沿海区域（河北、山东）、东部沿海区域（上海、江苏和浙江）、南部沿海区域（福建、广东和海南）、中部区域（山西、河南、安徽、湖北、湖南和江西）、西北区域（内蒙古、陕西、宁夏、甘肃、青海和新疆）和西南区域［四川、重庆、广西、云南、贵州和西藏（无相关数据）］。

为了保持 2002 年、2007 年中国八大区域投入产出表与行业用水核算数据相一致，采用 2002 年、2007 年中国八大区域投入产出表国民经济 17 个部门的划分标准①，17 个部门包括农业，采选业，食品制造及烟草加工业，纺织服装业，木材加工及家具制造业，造纸印刷及文教用品制造业，化学工业，非金属矿物制品业，金属冶炼及制品业，机械工业，交通运输设备制造业，电气机械及电子通信设备制造业，其他制造业，电力蒸气热水、煤气自来水生产供应业，建筑业，商业、运输业，其他服务业。

表（8 - 1）为 2002 年、2007 年中国区域间投入产出表基本结构，描述了中国八大区域间不同行业货物和服务的流动情况。表 8 - 1 中各矩阵的具体含义如下：

$$Z=\begin{bmatrix} Z^{11} & Z^{12} & \cdots & Z^{18} \\ Z^{21} & Z^{22} & \cdots & Z^{28} \\ \cdots & \cdots & \cdots & \cdots \\ Z^{81} & Z^{82} & \cdots & Z^{88} \end{bmatrix} \tag{8-1}$$

① 29 个行业用水调整为 17 个行业用水数据的具体方法见附录。

表 8-1　　2002 年、2007 年中国区域间投入产出表基本结构

			代码	中间需求								最终需求								出口	误差	总产出
				东北区域	京津区域	北部沿海区域	东部沿海区域	南部沿海区域	中部区域	西北区域	西南区域	东北区域	京津区域	北部沿海区域	东部沿海区域	南部沿海区域	中部区域	西北区域	西南区域			
代码				A	B	C	D	E	F	G	H	FA	FB	FC	FD	FE	FF	FG	FH	EX	ERR	X
中间投入	国内投入	东北区域	A																			
		京津区域	B																			
		北部沿海区域	C																			
		东部沿海区域	D																			
		南部沿海区域	E	Z								F								EX	ERR	X
		中部区域	F																			
		西北区域	G																			
		西南区域	H																			
	进口投入		M	M′								FM′										
增加值			VA	VA′																		
总投入			x	X′																		

式（8－1）中，Z^{rs}表示r地区分配到s地区用于中间生产的产品矩阵（17×17），z_{ij}^{rs}表示r地区i行业分配到s地区j行业用于中间生产的货物和服务，r地区内部的中间投入矩阵则表示为Z^{rr}。

$$F=\begin{bmatrix} F^{11} & F^{12} & \cdots & F^{18} \\ F^{21} & F^{22} & \cdots & F^{28} \\ \cdots & \cdots & \cdots & \cdots \\ F^{81} & F^{82} & \cdots & F^{88} \end{bmatrix} \tag{8-2}$$

式（8－2）中，F^{rs}表示r地区分配到s地区用于最终需求的产品矩阵（17×4）①，f_{ik}^{rs}表示r地区i行业分配到s地区k类别最终需求的货物和服务，r地区内部的最终需求矩阵则表示为F^{rr}。

$$EX=\begin{bmatrix} EX^{1} \\ EX^{2} \\ \cdots \\ EX^{8} \end{bmatrix} \tag{8-3}$$

式（8－3）中，EX^{r}为r地区的出口向量（17×1）。

$$ERR=\begin{bmatrix} ERR^{1} \\ ERR^{2} \\ \cdots \\ ERR^{8} \end{bmatrix} \tag{8-4}$$

式（8－4）中，ERR^{r}为r地区的误差项②向量（17×1）。

$$X=\begin{bmatrix} X^{1} \\ X^{2} \\ \cdots \\ X^{8} \end{bmatrix} \tag{8-5}$$

式（8－5）中，X^{r}为r地区的总产出向量（17×1）。

$M'=[M^{1}, M^{2}, \cdots, M^{8}]$；

---

① 最终需求包括四项：农村居民消费、城镇居民消费、政府消费、固定资本形成总额，存货变动不包括在最终需求中。

② 误差项是由30个省（自治区、直辖市）投入产出表原有的误差、省（自治区、直辖市）投入产出表调整等原因造成的。

$$FM' = [FM^1, FM^2, \cdots, FM^8] \quad (8-6)$$

式（8－6）中，M^r 为 r 地区的中间投入进口向量（1×17）；FM^r 为 r 地区的最终需求进口向量（1×17）。

$$VA' = [VA^1, VA^2, \cdots, VA^8] \quad (8-7)$$

二　中国水资源扩展型 MRIO 模型

1. IRIO 模型与 MRIO 模型介绍

区域间投入产出模型是利用地区间商品和劳务流动，将各地区投入产出模型连接而成的模型，能够系统全面地反映各地区各个产业间的经济联系。常见的区域间投入产出模型包括 IRIO 模型（Interregional Input－Output Model）和 MRIO 模型（Multiregional Input－Output Model）。IRIO 模型由 Isard[127] 于 1951 年首先提出，因此也称为 Isard 模型。IRIO 模型要求把所有的产业按照区域进行划分，不仅要编制各地区内流量矩阵，还要对各地区产品对其他地区的流向进行调查，即编制分地区、分部门的地区间产品流量矩阵，是一个流入非竞争型模型，对基础数据的需求非常大，编制较为困难[86]。MRIO 模型则对数据资料要求较少，由 Chenery（1953）[128] 和 Moses（1955）[129] 先后独立提出，因此也称为 Chenery—Moses 模型或列系数模型。

MRIO 模型与 IRIO 模型最重要的区别在于对地区间贸易的处理方式上。IRIO 模型中，区域间贸易具体到各地区各部门的中间需求或最终需求，IRIO 模型要调查各地区各部门产品的流入和流出；MRIO 模型则采用一定的假设，对区域间各种产品的贸易进行同质化假设。MRIO 模型中的区域间贸易系数是按照部门计算得到的，对于部门 i，z_i^{rs} 表示部门 i 的产品从地区 r 到地区 s 的流出，包括对于地区 s 的中间需求和最终需求的流出①[86]。

由于对基础数据要求过高，IRIO 模型的编制受到极大的限制，目前只有日本和荷兰研制了 IRIO 模型的区域间投入产出表，绝大部分国家编制的区域间投入产出表是基于 MRIO 模型的。

---

① 举例说明，北京所消耗的煤，按地区来源考虑，假设 2/3 来自山西，1/3 来自河北。在 IRIO 模型中，北京各部门消耗的煤的地区来源比例可能各不相同，而在列系数模型 MRIO 中则假定北京各个部门消耗煤的地区来源比例都是 2/3 来自山西，1/3 来自河北。

2. 中国八大区域 MRIO 模型

将 $F=\begin{bmatrix} F^{11} & F^{12} & \cdots & F^{18} \\ F^{21} & F^{22} & \cdots & F^{28} \\ \cdots & \cdots & \cdots & \cdots \\ F^{81} & F^{82} & \cdots & F^{88} \end{bmatrix}$的各列相加，并与 EX 表示的出口向量和 ERR 表示的误差项向量加总，得到的向量用 Y 表示，即：

$$Y=\begin{bmatrix} Y^1 \\ Y^2 \\ \cdots \\ Y^8 \end{bmatrix}=\begin{bmatrix} \sum_j F^{1j} \\ \sum_j F^{2j} \\ \cdots \\ \sum_j F^{8j} \end{bmatrix}+\begin{bmatrix} EX^1 \\ EX^2 \\ \cdots \\ EX^8 \end{bmatrix}+\begin{bmatrix} ERR^1 \\ ERR^2 \\ \cdots \\ ERR^8 \end{bmatrix}=\begin{bmatrix} \sum_j F^{1j}+EX^1+ERR^1 \\ \sum_j F^{2j}+EX^2+ERR^2 \\ \cdots \\ \sum_j F^{8j}+EX^8+ERR^8 \end{bmatrix} \tag{8-8}$$

中国八大区域 MRIO 模型中的直接消耗系数矩阵用 A 表示，则：

$$A=\begin{bmatrix} A^{11} & A^{12} & \cdots & A^{18} \\ A^{21} & A^{22} & \cdots & A^{28} \\ \cdots & \cdots & \cdots & \cdots \\ A^{81} & A^{82} & \cdots & A^{88} \end{bmatrix}$$

$$=\begin{bmatrix} Z^{11} & Z^{12} & \cdots & Z^{18} \\ Z^{21} & Z^{22} & \cdots & Z^{28} \\ \cdots & \cdots & \cdots & \cdots \\ Z^{81} & Z^{82} & \cdots & Z^{88} \end{bmatrix}\cdot\begin{bmatrix} (\hat{X}^1)^{-1} & 0 & \cdots & 0 \\ 0 & (\hat{X}^2)^{-1} & \cdots & 0 \\ \cdots & \cdots & \cdots & \cdots \\ 0 & 0 & \cdots & (\hat{X}^8)^{-1} \end{bmatrix} \tag{8-9}$$

式（8-9）中，本地区内各部门的直接消耗系数为：

$$a_{ij}^{rr}=\frac{z_{ij}^{rr}}{x_j^r},\ a_{ij}^{ss}=\frac{z_{ij}^{ss}}{x_j^s} \tag{8-10}$$

该系数表示任意地区 j 部门单位总投入中本地区 i 部门所投入产品的比重。

地区间直接消耗系数则为：

$$a_{ij}^{rs}=\frac{z_{ij}^{rs}}{x_j^s},\ a_{ij}^{sr}=\frac{z_{ij}^{sr}}{x_j^r} \tag{8-11}$$

该系数表示任一地区 j 部门单位总投入中，另一地区 i 部门所投入产品的比重。

定义对角单位矩阵 $I=\begin{bmatrix} \underset{(17\times17)}{I} & 0 & \cdots & 0 \\ 0 & \underset{(17\times17)}{I} & \cdots & 0 \\ \cdots & \cdots & \cdots & \cdots \\ 0 & 0 & \cdots & \underset{(17\times17)}{I} \end{bmatrix}$，则中国八大区域 MRIO 模型中的列昂惕夫逆矩阵可以表示为：

$$L=(I-A)^{-1}=\begin{bmatrix} L^{11} & L^{12} & \cdots & L^{18} \\ L^{21} & L^{22} & \cdots & L^{28} \\ \cdots & \cdots & \cdots & \cdots \\ L^{81} & L^{82} & \cdots & L^{88} \end{bmatrix} \tag{8-12}$$

综合式（8-5）、式（8-8）、式（8-9）、式（8-12），中国八大区域 MRIO 模型可以表示为：

$$\begin{bmatrix} X^1 \\ X^2 \\ \cdots \\ X^8 \end{bmatrix}=\begin{bmatrix} A^{11} & A^{12} & \cdots & A^{18} \\ A^{21} & A^{22} & \cdots & A^{28} \\ \cdots & \cdots & \cdots & \cdots \\ A^{81} & A^{82} & \cdots & A^{88} \end{bmatrix}\cdot\begin{bmatrix} X^1 \\ X^2 \\ \cdots \\ X^8 \end{bmatrix}+\begin{bmatrix} Y^1 \\ Y^2 \\ \cdots \\ Y^8 \end{bmatrix} \tag{8-13}$$

整理可得：

$$\begin{bmatrix} X^1 \\ X^2 \\ \cdots \\ X^8 \end{bmatrix}=\left[I-\begin{bmatrix} A^{11} & A^{12} & \cdots & A^{18} \\ A^{21} & A^{22} & \cdots & A^{28} \\ \cdots & \cdots & \cdots & \cdots \\ A^{81} & A^{82} & \cdots & A^{88} \end{bmatrix}\right]^{-1}\cdot\begin{bmatrix} Y^1 \\ Y^2 \\ \cdots \\ Y^8 \end{bmatrix}$$

$$=\begin{bmatrix} L^{11} & L^{12} & \cdots & L^{18} \\ L^{21} & L^{22} & \cdots & L^{28} \\ \cdots & \cdots & \cdots & \cdots \\ L^{81} & L^{82} & \cdots & L^{88} \end{bmatrix}\cdot\begin{bmatrix} Y^1 \\ Y^2 \\ \cdots \\ Y^8 \end{bmatrix} \tag{8-14}$$

式（8-14）为中国八大区域间 MRIO 模型，可以简写为 $X=(I-A)^{-1}Y=L\cdot Y$，它可以用于多种用途的实证分析，如用于分析各地区各部门最终需求增加时，所有地区和所有部门由于部门间相互关联而增加的产出量[86]。同时，由于 MRIO 模型准确反映和刻画了不同区域间各行业的商品流动情况，对于商品生产背后隐含能源环境问题也可以通过 MRIO 进行研究。

3. 中国八大区域水资源扩展型 MRIO 模型

定义 $W=[W^1, W^2, \cdots, W^8]$，其中，$\underset{(1\times 17)}{W_i^r}$ 表示 r 地区 i 行业的直接用水量，与第三章图 3－1 表示的行业用水完全相同。由此，八大区域直接用水系数可以表示为：

$$Q=[Q^1, Q^2, \cdots, Q^8]$$
$$=[W^1, W^2, \cdots, W^8]\cdot\begin{bmatrix}(\hat{X}^1)^{-1} & 0 & \cdots & 0\\ 0 & (\hat{X}^2)^{-1} & \cdots & 0\\ \cdots & \cdots & \cdots & \cdots\\ 0 & 0 & \cdots & (\hat{X}^8)^{-1}\end{bmatrix} \tag{8-15}$$

式（8－15）中，Q^r 为 r 地区的行业直接用水系数向量；$q_i^r=w_i^r/x_i^r$ 为 r 地区 i 行业直接用水系数，表示 r 地区 i 行业单位总产出所需要的直接用水量。

由此，水资源扩展型的中国八大区域 MRIO 模型可以表示为：

$$\begin{bmatrix}H^{11} & H^{12} & \cdots & H^{18}\\ H^{21} & H^{22} & \cdots & H^{28}\\ \cdots & \cdots & \cdots & \cdots\\ H^{81} & H^{82} & \cdots & H^{88}\end{bmatrix}$$
$$=\begin{bmatrix}\hat{Q}^1 & 0 & \cdots & 0\\ 0 & \hat{Q}^2 & \cdots & 0\\ \cdots & \cdots & \cdots & \cdots\\ 0 & 0 & \cdots & \hat{Q}^8\end{bmatrix}\cdot\begin{bmatrix}L^{11} & L^{12} & \cdots & L^{18}\\ L^{21} & L^{22} & \cdots & L^{28}\\ \cdots & \cdots & \cdots & \cdots\\ L^{81} & L^{82} & \cdots & L^{88}\end{bmatrix}\cdot\begin{bmatrix}F^{11} & F^{12} & \cdots & F^{18}\\ F^{21} & F^{22} & \cdots & F^{28}\\ \cdots & \cdots & \cdots & \cdots\\ F^{81} & F^{82} & \cdots & F^{88}\end{bmatrix} \tag{8-16}$$

式（8－16）中，H^{rs} 为 17×4 矩阵，表示 s 地区最终需求对 r 地区的完全用水需求矩阵；其中，h_{ik}^{rs}（$k=1, 2, 3, 4$）表示 s 地区的第 k 类最终需求对 r 地区 i 行业的直接和间接用水需求之和，即完全用水需求；H^{rr}表示为了满足地区最终需求，r 地区的完全用水量；$\sum_{r \atop r \neq s} H^{rs}$表示由于 s 地区的最终需求导致其他地区虚拟水转移到 s 地区的虚拟水（即 s 地区虚拟水进口矩阵），$\sum_{s \atop s \neq r} H^{rs}$表示由于其他地区最终需求导致 r 地区虚拟水向外转移矩阵（即 r 地区虚拟水出口矩阵）。

令 $F^{*rs} = \sum_k F_{ik}^{rs}$，$F^{*rs}$为 17 ×1 向量，$F_i^{*rs}$表示 r 地区 i 行业分配到 s 地区用于最终需求的货物和服务之和。由此，由式（8－16）表示的中国八大区域 MRIO 模型可以改进为：

$$\begin{bmatrix} H^{*11} & H^{*12} & \cdots & H^{*18} \\ H^{*21} & H^{*22} & \cdots & H^{*28} \\ \cdots & \cdots & \cdots & \cdots \\ H^{*81} & H^{*82} & \cdots & H^{*88} \end{bmatrix}$$

$$= \begin{bmatrix} \hat{Q}^1 & 0 & \cdots & 0 \\ 0 & \hat{Q}^2 & \cdots & 0 \\ \cdots & \cdots & \cdots & \cdots \\ 0 & 0 & \cdots & \hat{Q}^8 \end{bmatrix} \cdot \begin{bmatrix} L^{11} & L^{12} & \cdots & L^{18} \\ L^{21} & L^{22} & \cdots & L^{28} \\ \cdots & \cdots & \cdots & \cdots \\ L^{81} & L^{82} & \cdots & L^{88} \end{bmatrix} \cdot \begin{bmatrix} \hat{F}^{*11} & \hat{F}^{*12} & \cdots & \hat{F}^{*18} \\ \hat{F}^{*21} & \hat{F}^{*22} & \cdots & \hat{F}^{*28} \\ \cdots & \cdots & \cdots & \cdots \\ \hat{F}^{*81} & \hat{F}^{*82} & \cdots & \hat{F}^{*88} \end{bmatrix} \quad (8-17)$$

式（8－17）中，H^{*rs}为 17 ×17 矩阵，是 s 地区最终需求对 r 地区的完全用水需求矩阵；其中，H_{ij}^{*rs}表示 s 地区的 j 行业最终需求对 r 地区 i 行业的直接和间接用水需求之和，即完全用水需求；H^{*rr}表示为了满足地区最终需求，r 地区的完全用水量；$\sum_{r \atop r \neq s} H^{*rs}$表示由于 s 地区的最终需求导致其他地区虚拟水转移到 s 地区的虚拟水（即 s 地区虚拟水进口矩阵），$\sum_{s \atop s \neq r} H^{*rs}$表示由于其他地区最终需求导致 r 地区虚拟水向外转移矩阵（即 r 地区虚拟水出口矩阵）。

对式（8－16）与式（8－17）表述的两种形式的中国八大区域 MRIO 模型为：

$$h^{rr} = e' \cdot H^{rr} \cdot e = e' \cdot H^{*rr} \cdot e \quad (8-18)$$

式（8－18）中，e 和 e'分别为行求和列子与列求和列子，h^{rr}表示 r 地区为了满足本地区最终需求使用的完全用水量，即 r 地区水足迹的本地部分。

$$h^{rs}=e'\cdot H^{rs}\cdot e=e'\cdot H^{*rs}\cdot e \tag{8-19}$$

式（8－19）中，h^{rs}表示 r 地区为了满足 s 地区最终需求使用的完全用水量，即 r 地区转移到 s 地区的虚拟水总量。

由此，s 地区全部的虚拟水进口可以表示为：

$$\sum_{\substack{r \\ r\neq s}} e'\cdot H^{rs}\cdot e=\sum_{\substack{r \\ r\neq s}} e'\cdot H^{*rs}\cdot e \tag{8-20}$$

r 地区全部的虚拟水出口可以表示为：

$$\sum_{\substack{s \\ s\neq r}} e'\cdot H^{rs}\cdot e=\sum_{\substack{s \\ s\neq r}} e'\cdot H^{*rs}\cdot e \tag{8-21}$$

此外，对于八大区域最终需求进口导致的虚拟水进口计算，由于每个地区各最终需求的进口只有加总项，需要将进口分布到各行业中。对 r 地区各行业的进口估计，我们采用如下的估计方法：

第一，将 r 地区第 k 类最终需求按照相同行业加总（包括 r 地区的最终需求和其他七大地区转移到 r 地区的最终需求），得到 r 地区第 k 类最终需求 17 个行业的分布并求得各行业的分布比例。

第二，将 r 地区第 k 类最终需求的进口按照第一步求得的各行业分布比例进行分摊。

第三，将第二步求得的 r 地区 4 类进口最终需求按照行业相加，得到 r 地区各行业进口数。

第四，根据式（8－22）计算得到 r 地区的虚拟水进口向量。

$$W^{r-im}=\hat{Q}^{r}\cdot L^{rr}\cdot F^{r-im} \tag{8-22}$$

式（8－22）中，W^{r-im}为 r 地区的虚拟水进口，F^{r-im}为 r 地区最终需求进口向量。

第二节　区域水足迹[①]比较

利用式（8－18）、式（8－19）、式（8－22）计算得到中国2002

① 严格来说，此处的水足迹并不是各区域完整的水足迹构成，因为最终需求部分并没有包括各区域的存货变化。

年、2007年八大区域间虚拟水转移矩阵，如表8－2和表8－3所示。

表8－2　　2002年中国八大区域虚拟水转移矩阵　　单位：亿m^3

	东北区域	京津区域	北部沿海区域	东部沿海区域	南部沿海区域	中部区域	西北区域	西南区域	合计
东北区域	315.47	9.05	9.62	2.99	2.38	6.01	10.77	3.16	359.44
京津区域	0.53	25.48	2.64	0.26	0.16	0.46	0.57	0.26	30.36
北部沿海区域	6.81	22.66	213.64	6.33	2.71	11.07	9.30	1.94	274.45
东部沿海区域	4.26	7.52	18.03	522.67	10.88	41.98	9.53	7.85	622.72
南部沿海区域	6.09	6.00	11.82	14.65	456.58	19.95	13.34	12.89	541.32
中部区域	16.09	23.22	39.54	61.75	23.47	741.27	28.64	13.38	947.37
西北区域	25.49	18.10	24.50	20.49	7.83	32.04	531.12	9.61	669.18
西南区域	14.34	10.63	14.38	14.25	18.65	19.77	33.11	568.64	693.77
进口	6.98	1.67	6.42	40.63	32.55	5.21	6.54	5.77	105.77
求和	396.06	124.32	340.58	684.01	555.22	877.75	642.93	623.51	4244.37

表8－3　　2007年中国八大区域虚拟水转移矩阵　　单位：亿m^3

	东北区域	京津区域	北部沿海区域	东部沿海区域	南部沿海区域	中部区域	西北区域	西南区域	合计
东北区域	292.91	10.45	44.35	32.47	19.41	40.37	9.96	18.15	468.07
京津区域	1.30	16.54	10.65	2.17	1.07	3.27	1.06	1.33	37.39
北部沿海区域	5.32	11.66	162.96	17.67	10.52	40.97	8.10	8.53	265.74
东部沿海区域	3.67	2.46	11.26	340.09	19.06	31.69	5.40	9.36	422.99
南部沿海区域	7.25	3.09	9.37	15.70	253.59	28.74	8.97	28.61	355.31
中部区域	8.29	7.19	44.54	111.50	36.74	582.99	13.01	19.13	823.40
西北区域	17.54	14.35	107.18	117.38	51.40	114.92	280.88	60.87	764.53
西南区域	8.21	3.78	21.29	30.66	42.55	46.41	14.29	364.91	532.11
进口	13.94	1.82	5.11	13.98	14.08	25.05	33.19	19.02	126.20
合计	358.44	71.35	416.71	681.62	448.42	914.41	374.87	529.92	3795.74

表8－2和表8－3分别为2002年中国八大区域虚拟水转移矩阵和2007年中国八大区域虚拟水转移矩阵。矩阵的列表示了某区域水

足迹在表内八大区域和表外区域（进口）的分布情况或者接收来自外地区的虚拟水转移，如表8－2所示的第一列为2002年东北区域水足迹396.06亿m^3的分布情况，分别为来自自身的315.47亿m^3、京津区域0.53亿m^3、北部沿海区域6.81亿m^3、东部沿海区域4.26亿m^3、南部沿海区域6.09亿m^3、中部区域16.09亿m^3、西北区域25.49亿m^3、西南区域14.34亿m^3以及进口6.98亿m^3。同时，矩阵的行表示某区域对外通过转移最终需求导致的虚拟水转移，如表8－2所示的第一行为2002年东北区域向外虚拟水转移一共为359.44亿m^3，其中，自身最终需求承担了315.47亿m^3，通过最终需求转移造成向京津地区转移虚拟水9.05亿m^3，向北部沿海区域转移虚拟水9.62亿m^3，向东部沿海区域转移虚拟水2.99亿m^3，向南部沿海区域转移虚拟水2.38亿m^3，向中部区域转移虚拟水6.01亿m^3，向西北区域转移虚拟水10.77亿m^3，向西南区域转移虚拟水3.16亿m^3。

表8－2和表8－3详细描述了隐含于商品中的虚拟水转移情况。这种转移作用导致了中国八大区域中，每个区域都为自身和向其他区域转移虚拟水，同时，每个区域也接收来自自身和外部区域的虚拟水转移。

一　区域水足迹大小比较

表8－2和表8－3最后一列分别为八大区域2002—2007年的水足迹。图8－1为2002年、2007年中国八大区域水足迹比重，图8－2为2002年、2007年中国八大区域水足迹，对图8－1和图8－2进行分析并结合表8－2和表8－3，分析发现：

1. 中部区域水足迹显著大于其他七大区域，而京津地区水足迹在八大区域中则最小

表8－2和表8－3的数据显示，2002年和2007年，中部地区水足迹分别为877.75亿m^3和914.41亿m^3，分别占八大区域全部地区水足迹的21%和24%（如图8－1所示）；2002年和2007年，京津地区的水足迹分别为124.32亿m^3和71.35亿m^3，分别占八大区域全部水足迹的3%和2%。此外，东部沿海区域、南部沿海区域、西北区域、西南区域的水足迹大小相差不大，这几个区域占全部水足迹的比重处于15%左右，而东北区域和北部沿海地区水足迹占全部水足迹比重位于10%左右。

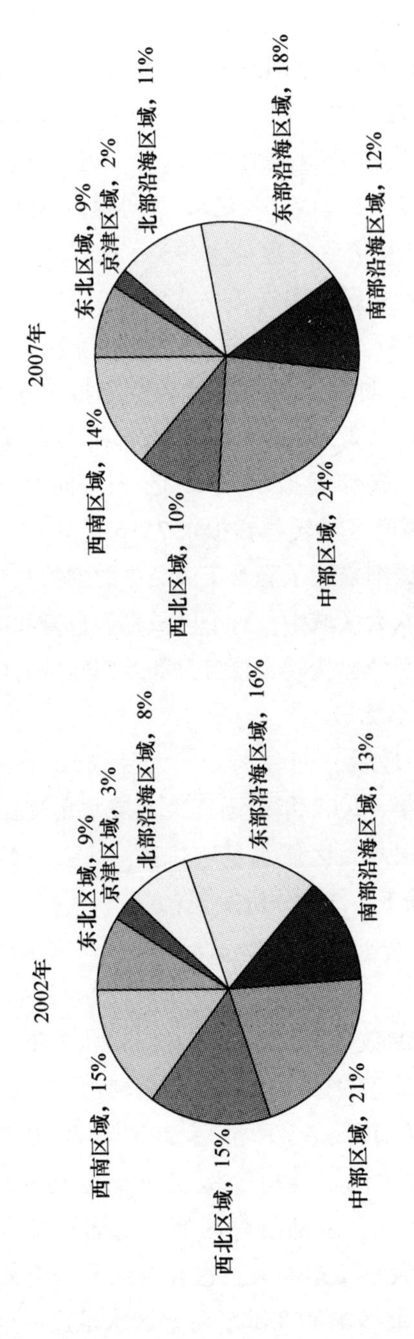

图8-1　2002年、2007年中国八大区域水足迹比重

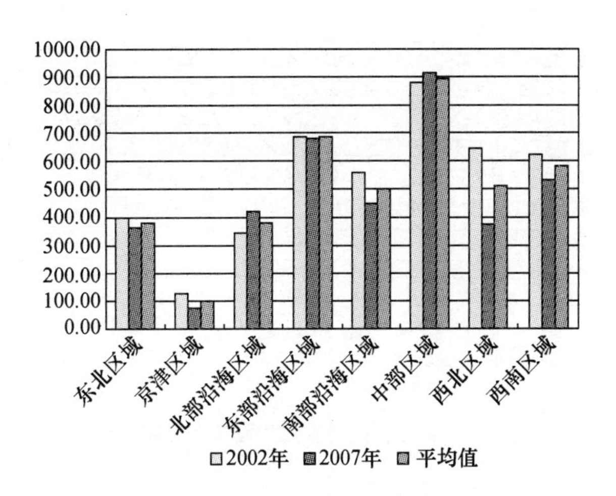

图 8－2　2002 年、2007 年中国八大区域水足迹（亿 m^3）

地区水足迹大小显示了该地区最终需求生产过程中需要的直接用水和间接用水之和，中部地区水足迹大于其他地区水足迹说明了中部地区最终需求对水资源的直接和间接需求相比其他地区更加强烈，而京津地区最终需求对水资源的直接和间接需求相对较小。

2. 2002—2007 年，东部区域等六大区域水足迹呈现下降趋势，而仅有北部沿海区域、中部区域两区域的水足迹呈现上升趋势

2002—2007 年，水足迹呈现下降趋势的区域有东北区域、京津区域、东部沿海区域、南部沿海区域、西北区域、西南区域，分别下降了 37.61 亿 m^3、52.97 亿 m^3、2.39 亿 m^3、106.80 亿 m^3、268.06 亿 m^3、93.59 亿 m^3；北部沿海区域、中部区域呈现上升趋势，水足迹分别上升了 76.13 亿 m^3 和 36.66 亿 m^3，说明了北部沿海区域和中部区域最终需求对水资源的需求压力在不断上升。

二　区域的水足迹构成比较

图 8－3、图 8－4 分别为 2002 年中国八大区域水足迹构成、2007 年中国八大区域水足迹构成，分析图 8－3、图 8－4 可以发现以下几点。

第一，中国八大区域水足迹构成中最大的组成部分均为来自自身的水足迹，但是大部分区域水足迹来自自身的比例逐渐下降。

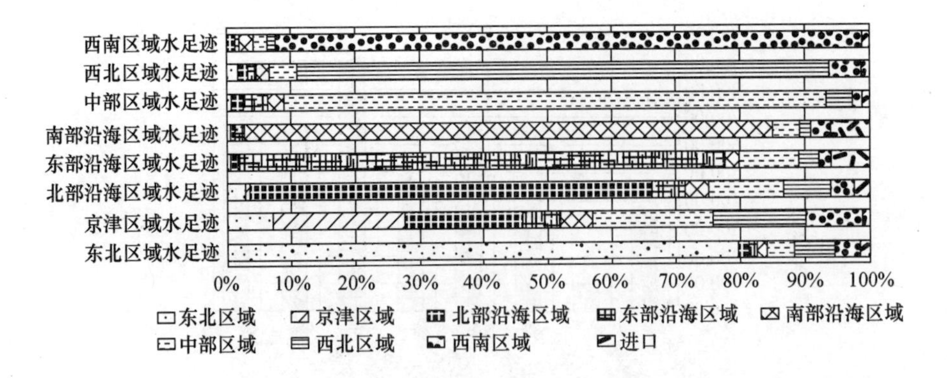

图 8－3　2002 年中国八大区域水足迹构成

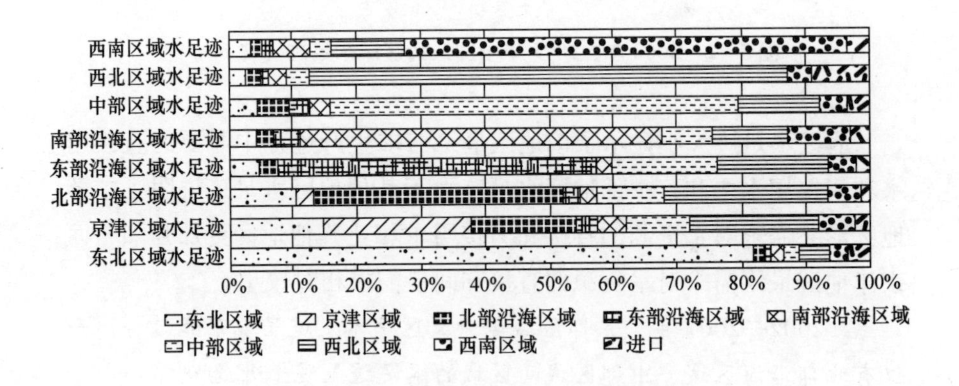

图 8－4　2007 年中国八大区域水足迹构成

数据显示，2002 年，东北区域、京津区域、北部沿海区域、东部沿海区域、南部沿海区域、中部区域、西北区域和西南区域水足迹中来自自身的水足迹占地区水足迹的比重分别为 79.65%、20.50%、62.73%、76.41%、82.23%、84.45%、82.61% 和 91.20%，均为水足迹组成中占比最高的部分；2007 年，中国八大区域水足迹中来自自身的水足迹占地区水足迹的比重分别为 81.72%、23.18%、39.11%、49.89%、56.55%、63.76%、74.93% 和 68.86%，均为水足迹组成中占比最高的部分。

同时，2002—2007 年，大部分区域水足迹中来自自身地区的比例逐渐下降（仅有东北区域、京津区域自身水足迹占地区水足迹比重小幅上升），北部沿海区域、东部沿海区域、南部沿海区域、中部区域、西北区域、西南区域自身水足迹占地区水足迹比重分别下降了23.62%、26.52%、25.68%、20.69%、7.68%和22.34%，下降幅度均十分显著，显示了各地区水足迹对其他地区水资源需求上升明显。

第二，中国八大区域水足迹构成中，进口水足迹占比均较低，但是大部分地区的进口水足迹占比上升显著。

2002年，东北区域、京津区域、北部沿海区域、东部沿海区域、南部沿海区域、中部区域、西北区域和西南区域水足迹中，进口水足迹占比分别为1.76%、1.34%、1.89%、5.94%、5.86%、0.59%、1.02%和0.93%；2007年，八大区域进口水足迹占区域水足迹比重则为3.89%、2.55%、1.23%、2.05%、3.14%、2.74%、8.85%和3.59%，进口水足迹在区域水足迹构成中处于占比较低的位置，说明了各地区水足迹主要还是依赖本地区和其他7个地区的虚拟水转移，对进口水足迹依赖较小。

尽管如此，2002—2007年，有东北区域、京津区域、中部区域、西北区域、西南区域5个区域的进口水足迹占区域水足迹的比重呈现上升，说明了大部分地区水增强对进口水足迹的依赖。

第三，京津区域水足迹构成显示该地区对外部水资源存在巨大依赖。

尽管与其他7个区域类似，京津区域水足迹中最大的部分仍然为本地水足迹部分，但是2002年和2007年本地水足迹占比仅为20.50%和23.18%，明显低于其他地区本地区水足迹占比高于50%的状况，显示了京津地区水足迹强烈依赖外地水资源的状况。

具体地看，2002年，占京津地区水足迹比重超过10%的外部水足迹输入的地区有北部沿海区域（18.23%）、中部区域（18.68%）和西北区域（14.56%）；2007年，占京津地区水足迹比重超过10%的外部水足迹输入的地区有东北区域（14.65%）、北部沿海区域（16.34%）、中部区域（10.08%）和西北区域（20.11%），说明了京津地区对这些地区水资源有严重的依赖。

京津地区水足迹对外地区水资源产生严重依赖是由多种原因构成的，首先，京津地区本身水资源缺乏，最终需求部分耗水较多的产品主要依靠外部供给；其次，京津地区产业结构以服务业为主，最终需求部分的农业和工业产品主要依靠外地区供给；最后，相比京津地区面积，京津地区人口数量较多，人口密度高于其他地区，大量的最终需求用品也依赖于外地区的输入，这也使得京津地区输入了大量的虚拟水。

三 中国区域间贸易隐含虚拟水转移

1. 区域间贸易隐含虚拟水转移的整体现状

利用式（8－20）和式（8－21）分别计算中国八大区域虚拟水流出和流入，得到结果如表8－4所示。

表8－4 2002年、2007年中国八大区域间虚拟水转移总体情况

单位：亿 m^3

区域	2002年			2007年		
	虚拟水流出	虚拟水流入	虚拟水净流出	虚拟水流出	虚拟水流入	虚拟水净流出
东北区域	43.97	73.61	－29.64	175.16	51.59	123.57
京津区域	4.88	97.17	－92.29	20.85	52.99	－32.14
北部沿海区域	60.81	120.52	－59.71	102.77	248.64	－145.87
东部沿海区域	100.04	120.70	－20.66	82.90	327.55	－244.65
南部沿海区域	84.74	66.09	18.65	101.73	180.75	－79.02
中部区域	206.10	131.28	74.82	240.41	306.38	－65.97
西北区域	138.06	105.27	32.79	483.64	60.80	422.84
西南区域	125.13	49.10	76.03	167.20	145.98	21.22

注：虚拟水净流出为负表示该地区的虚拟水为净流入状态。

（1）从动态来看，东北区域、南部沿海区域和中部区域虚拟水净流出情况发生逆转。2002—2007年，东北地区由虚拟水净流入区域变为虚拟水净流出区域。2002年，东北地区转移到其他地区的虚拟水数量为43.97亿 m^3，而从其他七大区域流入的虚拟水数量为73.61亿 m^3，虚拟水净流入量为29.64亿 m^3；2007年，东北区域转移到其他地区的虚拟水数量为175.16亿 m^3，从其他七大区域流入的虚拟水数量为51.59亿 m^3，虚拟水净流出量为123.57亿 m^3。

2002—2007年，南部沿海区域由虚拟水净流出地区变为虚拟水净流入地区。2002年，南部沿海地区流出虚拟水到其他地区的数量为84.74亿 m^3，从其他地区流入虚拟水的数量则为66.09亿 m^3，虚拟水净流出量为18.65亿 m^3；2007年，南部沿海地区流出虚拟水到其他地区的数量为101.73亿 m^3，从其他地区流入虚拟水的数量则为

180.75 亿 m^3，虚拟水净流出量为 -79.02 亿 m^3。

2002—2007 年，中部区域由虚拟水净流出地区变为虚拟水净流入地区。2002 年，中部地区流出虚拟水到其他地区的数量为 206.10 亿 m^3，从其他地区流入虚拟水的数量则为 131.28 亿 m^3，虚拟水净流出量为 74.82 亿 m^3；2007 年，中部地区流出虚拟水到其他地区的数量为 240.41 亿 m^3，从其他地区流入虚拟水的数量则为 306.38 亿 m^3，虚拟水净流出量为 -65.97 亿 m^3。

（2）京津区域、北部沿海区域和东部沿海区域始终为虚拟水净流入地区。表 8-4 显示，2002—2007 年，京津区域虚拟水净流入量下降显著，下降比率为 65.17%。2002 年，京津区域虚拟水流出为 4.88 亿 m^3，虚拟水流入为 97.17 亿 m^3，虚拟水净流入量为 92.29 亿 m^3；2007 年，京津区域虚拟水流出为 20.85 亿 m^3，虚拟水流入为 52.99 亿 m^3，虚拟水净流入量为 32.14 亿 m^3。

2002—2007 年，北部沿海区域虚拟水净流入量上升明显，上升比率为 144.30%。2002 年，北部沿海区域虚拟水流出为 60.81 亿 m^3，虚拟水流入为 120.52 亿 m^3，虚拟水净流入量为 59.71 亿 m^3；2007 年，北部沿海区域虚拟水流出为 102.77 亿 m^3，虚拟水流入为 248.64 亿 m^3，虚拟水净流入量为 145.87 亿 m^3。

2002—2007 年，东部沿海区域虚拟水净流入量上升明显，上升比率为 1084.17%。2002 年，东部沿海区域虚拟水流出为 100.04 亿 m^3，虚拟水流入为 120.70 亿 m^3，虚拟水净流入量为 20.66 亿 m^3；2007 年，东部沿海区域虚拟水流出为 82.90 亿 m^3，虚拟水流入为 327.55 亿 m^3，虚拟水净流入量为 244.65 亿 m^3。

（3）西北区域和西南区域始终为虚拟水净流出地区。表 8-4 显示，2002—2007 年，西北区域虚拟水净流出量上升明显，上升比率为 1189.54%。2002 年，西北区域虚拟水流出为 138.06 亿 m^3，虚拟水流入为 105.27 亿 m^3，虚拟水净流出量为 32.79 亿 m^3；2007 年，西北区域虚拟水流出为 483.64 亿 m^3，虚拟水流入为 60.80 亿 m^3，虚拟水净流出量为 422.84 亿 m^3。

2002—2007 年，西南区域虚拟水净流出量下降明显，下降比率为 72.09%。2002 年，西南区域虚拟水流出为 125.13 亿 m^3，虚拟水流入为49.10亿 m^3，虚拟水净流出量为76.03亿 m^3；2007年，西南区域虚拟水流出为167.20亿 m^3，虚拟水流入为145.98亿 m^3，虚拟水净流出量为21.22亿 m^3。

中国区域间贸易隐含虚拟水转移的整体现状显示，由于区域间贸易隐含的虚拟水转移对京津地区、北部沿海和中部地区等缺水区域的水资源短缺状况有一定程度的缓解，三个地区均为虚拟水净流入状态；而贫水的东北地区、西北地区等区域则通过区域间贸易的方式流出了大量水资源；同时，作为富水地区的东部沿海和南部沿海地区则通过贸易形式流入了大量水资源，虽然节省了本地水资源的消耗，但是却对其他地区水资源造成间接的消耗压力。

2. 区域间贸易隐含虚拟水转移的主要流向

为进一步探析不同地区间贸易隐含虚拟水的流动状况，分别绘制出2002年、2007年中国区域间贸易隐含虚拟水的主要转移去向，如图8-5和图8-6所示。

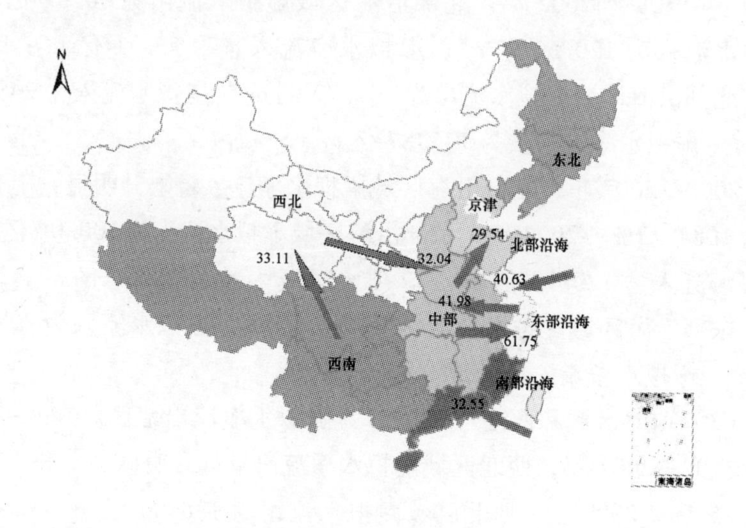

图8-5 2002年中国区域间主要的虚拟水转移流向（亿 m^3）

注：图8-5中标注的区域间主要的虚拟水转移量均大于30亿 m^3，箭头粗细代表虚拟水转移数量的大小。

（1）各地区间贸易隐含虚拟水转移量显著增加，东北地区和西北地区对外转移虚拟水增长幅度较大。数据显示，2002 年中国区域间贸易隐含虚拟水转移量大于 30 亿 m^3 的转移路径仅有 7 个（如图 8－5 所示），2007 年中国区域间贸易隐含虚拟水转移量大于 40 亿 m^3 的转移路径有 11 个（如图 8－6 所示），大于 30 亿 m^3 的转移路径则有 17 个，显示了中国各地区间贸易隐含虚拟水转移量显著增加。

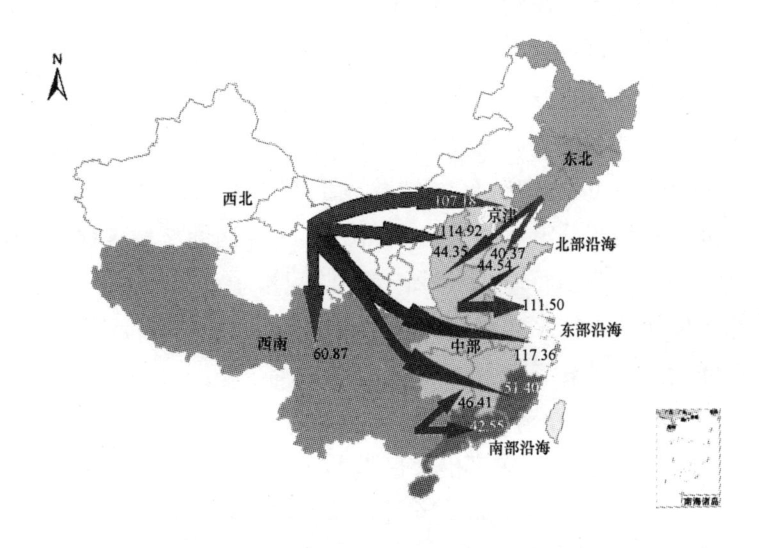

图 8－6　2007 年中国区域间主要的虚拟水转移流向（亿 m^3）

注：图 8－6 中标注的区域间主要的虚拟水转移量均大于 40 亿 m^3，箭头粗细代表虚拟水转移数量的大小。

具体到各地区，东北地区和西北地区对外转移虚拟水增加显著。2002—2007 年，东北地区对外转移虚拟水由 43.97 亿 m^3 增长到 175.16 亿 m^3，西北地区对外转移虚拟水由 138.06 亿 m^3 增长到 483.64 亿 m^3；东北地区和西北地区也是仅有的两个虚拟水转移增长量超过 100 亿 m^3 的地区。

2007 年，东北地区虚拟水对外转移增多主要体现在转移到北部沿海区域的 44.35 亿 m^3、转移到东部沿海区域的 32.47 亿 m^3 以及转移到中部区域的 40.37 亿 m^3。西北区域虚拟水对外转移增多主要体现在转移到北部沿海区域 107.18 亿 m^3、转移到东部沿海区域 117.38 亿 m^3、转移到南部沿海区域 51.40 亿 m^3、转移到中部区域 114.92

亿 m^3、转移到西北区域280.88亿 m^3、转移到西南区域60.87亿 m^3。

从经济层面看，东北地区和西北地区对外虚拟水转移增长显著显示了两个地区与中国其他地区的经济联系越发紧密，但是却并不符合东北地区和西北地区水资源的科学利用。作为缺水地区，东北地区和西北地区通过区域间贸易的形式在不断向外流出水资源，这将会进一步加剧这两个地区的水资源短缺状况。

（2）中部地区与其他地区间的虚拟水转移量明显多于其他区域间的虚拟水转移量。2002年，中部地区与外部区域间的虚拟水转移中，大于30亿 m^3 的转移路径有4个（分别为：东部沿海区域转移到中部区域的41.98亿 m^3、中部区域转移到北部沿海区域的29.54亿 m^3、中部区域转移到东部沿海区域的61.75亿 m^3、西北区域转移到中部区域的32.04亿 m^3），而2002年所有区域间虚拟水转移中，中部地区与外部区域间的虚拟水转移路径超过30亿 m^3 的个数仅为7个；2007年，中部地区向外转移虚拟水或者流入其他地区虚拟水中，大于30亿 m^3 的个数为8（分别为：中部区域转移到北部沿海区域的44.54亿 m^3、中部区域转移到东部沿海区域的111.50亿 m^3、中部区域转移到南部沿海区域的36.74亿 m^3、东北区域转移到中部地区的40.37亿 m^3、北部沿海区域转移到中部地区的40.97亿 m^3、东部沿海区域转移到中部地区的31.69亿 m^3、西北区域转移到中部地区的114.92亿 m^3 以及西南区域转移到中部地区的46.41亿 m^3），明显多于其他区域的虚拟水转移数量。

中部地区与其他地区间的虚拟水转移明显多于其他地区间的虚拟水转移是由两个方面造成的。首先是中部地区的地理位置，中部地区位于中国中心地带，与其他7个区域中的5个相接壤，地理位置使得中部区域与其他地区间的经济联系较为紧密，隐含于贸易产品中的虚拟水转移较多。其次是中部地区有丰富的物质资源，山西、河南、安徽、湖北、湖南和江西等省（自治区、直辖市）是中国重要的煤炭、粮食及工业基地，且交通便利，是中国各地区经济和社会发展不可或缺的原材料来源基地，与其他地区间的贸易往来频繁。

（3）总体来说，中国各地区的贸易隐含虚拟水转移存在由北向南、由西向东的两条转移路径。尽管各个地区之间都存在贸易隐含虚拟水的流入和流出，中国大体存在由北向南、由西向东的两大贸易隐含虚拟水转移路径。数据显示，2002 年和 2007 年，西部地区（东北、中部、西北、西南）向东部地区（京津、北部沿海、东部沿海、南部沿海）净流出虚拟水分别为 154.02 亿 m^3 和 501.67 亿 m^3；同时，北部地区（东北、京津、北部沿海和西北地区）向南部地区（东部沿海、南部沿海、中部和西南地区）净流入虚拟水分别为 -148.84 亿 m^3 和 368.42 亿 m^3。这一点并不符合中国各地区水资源禀赋的分布现状，富水的南部地区和东部地区没有将水资源转化为比较优势，生产较多的水资源密集型产品输出到其他地区。而贫水的西部地区和北部地区则向南部地区和东部地区流出虚拟水从而增加了水资源短缺的压力。

造成这一现状的原因主要是由于中国区域经济发展不平衡。作为经济发达地区，中国南部地区和东部地区生产过程所必需的原材料、农产品及最终消费必需品需要通过国内其他地区的输入。同时，由于具有更为发达的产业结构，南部地区和东部地区大多生产高附加值和低耗水产品，而北部地区和西部地区大多以具有高耗水特点的农业为主。此外，由于技术水平低下，北部地区和西部地区各行业的用水效率也普遍较低，使得贸易产品隐含的虚拟水含量较多。

3. 区域间贸易隐含虚拟水转移的产业分解

为进一步研究不同产业对各地区贸易隐含虚拟水转移的影响，对不同区域的贸易隐含虚拟水进行产业分解。结果显示，各地区主要的贸易隐含虚拟水流出行业既具有明显的行业共性，又具有一定的区域差异。

（1）各地区主要的贸易隐含虚拟水流出行业具有明显的行业共性。首先，农业和电力蒸汽热水、煤气自来水生产供应业，化学工业是各地区主要的虚拟水对外转移行业。数据显示，2002 年和 2007 年，中国八大区域间贸易隐含虚拟水流出行业中，排名前两位的行业几乎均为农业和电力蒸汽热水、煤气自来水生产供应业。其次，各地区对外贸易隐含虚拟水主要集中在少数几个行业。2002 年和 2007 年，各地区虚拟水含量排名前五位的行业所含虚拟水占各地区全部虚拟水比重几乎均大于 90%，部分地区甚至接近 100%。

表 8-5　2002 年、2007 年中国八大区域排名前五位的虚拟水对外转移行业

主要行业		1	2	3	4	5	占地区总虚拟水流出比重（%）
东北地区	2002 年	农业	水电供应	化学工业	金属冶炼	食品烟草	94
	2007 年	农业	水电供应	化学工业	采选业	食品烟草	97
京津地区	2002 年	农业	水电供应	其他服务业	化学工业	金属冶炼	87
	2007 年	农业	其他服务业	水电供应	化学工业	商业运输	94
北部沿海地区	2002 年	农业	水电供应	造纸印刷	化学工业	食品烟草	97
	2007 年	农业	水电供应	金属冶炼	化学工业	其他服务业	96
东部沿海地区	2002 年	农业	水电供应	化学工业	造纸印刷	金属冶炼	91
	2007 年	水电供应	农业	化学工业	金属冶炼	造纸印刷	89
南部沿海地区	2002 年	农业	水电供应	化学工业	造纸印刷	食品烟草	94
	2007 年	水电供应	农业	造纸印刷	纺织服装	化学工业	89
中部地区	2002 年	农业	水电供应	化学工业	食品烟草	造纸印刷	95
	2007 年	农业	水电供应	金属冶炼	化学工业	造纸印刷	92
西北地区	2002 年	农业	水电供应	化学工业	采选业	其他服务业	99
	2007 年	农业	水电供应	化学工业	采选业	金属冶炼	99
西南地区	2002 年	农业	水电供应	造纸印刷	食品烟草	化学工业	96
	2007 年	农业	水电供应	金属冶炼	食品烟草	化学工业	96

（2）各地区主要的贸易隐含虚拟水流出行业存在区域差异。由于产业结构的差异，各地区对外贸易主要的虚拟水行业也存在一定的区域差异：东北地区主要的虚拟水对外转移行业为食品制造及烟草加工业，京津地区主要的虚拟水对外转移行业为其他服务业和商业运输，北部沿海地区主要的虚拟水对外转移行业为金属冶炼及制品业、其他服务业，东部沿海地区主要的虚拟水对外转移行业为造纸印刷及文教用品制造业，南部沿海地区主要的虚拟水对外转移行业为造纸印刷及文教用品制造业，中部地区主要的虚拟水对外转移行业为造纸印刷及文教用品制造业，西北地区主要的虚拟水对外转移行业为采选业，西南地区主要的虚拟水对外转移行业为食品制造及烟草加工业。

4. 区域间贸易隐含虚拟水对地区水资源的影响

区域间贸易隐含虚拟水的流动能够对地区水资源造成两个方面的影响：一方面，流出本地区的产品在生产过程中消耗本地区水资源，使本地区可供生产和消费的水资源量减少；另一方面，流入本地区的产品在生产过程中消耗了外地区水资源，降低了本地区的水资源消耗。为了进一步考察区域间贸易隐含虚拟水对各地区水资源的影响，分别计算各地区虚拟水流出占本地水资源比重和地区虚拟水流入占本地完全消耗水比重，得到图 8－7、图 8－8。

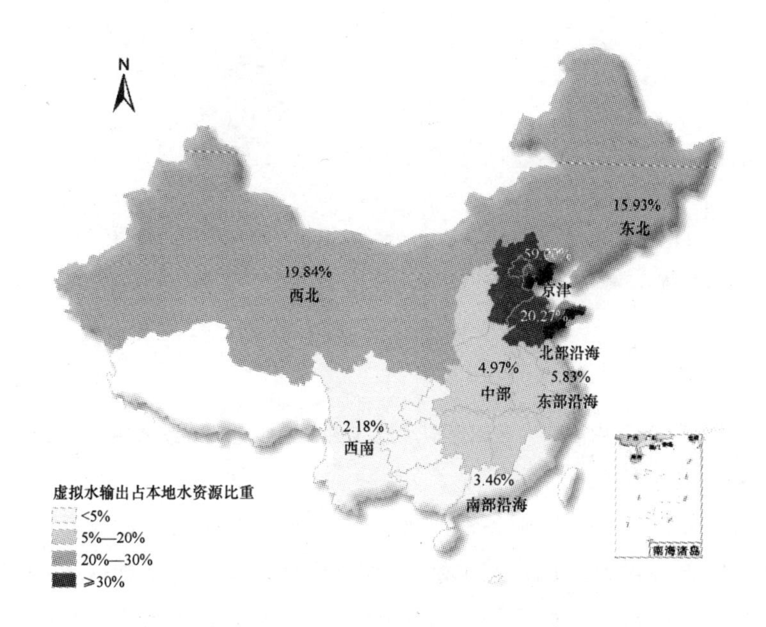

图 8－7　2007 年中国八大区域虚拟水流出占本地水资源比重示意图

（1）虚拟水流出占本地水资源的比重：南部地区低于北部地区。图 8－7 显示，2007 年各地区虚拟水流出占本地水资源比重由南向北逐渐升高。具体地看，南部沿海、东部沿海、西南地区和中部地区虚拟水流出占本地区水资源比重均低于 10%，分别为 3.46%、5.83%、2.18% 和 4.97%。说明了中国南部四个地区本地水资源中仅有较小比重用于生产输出到外部地区的产品，这些产品的生产并未对本地水资源的使用造成显著影响。与之相反的是，北部沿海、京津地区、东北地区和西北地区虚拟水流出占本地水资源比重均高于15%，分别为20.27%、59.40%、15.93%和19.84%。说明了中国北部四个地区水资源中有较高比重是用于生产输出到外部地区的产品，这部分产品生产过程中所消耗的水资源已经对本地区水资源造成显著影响。

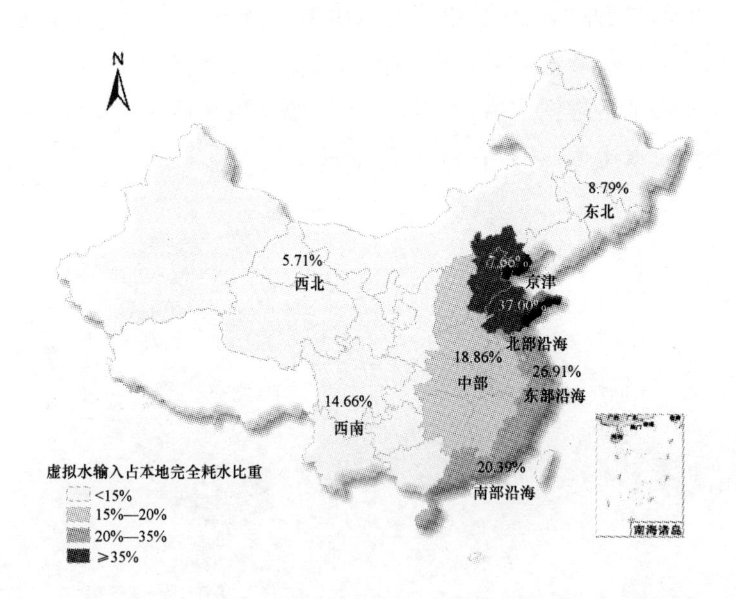

图8-8　2007年中国八大区域虚拟水流入占本地完全消耗水资源比重示意图

以上分析显示，中国各地区虚拟水流出占本地水资源比重与中国各地区水资源量成反比：北部缺水地区虚拟水流出占本地区水资源比重较高，南部富水地区虚拟水流出占本地区水资源比重则较低。这并不符合水资源的科学利用以及可持续发展的基本思想。作为贫水地区的中国北部各地区，应节约本地水资源的使用，增加高耗水产品的输入，降低本地区对水资源的消耗利用；作为富水地区的南部各地区，应适度增加虚拟水的流出，从整体上使中国水资源得到最优化利用。

（2）虚拟水流入占本地完全消耗水资源的比重：东部地区高于西部地区。本地完全消耗水资源指的是本地生产和消费活动所消耗的水资源总量，既包括生产和生活的直接消耗用水，也包括最终消费品生产过程中对本地区和外地区的间接消耗用水。虚拟水流入占本地完全消耗水资源比重体现了本地区生产和消费活动对外部水资源的依赖程度，虚拟水流入占本地完全消耗水资源比重越高，说明本地区生产和消费对外部水资源依赖程度越高。图8－8显示，中国各地区虚拟水流入占本地完全消耗水资源比重呈现东高西低的态势。

东部各地区虚拟水流入占本地完全消耗水资源比重均大于20%，说明了东部各地区完全消耗水资源对外地区的依赖性较大。具体地看，京津地区最高为47.66%，北部沿海地区为37.08%，东部沿海为26.91%，南部沿海为20.39%。由东部地区向内陆地区，各地区虚拟水流入占本地完全消耗水资源比重则逐渐降低，中部地区为18.86%，西南地区为14.66%，东北地区为8.79%，西北地区为5.71%。

东部地区对外部水资源产生严重依赖是由多种原因造成的。从经济角度看，东部各地区的产业以服务业、轻工业及高新技术产业为主，最终需求部分的农产品等高耗水产品需要从外地区大量输入；从社会角度看，中国东部各地区的人口数量较多，人口密度大，对最终消费用品的需求量较大，这其中有很大部分最终消费品需要从外地区输入，导致东部各地区由外部地区流入大量虚拟水；从用水效率角度看，西部各地区技术水平较低，单位产品生产过程中的耗水量要高于东部各地区，西部地区水资源利用效率低下（如农业生产的原始灌溉等方式在西部地区仍较为常见）又间接增加了西部地区的虚拟水流出量。显然，富水的东部地区对贫水的西部地区水资源有较大依赖会进一步加剧西部贫水地区的用水紧张程度，不符合我国各地区水资源的科学利用。

第三节　本章小结

本章基于投入产出分析对中国2002年和2007年区域间虚拟水转移进行分析，结果显示：

对各地区水足迹来说，首先，中部区域水足迹显著大于其他七大区域，而京津地区水足迹在八大区域中则最小；其次，2002—2007年，东部区域等六大区域水足迹呈现下降趋势，而仅有北部沿海区域、中部区域两大区域的水足迹呈现上升趋势。

对区域水足迹构成来说，中国八大区域水足迹构成中最大的组成部分均为来自自身的水足迹，但是大部分区域水足迹来自自身的比例逐渐下降；中国八大区域水足迹构成中，进口水足迹占比均较低，但是大部分地区的进口水足迹占比上升显著；京津区域水足迹构成显示该地区对外部水资源存在巨大依赖。

对区域间虚拟水转移总体来说，各区域对外输出虚拟水明显增多，且区域间虚拟水相互转移量显著增加。

对各区域虚拟水具体转移来说，东北地区和西北地区对外虚拟水转移增长显著；中部地区与其他地区间的虚拟水转移明显多于其他地区间的虚拟水转移。

对区域间虚拟水平衡来说，2002—2007 年，东北区域、中部区域和南部沿海区域虚拟水平衡情况发生逆转；2002—2007 年，京津区域、北部沿海区域和东部沿海区域均为虚拟水净输入地区；2002—2007 年，西北区域和西南区域均为虚拟水净输出地区。

第九章　结论及政策建议

行文至此，本书已对中国及各地区水足迹和虚拟水进行了较为全面的分析，为了更好地理解本书的研究并为中国水资源管理提供借鉴，有必要对本书的结论进行总结，同时依据相关结论提出本书的政策建议，希望能从虚拟水和水足迹角度为中国地区水资源管理提供启示。

第一节　本书主要结论

一　行业与区域水足迹主要结论

第一，从用水系数来看，不同行业差距较大，农业的直接用水系数、完全用水系数明显大于工业和服务业，大部分工业和服务业的间接用水系数要大于直接用水系数，大部分行业的直接用水系数和完全用水系数有降低趋势。

第二，从行业水足迹和水足迹系数来看，农业和工业仍是国民经济主要的水足迹行业，服务业和工业水足迹则上升趋势显著。

第三，从区域水足迹来看，南方地区的水足迹总量明显大于北方地区的水足迹总量，但是南方地区的人均水足迹与北方地区差距并不显著。

二　虚拟水贸易主要结论

第一，中国虚拟水贸易的行业分析。中国对外贸易虚拟水总量呈现阶段性变化特征，不同行业虚拟水贸易存在较大差异。

第二，中国虚拟水贸易区域差异分析。中国四个直辖市均为虚拟水净进口地区，上海、广东为虚拟水净进口量较大的省（自治区、直辖市）；虚拟水净出口较大的地区主要集中在中西部地区。

第三，虚拟水贸易对水资源的影响分析。虚拟水净出口量为正不符合我国水资源匮乏现状，虚拟水净出口总量绝对值不容忽视。

三　水足迹及虚拟水结构分解分析主要结论

1. 对于水足迹

第一，不同影响因素在中国水足迹变动的过程中，在影响大小和影响方向上差异较大。其中，用水强度效应在三个时间段均为负值，技术变动效应在不同时间段对中国水足迹的变动表现出不同的影响，人口规模效应在不同时间段始终增加中国水足迹，人均消费水平效应对中国水足迹变动的影响与人口规模效应相同，对水足迹的增加表现出促进作用，最终需求结构效应对中国水足迹的变动也呈现正向作用。

第二，生产系统影响效应与最终需求系统影响效应对水足迹的变动呈现截然相反的情况。

第三，从不同省（自治区、直辖市）水足迹变动的影响因素看，30 个省（自治区、直辖市）2002—2007 年水足迹变动的用水强度效应均为负值，绝大部分省（自治区、直辖市）水足迹变动的技术变动效应为正，绝大部分省（自治区、直辖市）的人口规模效应为正，30 个省（自治区、直辖市）水足迹变动的人均最终需求效应均为正值，30 个省（自治区、直辖市）2002—2007 年水足迹变动的最终需求结构效应均为负值。

2. 对虚拟水而言

第一，不同影响因素在虚拟水净出口变动的过程中在影响绝对值和影响方向上差异较大。

第二，对生产系统影响效应与最终需求系统影响效应来说，生产系统效应对不同行业虚拟水变动的影响差异较大，净出口系统效应对不同行业虚拟水变动的影响差异也较大，大部分行业的生产系统影响效应和净出口系统影响效应方向相反。

第三，从不同省（自治区、直辖市）虚拟水净出口变动的影响因素看，绝大部分省（自治区、直辖市）2002—2007 年虚拟水净出口变动的用水强度效应为负；大部分省（自治区、直辖市）的虚拟水净出口变动的技术变动效应大于 0。

第四，从30个省（自治区、直辖市）虚拟水净出口变动的生产系统与需求系统对比看，大部分省（自治区、直辖市）的净出口系统影响效应和生产系统影响效应对虚拟水净出口的变动表现出不同的影响方向。

四　虚拟水经济系统转移分析主要结论

第一，对中国行业虚拟水净转移量分析发现，绝大部分行业虚拟水净转移量为正，不同行业的虚拟水净转移方向有所差异；虚拟水净转移量为正的行业以轻工业制造业为主；虚拟水净转移量为负的行业呈现出高度集聚的现象。

第二，对中国行业间虚拟水转移去向分析发现，总体来看，农业为最大的虚拟水输出行业，轻工业为最大的虚拟水输入行业。

第三，对不同省（自治区、直辖市）行业虚拟水净转移量分析发现，虚拟水净转移方向在不同区域具有行业共性；东部地区的行业虚拟水净转移远大于中西部地区。

第四，对不同省（自治区、直辖市）行业间虚拟水转移去向分析发现，不同地区农业虚拟水的主要转移去向均为轻工业。

五　虚拟水区域间转移分析主要结论

对各地区水足迹来说，首先，中部区域水足迹显著大于其他七大区域，而京津地区水足迹在八大区域中则最小；其次，2002—2007年，东部区域等六大区域水足迹呈现下降趋势，而仅有北部沿海区域、中部区域两大区域的水足迹呈现上升趋势。

对区域水足迹构成来说，中国八大区域水足迹构成中最大的组成部分均为来自自身的水足迹，但是大部分区域水足迹来自自身的比例逐渐下降；中国八大区域水足迹构成中，进口水足迹占比均较低，但是大部分地区的进口水足迹占比上升显著；京津区域水足迹构成显示该地区对外部水资源存在巨大依赖性。

对区域间虚拟水转移总体来说，各区域对外输出虚拟水明显增多，且区域间虚拟水相互转移量显著增加。

对各区域虚拟水具体转移来说，东北地区和西北地区对外虚拟水转移增长显著；中部地区与其他地区间的虚拟水转移明显多于其他地区间的虚拟水转移。

对区域间虚拟水平衡来说，2002—2007年，东北区域、中部区域和南部沿海区域虚拟水平衡情况发生逆转；2002—2007年，京津区域、北部沿海区域和东部沿海区域均为虚拟水净输入地区；2002—2007年，西北区域和西南区域均为虚拟水净输出地区。

第二节　政策建议

基于本书的主要研究结论，从水足迹和虚拟水角度为切入点，提出中国水资源管理的政策建议如下：

一　加强对农业的用水管理

从用水总量和用水系数看，农业均明显大于其他行业。一方面，这与农业行业生产特点有关，农业生产过程需要大量的水资源；另一方面，全国许多地区农业用水并不规范，不同地区的农业用水效率差别较大，传统、粗放的农业灌溉方式仍然十分普遍，这也是农业用水居高不下的重要原因。农业用水管理水平的提高具有两点重要意义，第一，我国人口众多、水资源稀少，农业承担着全国13亿人口粮食供给的重任，用水管理水平的提高有助于农业的可持续发展，并且关系到我国粮食安全问题；第二，由于占用水总量比重较大，农业用水水平的提高也将极大地改善目前用水紧张的状况。因此，重点加强对农业用水管理、提高用水水平、改进灌溉技术应该成为我国水资源管理的重要方面。

二　改进工业生产技术水平，降低工业间接用水量

工业直接用水系数不高，但是其完全用水系数较高，说明了工业中间投入品的间接用水需求较大，进而影响经济系统总用水量。工业对经济系统用水量的需求主要通过生产过程的中间投入品来实现，因而在不影响正常生产的前提下，改进工业行业中间生产技术水平，加快产业结构升级，减少对于虚拟水含量较高产品的需求或寻找虚拟水含量较低的中间替代品是工业水资源管理的重要途径。

三　引导最终需求结构的改变

由分析可知，最终需求水足迹之和等于各行业生产过程中直接使

用的用水量之和，如果将此解读为最终需求是各行业进行生产的牵动力，我们可以从最终需求角度进行水资源管理。从最终需求角度进行水资源管理的主要途径是引导最终需求结构的改变，降低水足迹较高的最终需求使用量，特别是城市居民消费水足迹和固定资本形成总额水足迹。

四　对不同地区降低水足迹政策采取不同措施

尽管从水足迹总量上来看，南方地区的水足迹总量要大于北方地区，但是南方地区的人均水足迹并没有显著地高于北方地区。在降低水足迹这一目标时，不能仅考虑各省（自治区、直辖市）的水足迹总量，要结合人均水足迹水平进行。同时，不同地区最终需求水足迹结构也存在较大差异，经济发达地区要降低城市居民消费水足迹，经济欠发达地区则要降低农村居民消费水足迹。

五　改善我国当前的对外贸易结构，降低虚拟水出口

基于目前我国虚拟水进出口状况，改善我国当前的对外贸易结构对于缓解水资源短缺问题意义重大。今后，各地区应该出口高效益低耗水产品、进口本地没有足够水资源生产的产品，通过贸易的形式最终解决水资源短缺问题。如果说通过用水技术性改变和经济系统结构性改变来改进水资源短缺状况具有时间长、难度大、未知因素多等特点，那么通过扩大虚拟水贸易规模，从富水国家和地区调入富水性商品，而不是从区域内部发掘本地区水资源的潜力，以虚拟水代替实体水可以成为解决区域水资源短缺问题的尝试，具有见效快、负面因素少等特点。虚拟水是缓解国家和地区水资源短缺问题的有效手段，今后，从调整进出口结构、扩大虚拟水贸易规模角度进行水资源管理需要上升到政策高度，促进水资源管理观念和制度的创新。

六　西北地区应制定虚拟水战略，减少虚拟水转移输出

西北地区是中国严重缺水地区，水资源极度短缺。本书的分析结果显示，西北地区却通过贸易向中国其他地区输入了大量的虚拟水，这对西北地区水资源产生了额外的压力，不利于西北地区水资源的可持续发展。从长远来看，西北地区除了在本地区实行严格的水资源管理制度，还应该重视虚拟水出口较多这一现状，制定详细、有针对性的虚拟水战略，从贸易调整角度出发，减少虚拟水的输出。

附　录

数据是本书的基础。鉴于中国水资源核算官方公布数据的不全面，造成了相关研究进展困难，以往研究在水资源数据处理上存在较多不一致或者交代模糊等问题，笔者在写作过程中，用了大量的时间处理相关数据。为了使本书的研究具有可重复性，也为了给后来研究者在处理类似数据时提供方便，笔者将本书全部数据（包括投入产出表）处理的详细过程、处理方法及数据出处列出，供读者参考和改进。

（一）投入产出表的行业调整

投入产出表是水资源投入产出表的基础，是本书研究的重要数据基础。本文的投入产出表分为三个部分：中国投入产出表、30个省（自治区、直辖市）① 投入产出表以及2002年、2007年中国八大区域间投入产出表。其中，中国投入产出表包括2002年投入产出表（42个部门，基年表）、2005年投入产出表（42个部门，延长表）、2007年投入产出表（42个部门，基年表）、2010年投入产出表（41个部门，延长表）；30个省（自治区、直辖市）投入产出表包括2002年和2007年各省（自治区、直辖市）42个部门投入产出表。中国各年的投入产出表和30个省（自治区、直辖市）2002年、2007年投入产出表均来自国家统计局。2002年、2007年中国八大区域间投入产出表来自《2002年、2007年中国区域间投入产出表》[125]。

1. 中国投入产出表、30个省（自治区、直辖市）投入产出表的行业调整

需要指出的是，由于中国投入产出表和地区投入产出表由国家统

① 西藏自治区目前没有编制投入产出表。

计局和地方统计局分别编制，在编制资料来源上差别较大，导致了各省的相关指标加和并不等于全国的数值，因此，在此基础上计算的各省水足迹和虚拟水等指标的价格也并不等于全国的虚拟水净出口数值。尽管如此，在时间序列上考察不同省（自治区、直辖市）的变化仍具有一定的参考价值。

为了与水核算数据保持一致，将不同年份的投入产出表统一合并成29个部门，即农业1个部门、工业23个部门、建筑业1个部门、服务业4个部门。原行业和合并后的行业见表A-1。

表A-1　中国及30个省（自治区、直辖市）投入产出表调整前与调整后行业对比

调整前投入产出表行业			调整后投入产出表行业		
代码	2002年、2005年、2007年（42个部门）	2010年（41个部门）[1]	代码	行业名称	调整方式[2]
01	农林牧渔业	农林牧渔业	01	农业	1
02	煤炭开采和洗选业	煤炭开采和洗选业	02	煤炭开采和洗选业	2
03	石油和天然气开采业	石油和天然气开采业	03	石油和天然气开采业	3
04	金属矿采选业	金属矿采选业	04	金属矿采选业	4
05	非金属矿及其他矿采选业	非金属矿及其他矿采选业	05	非金属矿及其他矿采选业	5
06	食品制造及烟草加工业	食品制造及烟草加工业	06	食品制造及烟草加工业	6
07	纺织业	纺织业	07	纺织业	7
08	纺织服装鞋帽皮革羽绒及其制品业	纺织服装鞋帽皮革羽绒及其制品业	08	纺织服装鞋帽皮革羽绒及其制品业	8
09	木材加工及家具制造业	木材加工及家具制造业	09	木材加工及家具制造业	9
10	造纸印刷及文教体育用品制造业	造纸印刷及文教体育用品制造业	10	造纸印刷及文教体育用品制造业	10
11	石油加工、炼焦及核燃料加工业	石油加工、炼焦及核燃料加工业	11	石油加工、炼焦及核燃料加工业	11
12	化学工业	化学工业	12	化学工业	12
13	非金属矿物制品业	非金属矿物制品业	13	非金属矿物制品业	13

续表

调整前投入产出表行业			调整后投入产出表行业		
代码	2002年、2005年、2007年（42个部门）	2010年（41个部门）[1]	代码	行业名称	调整方式[2]
14	金属冶炼及压延加工业	金属冶炼及压延加工业	14	金属冶炼及压延加工业	14
15	金属制品业	金属制品业	15	金属制品业	15
16	通用、专用设备制造业	通用、专用设备制造业	16	通用、专用设备制造业	16
17	交通运输设备制造业	交通运输设备制造业	17	交通运输设备制造业	17
18	电气机械及器材制造业	电气机械及器材制造业	18	电气机械及器材制造业	18
19	通信设备、计算机及其他电子设备制造业	通信设备、计算机及其他电子设备制造业	19	通信设备、计算机及其他电子设备制造业	19
20	仪器仪表及文化办公用机械制造业	仪器仪表及文化办公用机械制造业	20	仪器仪表及文化办公用机械制造业	20
21	工艺品及其他制造业	工艺品及其他制造业（含废品废料）	21	工艺品及其他制造业（含废品废料）	21+22
22	废品废料	电力、热力的生产和供应业	22	电力、热力的生产和供应业	23
23	电力、热力的生产和供应业	燃气生产和供应业	23	燃气生产和供应业	34
24	燃气生产和供应业	水的生产和供应业	24	水的生产和供应业	25
25	水的生产和供应业	建筑业	25	建筑业	26
26	建筑业	交通运输及仓储业	26	交通运输仓储和邮政业	27+28
27	交通运输及仓储业	邮政业	27	批发和零售业	30
28	邮政业	信息传输、计算机服务和软件业	28	住宿和餐饮业	31
29	信息传输、计算机服务和软件业	批发和零售业	29	其他服务业	29+32+…+42
30	批发和零售业	住宿和餐饮业			
31	住宿和餐饮业	金融业			

续表

调整前投入产出表行业			调整后投入产出表行业		
代码	2002年、2005年、2007年（42个部门）	2010年（41个部门）[1]	代码	行业名称	调整方式[2]
32	金融业	房地产业			
33	房地产业	租赁和商务服务业			
34	租赁和商务服务业	研究与试验发展业			
35	研究与试验发展业	综合技术服务业			
36	综合技术服务业	水利、环境和公共设施管理业			
37	水利、环境和公共设施管理业	居民服务和其他服务业			
38	居民服务和其他服务业	教育			
39	教育	卫生、社会保障和社会福利业			
40	卫生、社会保障和社会福利业	文化、体育和娱乐业			
41	文化、体育和娱乐业	公共管理和社会组织			
42	公共管理和社会组织				

说明：1. 2010年中国41个部门投入产出表与其他年份42个部门投入产出表的差别表现在，2010年的投入产出表将工艺品及其他制造业（行业21）和废品废料（行业22）合并为一个行业，其他行业不变。

2. 调整方式中的数字为调整前2002年、2005年、2007年投入产出表中的行业，2010年投入产出表行业可根据说明调整获得。

由最后分类可知，工业部门基本保持原来的行业细化程度，但是服务业进行了较大的合并，这主要是基于下面两点考虑：首先，相对于农业和工业部门，服务业各行业用水较少，没必要进行特别详细的细分，只需将用水较大的几个行业分出来即可；其次，考虑到不变价投入产出表的编制可行性，过于细化的服务业行业无法找到相应的价格缩减指数。

2. 2002 年、2007 年中国八大区域间投入产出表行业调整

2002 年、2007 年中国八大区域间投入产出表有两个行业分类，一个是七个部门的行业分类，另一个是 17 个部门的行业分类。七个部门包括：农林牧渔业，采选业，轻工业，重工业，电力及蒸汽热水、煤气、自来水的生产和供应业，建筑业，货物运输及仓储业，其他服务业；17 个部门的行业分类包括：农业，采选业，食品制造及烟草加工业，纺织服装业，木材加工及家具制造业，造纸印刷及文教用品制造业，化学工业，非金属矿物制品业，金属冶炼及制品业，机械工业，交通运输设备制造业，电气机械及电子通信设备制造业，其他制造业，电力蒸气热水、煤气、自来水生产供应业，建筑业，商业、运输业，其他服务业。

为了使行业用水核算数据与 2002 年、2007 年中国八大区域间投入产出表保持行业一致性，我们将原有的 29 个行业调整为 17 个行业，具体调整方法如表 A－2：

表 A－2　2002 年、2007 年中国八大区域间投入产出表行业调整

调整后的行业分类	调整方式	原有的行业分类	行业代码	原有的行业分类	行业代码
农业	1	农业	1	电气机械及器材制造业	18
采选业	2+3+4+5	煤炭开采和洗选业	2	通信设备、计算机及其他电子设备制造业	19
食品制造及烟草加工业	6	石油和天然气开采业	3	仪器仪表及文化办公用机械制造业	20
纺织服装业	7+8	金属矿采选业	4	工艺品及其他制造业（含废品废料）	21
木材加工及家具制造业	9	非金属矿及其他矿采选业	5	电力、热力的生产和供应业	22
造纸印刷及文教用品制造业	10	食品制造及烟草加工业	6	燃气生产和供应业	23
化学工业	11+12	纺织业	7	水的生产和供应业	24

续表

调整后的行业分类	调整方式	原有的行业分类	行业代码	原有的行业分类	行业代码
非金属矿物制品业	13	纺织服装鞋帽皮革羽绒及其制品业	8	建筑业	25
金属冶炼及制品业	14+15	木材加工及家具制造业	9	交通运输仓储和邮政业	26
机械工业	16	造纸印刷及文教体育用品制造业	10	批发和零售业	27
交通运输设备制造业	17	石油加工、炼焦及核燃料加工业	11	住宿和餐饮业	28
电气机械及电子通信设备制造业	18+19	化学工业	12	其他服务业	29
其他制造业	20+21	非金属矿物制品业	13		
电力蒸气热水、煤气、自来水生产供应业	22+23+24	金属冶炼及压延加工业	14		
建筑业	25	金属制品业	15		
商业、运输业	26+27	通用、专用设备制造业	16		
其他服务业	28+29	交通运输设备制造业	17		

（二）不变价投入产出表的编制

在进行不同年份比较时需要考虑价格因素的影响，① 本书将各年的投入产出表转换为以2007年为基期的不变价投入产出表。不变价投入产出表的编制采用双缩法[89,101]进行。

1. 双缩法的基本原理

第一，行向上，用各行业的生产者价格指数对投入产出表中间需求和最终需求进行价格指数缩减，得到各行业缩减后的中间分配、最

① 中国各年的投入产出表均以当年的生产者价格编制，因此包含了价格因素的影响。

终使用和总产出。

第二，列向上，用各行业缩减后的总产出减去缩减后的中间投入，得到各行业不变价增加值。各行业的总投入等于各行业价格缩减后的总产出。

2. 各行业的缩减指数说明

表 A-3　　不变价投入产出表价格缩减指数及数据来源

序号	行业	行业缩减指数	缩减指数来源	备注
01	农业	农产品生产价格指数	国家统计局数据库	2010 年的数据取自《中国物价年鉴 2011》
02	煤炭开采和洗选业	煤炭工业出厂价格指数	国家统计局数据库	国家统计局数据库没有各省（自治区、直辖市）2007 年的各工业行业价格指数，本书用 2006 年和 2008 年的算术平均值代替；国家统计局数据库中的云南省 2003 年石油工业价格指数为 0，本书用工业生产者出厂价格指数代替该指数
03	石油和天然气开采业	石油工业出厂价格指数	国家统计局数据库	
04	金属矿采选业	冶金工业出厂价格指数	国家统计局数据库	
05	非金属矿及其他矿采选业	建筑材料工业出厂价格指数	国家统计局数据库	
06	食品制造及烟草加工业	食品工业出厂价格指数	国家统计局数据库	
07	纺织业	纺织工业出厂价格指数	国家统计局数据库	
08	纺织服装鞋帽皮革羽绒及其制品业	缝纫、皮革工业出厂价格综合指数	国家统计局数据库	
09	木材加工及家具制造业	森林工业出厂价格指数	国家统计局数据库	
10	造纸印刷及文教体育用品制造业	造纸工业出厂价格指数	国家统计局数据库	
11	石油加工、炼焦及核燃料加工业	石油工业出厂价格指数	国家统计局数据库	
12	化学工业	化学工业出厂价格指数	国家统计局数据库	

续表

序号	行业	行业缩减指数	缩减指数来源	备注
13	非金属矿物制品业	建筑材料工业出厂价格指数	国家统计局数据库	国家统计局数据库没有各省（自治区、直辖市）2007 年的各工业行业价格指数，本书用 2006 年和 2008 年的算术平均值代替；国家统计局数据库中的云南省 2003 年石油工业价格指数为 0，本书用工业生产者出厂价格指数代替该指数
14	金属冶炼及压延加工业	冶金工业出厂价格指数	国家统计局数据库	
15	金属制品业	机械工业出厂价格指数	国家统计局数据库	
16	通用、专用设备制造业	机械工业出厂价格指数	国家统计局数据库	
17	交通运输设备制造业	机械工业出厂价格指数	国家统计局数据库	
18	电气机械及器材制造业	机械工业出厂价格指数	国家统计局数据库	
19	通信设备、计算机及其他电子设备制造业	机械工业出厂价格指数	国家统计局数据库	
20	仪器仪表及文化办公用机械制造业	机械工业出厂价格指数	国家统计局数据库	
21	工艺品及其他制造业（含废品废料）	工业生产者出厂价格指数	国家统计局数据库	
22	电力、热力的生产和供应业	电力工业出厂价格指数	国家统计局数据库	
23	燃气生产和供应业	煤炭工业出厂价格指数	国家统计局数据库	
24	水的生产和供应业	电力工业出厂价格指数	国家统计局数据库	
25	建筑业	固定资产投资价格指数里面的建筑安装工程	《中国统计年鉴》（2004—2010）	国家统计局数据库里面没有
26	交通运输仓储和邮政业	居民消费价格指数里面的交通项目	中经网数据库	每年的统计年鉴里也有该数据；不过国家统计局数据库的交通项目最早仅到 2007 年

续表

序号	行业	行业缩减指数	缩减指数来源	备注
27	批发和零售业	商品零售价格指数	国家统计局数据库	
28	住宿和餐饮业	居民消费价格指数里面的食品项目价格指数	中经网数据库	全国的数据可以从统计数据库或者《中国统计年鉴》获得，各省（自治区、直辖市）2003—2007年的数据可以从《中国统计年鉴》获得
29	其他服务业	居民消费价格指数里面的娱乐教育文化用品及服务	中经网数据库	全国的数据可以从统计数据库或者《中国统计年鉴》获得，各省（自治区、直辖市）2003—2007年的数据可以从《中国统计年鉴》获得

说明：1. 国家统计局数据库：http：//219.235.129.58/welcome.do。

2. 中经网数据库：http：//202.199.163.12：86/。

3. 缝纫、皮革工业出厂价格综合指数，根据不同年份缝纫工业、皮革工业增加值比例进行综合，具体计算时，各年统一按照缝纫工业、皮革工业出厂价格指数6:4进行加权求和（根据2007年投入产出表和2002年投入产出表计算，两个行业增加值比例分别为6:4和6.2:3.8）。

4. 由于中经网数据库对数据整理、分类较为清楚，获取数据更为方便，对多个数据库均可选择某个指标时，本书均取自中经网数据库（笔者已对不同数据库的指标进行了对比，不同数据库的指标数据具有完全一致性）。

需要指出的是，有的行业的价格指数可从若干个数据来源进行选择，有的行业的价格指数则只能从特定的渠道获得，这主要是由于表A-3的行业价格指数数据要求较细，很少有一个数据库完全满足表A-3的数据要求；尽管不同行业的价格指数来源不同，不同的数据库却具有一致性：笔者对各个数据库均有的指标进行过对比，不同数据库的相同数据指标完全一致。此外，据笔者查证，所有数据最原始出处均来自国家统计局公布的各种数据资料。因此，不同行业缩减指数来自不同数据库并不影响本书的实际分析。

（三）水核算数据说明

水资源核算一共包括三种类别的水："蓝水"、"绿水"和"灰水"。本书的水资源核算仅涉及"蓝水"，这主要是为了保持各经济部门用水含义的一致性。除农业部门以及以农产品为原料的工业部门外，所有其他部门的用水仅限于"蓝水"。相比于"绿水"，"蓝水"由于具有更强的选择替代水源的可能性，从而机会成本更高。农业用水中通常有60%—80%为"绿水"，如果"绿水"没有为作物生长所使用，它可能蒸发并最终为本地所使用。如果在计算中将"绿水"纳入考虑范围，将会高估农业用水在总用水量中的比例，从而可能在进行跨区域跨部门的水资源评估时得出误导性的结论。[1]

概括来说，本书的水核算数据由三部分组成，即农业用水、工业用水、建筑业和第三产业用水，全国水资源核算数据和各省（自治区、直辖市）水资源核算数据的计算方式有所不同：

对于全国水资源核算数据：

1. 农业用水①

农业用水指标为农业用水总量加上家畜饮水②，来自当年的《中国统计年鉴》或《中国水资源公报》。

2. 工业各行业用水

工业各行业用水数据分两步得到：第一步，工业用水总量③由当年的《中国统计年鉴》或《中国水资源公报》获得；第二步，2002年、2005年、2007年、2010年四个年份的工业各行业用水比例分别来自《中国环境年鉴2003》、《中国环境年报2005》、《环境统计公报2007》、《中国环境年报2010》④ 中的《按行业分重点调查工业汇总情

---

① 农业用水包括农田灌溉和林、果、草地灌溉及鱼塘补水、畜牧饮水。

② 家畜饮水占国民经济全部用水的1.5%—1.6%。

③ 工业用水为当年工业新鲜水量，按新水取用量计，不包括企业内部的重复利用水量。

④ 工业各行业的用水比例由各行业的新鲜水量除以工业全部新鲜水量，不是工业用水总量的指标，两者差别较大。

况（一）》，各工业行业用水量由工业用水总量乘以用水比例得到。

3. 建筑业和第三产业用水

建筑业和第三产业总用水量由各年的《中国水利年鉴》和《中国城市建设统计年鉴》直接获得或推算获得。具体计算方法如下：

对于服务业，2010年服务业用水总量数据由2010年《中国水利年鉴》公布的第三产业用水比例计算得到；2007年服务业用水总量数据由2008年的《中国水利年鉴》推算得到；2005年服务业用水总量数据为2004年和2006年服务业用水比例的平均值计算得到（来自历年《中国水利年鉴》）；2002年服务业用水总量数据由2002年水资源公报和2003年服务业比例数据推出。对服务业各行业具体用水量，2007年服务业各行业用水数据比例由《第二次经济普查年鉴》[①] 获得，其他年份服务业各行业用水量计算如下：假定当年服务业各行业的单位产出用水量与2007年相同，从而得到推算的服务业各行业用水总量，用当年服务业用水总量与推算的服务业用水总量之比作为调整系数，对各行业假定的用水量进行调整得到各年的服务业各行业实际用水量。

对于建筑业，2010年建筑业用水量由2010年《中国水利年鉴》公布的建筑业用水比例获得；2007年建筑业用水量由2008年《中国水利年鉴》推算得到；2005年建筑业用水量由2004年和2006年建筑业用水比例的平均值计算得到（来自历年《中国水利年鉴》）；2002年建筑业用水量根据往年建筑业用水占国民经济用水总量的比重，假定为0.6%推算得到。

对于各省（自治区、直辖市）水资源核算数据：

1. 农业用水

各省2002年、2007年农业用水数据来自当年的《中国统计年鉴》或者国家统计局数据库中的农业用水总量指标。

2. 工业用水

各省2002年、2007年分行业的工业用水数据分三步获得：第一

① 第二经济普查时间点为2008年，本书假设2007年与2008年服务业各行业用水比例相同。

步，各省工业用水总量指标可由当年的《中国统计年鉴》或者国家统计局数据库获得；第二步，假定各省各工业部门的单位产出用水量与全国相同，继而得到推算的各工业行业用水量，加总得到推算的工业用水总量；第三步，用各省实际的工业用水总量与推算的工业用水总量的比例作为调整系数，对各行业推算的用水量进行调整，得到“真实”的各工业行业用水量。

3. 服务业用水

各省2002年、2007年分行业的服务业用水数据也是分三步获得：第一步，各省服务业用水总量由服务业用水和城市年鉴中的公共服务用水关系推算得到，即2007年全国服务业用水总量是《中国城市建设统计年鉴》中公共服务用水量的1.65倍，因此假定各省服务业用水总量是各省公共服务用水总量的1.65倍，得到各省推算的服务业用水总量；2002年，服务业用水与城市公共服务用水（城市建设统计年报）比例按照2004年[①]的比例1.298，由此推出各省的服务业用水；第二步，假定各省各服务业部门的单位产出用水量与全国相同，继而得到推算的服务业各行业用水量，加总得到推算的服务业用水总量；第三步，用各省实际的服务业用水总量与推算的用水总量的比例作为调整系数，对各行业推算的服务业用水量进行调整，得到“真实”的服务业各行业用水量。

4. 建筑业用水

假设各省建筑业单位产值用水数据与全国相同，推算得到各省建筑业用水量。

① 2002年、2003年没有公共服务业数据。

参考文献

[1] AK CHAPAGAIN, AY HOEKSTRA, HHG SAVENIJE, et al. The Water Footprint of Cotton Consumption: an Assessment of the Impact of Worldwide Consumption of Cotton Products on the Water Resources in the Cotton Producing Countries [J]. Ecological Economics, 2006, 60 (1): 186-203.

[2] Alessandro GALLI, Thomas WIEDMANN, Ertug ERCIN, et al. Integrating Ecological, Carbon and Water Footprint Into a "footprint Family" of Indicators: Definition and Role in Tracking Human Pressure on the Planet [J]. Ecological Indicators, 2012, 16: 100-112.

[3] Angela DRUCKMAN, Tim JACKSON. The Carbon Footprint of Uk Households 1990-2004: a Socio-economically Disaggregated, Quasi-multi-regional Inputoutput Model [J]. Ecological Economics, 2009, 68 (7): 2066-2077.

[4] Arjen Y. HOEKSTRA, Ashok K. CHAPAGAIN. The Water Footprints of Morocco and the Netherlands: Global Water Use as a Result of Domestic Consumption of Agricultural Commodities [J]. Ecological Economics, 2007, 64 (1): 143-151.

[5] Arjen Y. HOEKSTRA, Ashok K. CHAPAGAIN. Water Footprints of Nations: Water Use By People as a Function of Their Consumption Pattern [J]. Water Resources Management, 2007, 21 (1): 35-48.

[6] Arjen Y. HOEKSTRA, Pin Q. HUNG. Globalization of Water Resources: International Virtual Water Flows in Relation to Crop Trade

[J] . Global Environmental Change, 2005, 15 (1): 45 – 56.

[7] Ashok K. CHAPAGAIN, Arjen Y. HOEKSTRA. Water Footprints of Nations [R] . Unesco – ihe Institute for Water Education, 2004.

[8] Asuka YAMAKAWA, Glen P. PETERS. Structural Decomposition Analysis of Greenhouse Gas Emissions in Norway 1990 – 2002 [J] . Economic Systems Research, 2011, 23 (3): 303 – 318.

[9] AYe HOEKSTRA. Virtual Water Trade: Proceedings of the International Expert Meeting on Virtual Water Trade, Delft, the Netherlands, 12 – 13 December 2002, Value of Water Research Report Series No. 12 [J] . Value of Water Research Report Series, 2003 (12) .

[10] Blanca GALLEGO, Manfred LENZEN. A Consistent Input – output Formulation of Shared Producer and Consumer Responsibility [J] . Economic Systems Research, 2005, 17 (4): 365 – 391.

[11] Bo P. WEIDEMA, Mikkel THRANE, Per CHRISTENSEN, et al. Carbon Footprint [J] . Journal of Industrial Ecology, 2008, 12 (1): 3 – 6.

[12] Bradley G. RIDOUTT, Stephan PFISTER. A Revised Approach to Water Footprinting to Make Transparent the Impacts of Consumption and Production on Global Freshwater Scarcity [J] . Global Environmental Change, 2010, 20 (1): 113 – 120.

[13] Chao ZHANG, Laura Diaz ANADON. A Multi – regional Input – output Analysis of Domestic Virtual Water Trade and Provincial Water Footprint in China [J] . Ecological Economics, 2014, 100: 159 – 172.

[14] Chen LIN. Hybrid Input-output Analysis of Wastewater Treatment and Environmental Impacts: a Case Study for the Tokyo Metropolis [J] . Ecological Economics, 2009, 68 (7): 2096 – 2105.

[15] DA KAMPMAN, AY HOEKSTRA, MS KROL. The Water Footprint of India [J] . Value of Water Research Report Series, 2008, 32: 1 – 152.

[16] Dabo GUAN, Klaus HUBACEK. Assessment of Regional Trade and

Virtual Water Flows in China [J]. Ecological Economics, 2007, 61 (1): 159-170.

[17] Erik DIETZENBACHER, Bart LOS. Structural Decomposition Techniques: Sense and Sensitivity [J]. Economic Systems Research, 1998, 10 (4): 307-324.

[18] Glen P. PETERS, Christopher L. WEBER, Dabo GUAN, et al. China's Growing Co_2 Emissions a Race Between Increasing Consumption and Efficiency Gains [J]. Environmental Science & Technology, 2007, 41 (17): 5939-5944.

[19] Hideo FUKUISHI. Water Use in the Japan Economy in 2000: an Input-output Approach [Z]. 2009: 13-17.

[20] HONG YANG, L. WANG, KARIM C. ABBASPOUR, et al. Virtual Water Trade: an Assessment of Water Use Efficiency in the International Food Trade [J]. Hydrology and Earth System Sciences Discussions, 2006, 10 (3): 443-454.

[21] Hongrui WANG, Yan WANG. An Input-output Analysis of Virtual Water Uses of the Three Economic Sectors in Beijing [J]. Water International, 2009, 34 (4): 451-467.

[22] Huijuan DONG, Yong GENG, Joseph SARKIS, et al. Regional Water Footprint Evaluation in China: a Case of Liaoning [J]. Science of the Total Environment, 2013, 442: 215-224.

[23] Ignacio CAZCARRO, Rosa DUARTE, Julio SÁNCHEZ-CHÓLIZ. A Multiregional Input-output Model for the Evaluation of Spanish Water Flows [J]. Environ. Sci. Technol, 2013.

[24] Ignacio CAZCARRO, Rosa DUARTE, Julio SÁNCHEZ-CHÓLIZ. Water Flows in the Spanish Economy: Agri-food Sectors, Trade and Households Diets in an Input-output Framework [J]. Environmental Science & Technology, 2012, 46 (12): 6530-6538.

[25] Iñaki ARTO, V. ANDREONI, JM RUEDA-CANTUCHE. Water Use, Water Footprint and Virtual Water Trade: a Time Series Analysis of Worldwide Water Demand [C]. //20th International Conference on

Input - output Techniques. C. Lager. Bratislava, Slovakia, 2012.

[26] Jesper MUNKSGAARD, Klaus Alsted PEDERSEN. Co < Sub > 2 </sub > Accounts for Open Economies: Producer or Consumer Responsibility? [J] . Energy Policy, 2001, 29 (4): 327 - 334.

[27] John Anthony ALLAN, Tony ALLAN. The Middle East Water Question: Hydropolitics and the Global Economy [M] . Ib Tauris, 2002.

[28] John Anthony ALLAN, Tony ALLAN. Virtual Water: Tackling the Threat to Our Planet ' s Most Precious Resource [M] . Ib Tauris, 2011.

[29] João RODRIGUES, Tiago DOMINGOS. Consumer and Producer Environmental Responsibility: Comparing Two Approaches [J] . Ecological Economics, 2008, 66 (2): 533 - 546.

[30] Junguo LIU, Alexander JB ZEHNDER, Hong YANG. Global Consumptive Water Use for Crop Production: the Importance of Green Water and Virtual Water [J] . Water Resources Research, 2009, 45 (5) .

[31] Justin KITZES, Alessandro GALLI, Marco BAGLIANI, et al. A Research Agenda for Improving National Ecological Footprint Accounts [J] . Ecological Economics, 2009, 68 (7): 1991 - 2007.

[32] Kjartan STEEN - OLSEN, Jan WEINZETTEL, Gemma CRANSTON, et al. Carbon, Land, and Water Footprint Accounts for the European Union: Consumption, Production, and Displacements Through International Trade [J] . Environmental Science & Technology, 2012, 46 (20): 10883 - 10891.

[33] Kuishuang FENG, Ashok CHAPAGAIN, Sangwon SUH, et al. Comparison of Bottom - up and Top - down Approaches to Calculating the Water Footprints of Nations [J] . Economic Systems Research, 2011, 23 (4): 371 - 385.

[34] Leon N. MOSES. The Stability of Interregional Trading Patterns and Inputoutput Analysis [J] . The American Economic Review, 1955,

45 (5): 803 - 832.

[35] M. ANTONELLI, R. ROSON, M. SARTORI. Systemic Input - output Computation of Green and Blue Virtual Water "flows" with an Illustration for the Mediterranean Region [J] . Water Resources Management, 2012, 26 (14): 4133 - 4146.

[36] Maite M. ALDAYA, Ashok K. CHAPAGAIN, Arjen Y. HOEKSTRA, et al. The Water Footprint Assessment Manual: Setting the Global Standard [M] . Routledge, 2012.

[37] Manfred LENZEN, Barney FORAN. An Input - output Analysis of Australian Water Usage [J] . Water Policy, 2001, 3 (4): 321 - 340.

[38] Manfred LENZEN, Daniel MORAN, Anik BHADURI, et al. International Trade of Scarce Water [J] . Ecological Economics, 2013, 94: 78 - 85.

[39] Manfred LENZEN, Joy MURRAY, Fabian SACK, et al. Shared Producer and Consumer Responsibility - theory and Practice [J] . Ecological Economics, 2007, 61 (1): 27 - 42.

[40] Manfred LENZEN, Richard WOOD, Thomas WIEDMANN. Uncertainty Analysis for Multi - region Input - output Models - a Case Study of the Uk' s Carbon Footprint [J] . Economic Systems Research, 2010, 22 (1): 43 - 63.

[41] Manfred LENZEN. Aggregation (in -) Variance of Shared Responsibility: a Case Study of Australia [J] . Ecological Economics, 2007, 64 (1): 19 - 24.

[42] Manfred LENZEN. Consumer and Producer Environmental Responsibility: a Reply [J] . Ecological Economics, 2008, 66 (2): 547 - 550.

[43] Manfred LENZEN. Primary Energy and Greenhouse Gases Embodied in Australian Final Consumption: an Input - output Analysis [J] . Energy Policy, 1998, 26 (6): 495 - 506.

[44] Manfred LENZEN. Understanding Virtual Water Flows: a Multiregion

Input – output Case Study of Victoria [J] . Water Resources Research, 2009, 45 (9) .

[45] Mark ZEITOUN, JA ALLAN, Yasir MOHIELDEEN. Virtual Water "flows" of the Nile Basin, 1998 – 2004: a First Approximation and Implications for Water Security [J] . Global Environmental Change, 2010, 20 (2): 229 – 242.

[46] Mette WIER, Berit HASLER. Accounting for Nitrogen in Denmark – a Structural Decomposition Analysis [J] . Ecological Economics, 1999, 30 (2): 317 – 331.

[47] Naota HANASAKI, Toshiyuki INUZUKA, Shinjiro KANAE, et al. An Estimation of Global Virtual Water Flow and Sources of Water Withdrawal for Major Crops and Livestock Products Using a Global Hydrological Model [J] . Journal of Hydrology, 2010, 384 (3): 232 – 244.

[48] Paul G. CLARK, Hollis B. CHENERY, V. CAO – PINNA. The Structure and Growth of the Italian Economy [J] . Rome: United States Mutual Security Agency, 1953: 97 – 129.

[49] Peter L DANIELS, Manfred LENZEN, Steven J KENWAY. The Ins and Outs of Water Use – a Review of Multi – region Input – output Analysis and Water Footprints for Regional Sustainability Analysis and Policy [J] . Economic Systems Research, 2011, 23 (4): 353 – 370.

[50] Peter RØRMOSE, Thomas OLSEN. Structural Decomposition Analysis of Air Emissions in Denmark 1980 – 2002 [Z] . 2005.

[51] Robbie ANDREW, Vicky FORGIE. A Three – perspective View of Greenhouse Gas Emission Responsibilities in New Zealand [J] . Ecological Economics, 2008, 68 (1): 194 – 204.

[52] Rutger HOEKSTRA, Jeroen CJM VAN DEN BERGH. Structural Decomposition Analysis of Physical Flows in the Economy [J] . Environmental and Resource Economics, 2002, 23 (3): 357 – 378.

[53] Sadataka HORIE, Ichiro DAIGO, Yasunari MATSUNO, et al. Com-

parison of Water Footprint for Industrial Products in Japan, China and Usa [M] . Springer, 2011: 155 – 160.

[54] Sai LIANG, Tianzhu ZHANG. What Is Driving Co < Sub >2 < /sub > Emissions in a Typical Manufacturing Center of South China? the Case of Jiangsu Province [J] . Energy Policy, 2011, 39 (11): 7078 – 7083.

[55] Stanley MUBAKO, Sajal LAHIRI, Christopher LANT. Input – output Analysis of Virtual Water Transfers: Case Study of California and Illinois [J] . Ecological Economics, 2013, 93: 230 – 238.

[56] Thomas WIEDMANN, Jan MINX. A Definition of "carbon Footprint" [J] . Ecological Economics Research Trends, 2007, 2: 55 – 65.

[57] Thomas WIEDMANN, Richard WOOD, Jan C MINX, et al. A Carbon Footprint Time Series of the Uk results From a Multi – region Input output Model [J] . Economic Systems Research, 2010, 22 (1): 19 – 42.

[58] Thomas WIEDMANN. A Review of Recent Multi – region Input – output Models Used for Consumption – based Emission and Resource Accounting [J] . Ecological Economics, 2009, 69 (2): 211 – 222.

[59] Tony ALLAN. Economic and Political Adjustments to Scarce Water in the Middle East [J] . Studies in Environmental Science, 1994, 58: 375 – 388.

[60] Tony ALLAN. Fortunately There Are Substitutes for Water: Otherwise Our Hydropolitical Futures Would Be Impossible [C] . 1992: 13 – 26.

[61] Walter ISARD. Interregional and Regional Input – output Analysis: a Model of a Space – economy [J] . The Review of Economics and Statistics, 1951, 33 (4): 318 – 328.

[62] Wassily W. LEONTIEF. Quantitative Input and Output Relations in the Economic Systems of the United States [J] . The Review of Economic Statistics, 1936: 105 – 125.

[63] William E. REES. Ecological Footprints and Appropriated Carrying

Capacity: What Urban Economics Leaves Out [J] . Environment and Urbanization, 1992, 4 (2): 121 – 130.

[64] Xin ZHOU, Hidefumi IMURA. How Does Consumer Behavior Influence Regional Ecological Footprints? an Empirical Analysis for Chinese Regions Based on the Multi – region Input – output Model [J] . Ecological Economics, 2011, 71: 171 – 179.

[65] Xu ZHAO, Bo CHEN, ZF YANG. National Water Footprint in an Inputoutput Framework – a Case Study of China 2002 [J] . Ecological Modelling, 2009, 220 (2): 245 – 253.

[66] Y. WANG, HL XIAO, MF LU. Analysis of Water Consumption Using a Regional Input – output Model: Model Development and Application to Zhangye City, Northwestern China [J] . Journal of Arid Environments, 2009, 73 (10): 894 – 900.

[67] Yafei WANG, Hongyan ZHAO, Liying LI, et al. Carbon Dioxide Emission Drivers for a Typical Metropolis Using Input – output Structural Decomposition Analysis [J] . Energy Policy, 2013.

[68] Yang YU, Klaus HUBACEK, Kuishuang FENG, et al. Assessing Regional and Global Water Footprints for the Uk [J] . Ecological Economics, 2010, 69 (5): 1140 – 1147.

[69] Yu KUKI. Analyzing Canada' s Ecological Footprint Embodied in International Trade: a Unidirectional Multi-regional Input-output Approach [J] . 2011.

[70] Zhu LIU, Yong GENG, Soeren LINDNER, et al. Embodied Energy Use in China' s Industrial Sectors [J] . Energy Policy, 2012.

[71] Zhuoying ZHANG, Hong YANG, Minjun SHI. Analyses of Water Footprint of Beijing in an Interregional Input – output Framework [J] . Ecological Economics, 2011, 70 (12): 2494 – 2502.

[72] Zhuoying ZHANG, Minjun SHI, Hong YANG, et al. An Input – output Analysis of Trends in Virtual Water Trade and the Impact on Water Resources and Uses in China [J] . Economic Systems Research, 2011, 23 (4): 431 – 446.

[73] Zhuoying ZHANG, Minjun SHI, Hong YANG. Understanding Beijing's Water Challenge: a Decomposition Analysis of Changes in Beijing's Water Footprint Between 1997 and 2007 [J]. Environmental Science & Technology, 2012, 46 (22): 12373－12380.

[74] ZY ZHANG, H. YANG, MJ SHI, et al. Analyses of Impacts of China's International Trade on Its Water Resources and Uses [J]. Hydrology and Earth System Sciences, 2011, 15 (9): 2871.

[75] Z. ZHANG, M. SHI, H. YANG, et al. An Input－output Analysis of Trends in Virtual Water Trade and the Impact on Water Resources and Uses in China [J]. Economic Systems Research, 2011 (4): 431－446.

[76] 蔡振华、沈来新、刘俊国等:《基于投入产出方法的甘肃省水足迹及虚拟水贸易研究》,《生态学报》2012 年第 20 期。

[77] 陈红敏:《中国出口贸易中隐含能变化的影响因素——基于结构分解分析的研究》,《财贸研究》2009 年第 3 期。

[78] 陈丽新、孙才志:《中国农产品虚拟水流动格局的形成机理与维持机制研究》,《中国软科学》2010 年第 11 期。

[79] 陈锡康、杨翠红:《投入产出技术》,科学出版社 2011 年版。

[80] 程国栋:《虚拟水——中国水资源安全战略的新思路》,《中国科学院院刊》2003 年第 4 期。

[81] 杜运苏、张为付:《中国出口贸易隐含碳排放增长及其驱动因素研究》,《国际贸易问题》2012 年第 3 期。

[82] 方卫华:《基于虚拟水概念的若干问题探讨》,《广西水利水电》2005 年第 2 期。

[83] 房斌、关大博、廖华等:《中国能源消费驱动因素的实证研究:基于投入产出的结构分解分析》,《数学的实践与认识》2011 年第 2 期。

[84] 付雪、王桂新、魏涛远:《上海碳排放强度结构分解分析》,《资源科学》2011 年第 11 期。

[85] 郭朝先:《中国二氧化碳排放增长因素分析——基于 SDA 分解技术》,《中国工业经济》2010 年第 12 期。

[86] 郭菊娥、邢公奇、何建武：《黄河流域水资源空间利用结构的实证分析》，《管理科学学报》2005 年第 6 期。
[87] 韩雪、刘玉玉：《虚拟水研究进展》，《水利经济》2012 年第 2 期。
[88] 和夏冰、张宏伟、王媛等：《基于投入产出法的中国虚拟水国际贸易分析》，《环境科学与管理》2011 年第 3 期。
[89] 计军平、马晓明：《中国温室气体排放增长的结构分解分析》，《中国环境科学》2011 年第 12 期。
[90] 雷玉桃、高帅、卢丽华等：《广州市水足迹的估算与分析》，《特区经济》2010 年第 8 期。
[91] 雷玉桃、蒋璐：《基于投入产出分析的中国城乡居民虚拟水消费研究》，《生态经济》2012 年第 11 期。
[92] 雷玉桃、蒋璐：《中国虚拟水贸易的投入产出分析》，《经济问题探索》2012 年第 3 期。
[93] 雷玉桃、魏昌平、邹雨洋等：《我国粮食的虚拟水贸易探究》，《生态经济》2010 年第 8 期。
[94] 李丹：《广东省进出口隐含能源量的计算以及影响因素的实证分析》，《暨南大学》2012 年。
[95] 李方一、刘卫东、刘红光：《区域间虚拟水贸易模型及其在山西省的应用》，《资源科学》2012 年第 5 期。
[96] 李景华：《SDA 模型的加权平均分解法及在中国第三产业经济发展分析中的应用》，《系统工程》2004 年第 9 期。
[97] 刘宝勤、封志明、姚治君：《虚拟水研究的理论、方法及其主要进展》，《资源科学》2006 年第 1 期。
[98] 刘光龙、王芳、张建明：《基于水足迹估算的银川市水资源利用研究》，《宁夏大学学报》（自然科学版）2012 年第 3 期。
[99] 刘红梅、李国军、王克强：《基于引力模型的中国农业虚拟水国内贸易影响因素分析》，《中国农村经济》2011 年第 5 期。
[100] 刘红梅、李国军、王克强：《中国农业虚拟水国际贸易影响因素研究——基于引力模型的分析》，《管理世界》2010 年第 9 期。
[101] 刘洪涛：《中国最终需求变动对能源消费的影响效应研究》，

西安交通大学，2011 年。
[102] 刘俊国、曾昭、马坤：《水足迹评价手册》，科学出版社 2012 年版。
[103] 马超、许长新、田贵良：《中国农产品国际贸易中的虚拟水流动分析》，《资源科学》2011 年第 4 期。
[104] 马忠、张继良：《张掖市虚拟水投入产出分析》，《统计研究》2008 年第 5 期。
[105] 尚红云、蒋萍：《中国能源消耗变动影响因素的结构分解》，《资源科学》2009 年第 2 期。
[106] 石敏俊、张卓颖：《中国省区间投入产出模型与区际经济联系》，科学出版社 2012 年版。
[107] 孙才志、刘玉玉、陈丽新等：《中国粮食贸易中的虚拟水流动格局与成因分析——兼论“虚拟水战略”在我国的适用性》，《中国软科学》2010 年第 7 期。
[108] 田贵良：《虚拟水战略的经济学解释——比较优势理论的一个分析框架》，《经济学家》2008 年第 5 期。
[109] 汪臻、赵定涛、余文涛：《中国居民消费嵌入式碳排放增长的驱动因素研究》，《中国科技论坛》2012 年第 7 期。
[110] 王菲、李娟：《中国对日本出口贸易中的隐含碳排放及结构分解分析》，《经济经纬》2012 年第 4 期。
[111] 王海兰、牛晓耕：《基于水资源承载力的东北三省虚拟水贸易实证研究》，《国际贸易问题》2011 年第 5 期。
[112] 王新华、徐中民、龙爱华：《中国 2000 年水足迹的初步计算分析》，《冰川冻土》2005 年第 5 期。
[113] 王艳阳、王会肖、蔡燕：《北京市水足迹计算与分析》，《中国生态农业学报》2011 年第 4 期。
[114] 王艳阳、王会肖、张昕：《基于投入产出表的中国水足迹走势分析》，《生态学报》2013 年第 11 期。
[115] 王喆、王红瑞、来海亮等：《北京市虚拟水战略环境影响评价》，《水利经济》2010 年第 2 期。
[116] 闫云凤、杨来科：《中国出口隐含碳增长的影响因素分析》，

《中国人口·资源与环境》2010 年第 8 期。
[117] 闫云凤、赵忠秀、王苒：《中欧贸易隐含碳及政策启示——基于投入产出模型的实证研究》，《财贸研究》2012 年第 2 期。
[118] 杨阿强、刘闯、赵晋陵等：《中国与东盟农产品贸易虚拟水概算》，《资源科学》2008 年第 7 期。
[119] 杨顺顺、黄凯、乐小芳：《中国水足迹结构解析及投入产出分析框架研究》，《环境科学与技术》2012 年第 10 期。
[120] 姚亮、刘晶茹、王如松等：《基于多区域投入产出（MRIO）的中国区域居民消费碳足迹分析》，《环境科学学报》2013 年第 7 期。
[121] 袁野、胡聃：《基于投入产出方法的中国居民虚拟水消费研究》，《中国人口·资源与环境》2011 年第 S1 期。
[122] 张亚雄、齐舒畅：《2002、2007 中国区域间投入产出表》，中国统计出版社 2012 年版。
[123] 张卓颖、石敏俊、杨红：《虚拟水贸易对水资源影响研究——基于投入产出模型的对比分析》//中国自然资源学会 2011 年学术年会，《发挥资源科技优势　保障西部创新发展——中国自然资源学会 2011 年学术年会论文集》（下册），2011 年。
[124] 赵定涛、汪臻、范进：《技术、消费模式与中国碳排放增长——中国八大区域的实证研究》，《系统工程》2012 年第 8 期。
[125] 赵旭、杨志峰、陈彬：《基于投入产出分析技术的中国虚拟水贸易及消费研究》，《自然资源学报》2009 年第 2 期。
[126] 中国投入产出学会课题组、许宪春、齐舒畅等：《国民经济各部门水资源消耗及用水系数的投入产出分析——2002 年投入产出表系列分析报告之五》，《统计研究》2007 年第 3 期。
[127] 朱启荣、高敬峰：《中国对外贸易虚拟水问题研究——基于投入产出的分析》，《中国软科学》2009 年第 5 期。
[128] 朱勤、彭希哲、吴开亚：《基于结构分解的居民消费品载能碳排放变动分析》，《数量经济技术经济研究》2012 年第 1 期。
[129] 诸大建、田园宏：《虚拟水与水足迹对比研究》，《同济大学学报》（社会科学版）2012 年第 4 期。

后　记

本书是在本人博士论文基础上进一步修改完善而成的。博士毕业一年以来，身份由学生转变为教师，工作中的忙忙碌碌和琐碎小事并没有磨灭心中的学术之心。与当初自己完成博士论文时的兴奋感觉相比，此时，心中出奇的平静。这本书也算是对我硕博生涯的一个交代吧。想感谢的人很多。

感谢师长的指导。在本书即将付梓之际，最想感谢的人是我的导师蒋萍教授。从硕士至今的 6 年时间里，有幸能一直跟随蒋老师学习，蒋老师对我学术上的指导和帮助不仅体现在博士论文从选题、写作到修改的整个过程中，更体现在 6 年中几百封电子邮件的回复指导，无数次在办公室面对面的谆谆教诲和循循善诱，鼓励并提供机会让我积极参加学术会议，以及蒋老师从事学术科研时认真严谨、精益求精的态度对我耳濡目染的影响，所有这些让我从一个对学术一无所知的本科生，变成了今天能够参加答辩的博士生。感谢蒋老师 6 年来给予我的耐心和包容，我自认为在学术研究上非常平庸甚至有些愚钝，蒋老师从未对我有过任何批评和不满，总是极具耐心地给予我指导和鼓励，每次得到导师肯定的评价时既让我诚惶诚恐又让我兴奋许久，也督促我继续努力，不敢有半点松懈。几年中追随蒋老师从事学术研究的经历也坚定了我今后继续学术之路的决心和信心。除了学术上的指导，蒋老师在做人做事上也让我受益匪浅，导师宽容豁达的处世风格一直深深地感染和熏陶着我，如果用一个词来描述蒋老师在我心中的地位，我想“高山仰止”最为恰当，在今后的学术道路上，我将牢记导师的教诲，时刻鞭策自己。

此外，我还要感谢硕博期间其他师长对我的关心和指导，感谢孙烈老师、白雪梅老师、赵松山老师、杨仲山老师、徐建邦老师、徐强老师、屈超老师、王春丽老师、孙鹤香老师、刘颖老师、任常英老师、孙永刚老师、张斌老师等老师对我学业和生活上的指导和帮助，你们的耐心、细心和热心让我备感温暖，也让我对教师这个职业充满了无限敬意！

感谢爱人的鼓励。你是我硕博期间最大的收获，谢谢你陪我一路走完硕博生涯，最终携手成家。硕博期间的大部分时间，我都坐在电脑前打字、看文章，几乎没有时间陪你逛街、旅游、看电影，你却从未有过任何怨言，相反却时常鼓励我，在我学术不顺时陪我散心，当我文章发表时比我还要高兴，谢谢你，这本书里有你一半的功劳！

感谢家人的支持。感谢父母和姐姐的支持，我想我是幸福的，你们总是尊重我做出的任何决定并全力支持我，时刻让我感受到家的温暖。在我攻读硕博的几年时间里，你们给予我充足的经济支持和精神支持，让我可以全身心地继续我的学业，感谢你们的支持，你们永远都是我最爱的人！

感谢同门的帮助。感谢田成诗师兄、孙玉环师姐、金钰师兄、孙旭师姐、王亚菲师姐、张迎春师姐、刘丹丹师姐、马晓君师姐、贾小爱师姐、谷彬师兄、艾伟强师兄、祝志杰师兄、刘艳茹师姐、刘渊师兄、郑宏师兄、刘强师兄、王聪、晏林、贾帅帅、蒋再平等同门，你们让我有家的感觉，也让我感受到榜样的力量，你们对我的帮助实在太多，多到我甚至无法一一列出，你们无私、热心的帮助我将永远铭记心间！

感谢同窗的陪伴。感谢张同斌、胡国栋、段志民、王岩、张明斗、郑彦、高飞、张家平、许宏伟、曹登科、方玉金、宫善栋、宋连方等硕博同学的陪伴，与你们一起读书、讨论问题让我深受启发，你们让我体会到同窗友情的珍贵，让我的硕博生活充满了美好的回忆，更让我从你们身上收获了许多宝贵的品质，祝福你们！

回首过往，读博对我来说不仅是追求学历上的更上一层楼，更是一种难得的生活经历，尽管留有遗憾，但却收获满满，我很知足、很感激。对于本书，我诚惶诚恐、如履薄冰，深知不足之处还有太多。但是不管怎样，本书都将为我的学生时代画上句点，同时也将开启我全新的学术之路。我深知自己在学术研究上只是一个刚会走路的孩子，摆在我面前的却是一座座巍峨的高山，至于今后，不敢奢求自己能够“为天地立心，为生民立命，为往圣继绝学，为万世开太平”，只求能尽自己的一份绵薄之力，在自己所研究的领域能留下哪怕一点点有价值的东西供后人参考就算给自己的满意交代吧。

路漫漫其修远兮，吾将上下而求索。最后，将本书献给我刚刚出生的儿子，你给我们所有人带来了无限的欢乐，也让我感受到了肩上的责任，希望你能健康成长，长大后做一个对社会有用的人！

仅以此书献给28年来所有关心我、帮助我的人。是为记。

王　勇

2016年5月

于辽宁省教育厅人文社科重点研究基地

东北财经大学国民核算研究中心